石油和化工行业“十四五”规划教材

普通高等教育一流本科专业建设成果教材

# 数字图像与机器视觉

杨卫民　魏　彬　于洪杰　主编

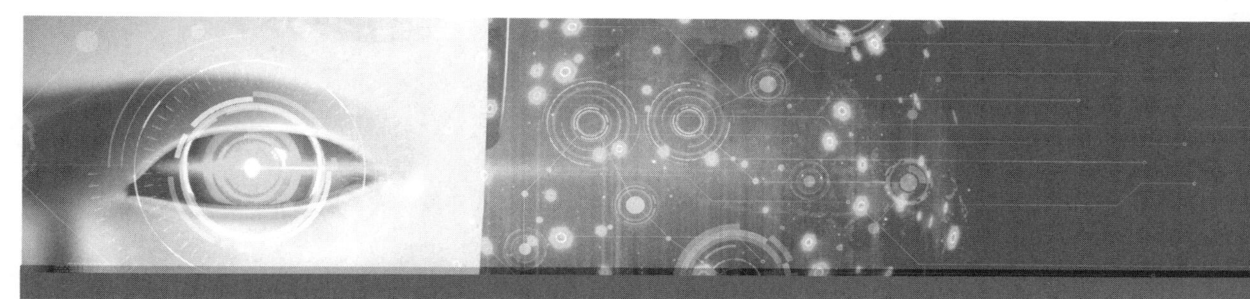

# Digital Image and Machine Vision

·北京·

## 内容简介

本书共分为9章，主要内容包括数字图像与机器视觉概述、数字图像工具与软件实现、图像与视觉基础知识、机器视觉系统硬件、图像变换与图像运算、图像增强与复原、图像分割、图像识别与神经网络及数字图像与机器视觉应用实例等内容。本书中部分示例来源于实际工业、农业数字图像及机器视觉应用领域，其技术手段先进、适用范围广。本书既可作为高等学校机械电子、机器人工程、智能制造工程、自动化、计算机、电子信息、测控等专业的教材，也可作为相关科研和工程技术人员参考书籍。

**图书在版编目（CIP）数据**

数字图像与机器视觉 / 杨卫民，魏彬，于洪杰主编. —北京：化学工业出版社，2024. 4
ISBN 978-7-122-44774-6

Ⅰ. ①数… Ⅱ. ①杨… ②魏… ③于… Ⅲ. ①数字图像处理②计算机视觉 Ⅳ. ①TN911. 73②TP302. 7

中国国家版本馆 CIP 数据核字（2024）第 071054 号

责任编辑：丁文璇　　文字编辑：孙月蓉
责任校对：李雨晴　　装帧设计：张　辉

出版发行：化学工业出版社
（北京市东城区青年湖南街 13 号　邮政编码 100011）
印　　装：河北鑫兆源印刷有限公司
787mm×1092mm　1/16　印张 13¾　字数 338 千字
2024 年 9 月北京第 1 版第 1 次印刷

购书咨询：010-64518888　　售后服务：010-64518899
网　　址：http://www.cip.com.cn
凡购买本书，如有缺损质量问题，本社销售中心负责调换。

定　　价：49.80 元　

图像是人类获取和交换信息的主要来源，图像处理的应用涉及人类活动的各个领域，其中机器视觉作为代替人眼来做测量和判断的先进技术手段，是数字图像处理发展的重要载体。现阶段，数字图像与机器视觉在工业、农业、水利、国防、医疗、建筑等许多领域得到广泛的应用，其自动化、智能化水平不断增强。

本书介绍了数字图像处理基础、机器视觉系统及实现方案，重点介绍了数字图像与机器视觉的概念，机器视觉硬件组成，图像增强、分割与识别等方面的内容，同时演示了数字图像基本理论及机器视觉典型应用通过 Python-OpenCV 的实现流程。本书深入浅出、实用性强，从数字图像处理部分到机器视觉实现部分，除了介绍相关的理论知识外，每一章都结合具体实例给出了对应工具的实现方法及技巧。本书中部分实例来源于实际工业、农业数字图像及机器视觉应用领域，其技术手段先进、适用范围广。

本书还具有以下特点：

（1）内容与技术发展同步，本书紧跟数字图像与机器视觉技术发展趋势，内容新颖，立足于科学基础，适合时代发展人才培养需求。

（2）充分吸收了近年来教育教学改革及国家级教学资源库的重要建设成果，内容丰富、适用性广，本书为国家级一流本科专业建设成果教材，亦为石油化工行业“十四五”规划教材。

（3）以“梯级”框架组织内容编排，保持知识完整性的同时又具有一定的深度，除第 9 章外，各章节内容相对独立，可灵活地各取所需，适应不同学制的教学及技术人员的需求。

（4）贴近实际，所介绍实例均来源于课堂教学及实际项目，以使读者学习基础知识的同时，能够将知识灵活运用、融会贯通。

（5）本书配有部分演示视频，获得方式可见封底引导。

本书由杨卫民、魏彬、于洪杰主编，全书由魏彬统稿，参与本书编写的还有陈伟春、邵柏岩等。同时，编者对在本书编写过程给予过支持、帮助的专家、同事表示由衷的感谢。由于编者水平有限，书中难免存在疏漏，欢迎各位读者批评指正。

**编者**

**2023 年 12 月**

# 第1章 绪论

## 1.1 数字图像概念与特征

图像是人类视觉的基础，是自然景物的客观反映，是人类认识世界和认识人类自身的重要源泉，数字图像处理是视觉处理的主要组成部分。所谓图像，“图”是物体反射或透射光的分布，“像”是人的视觉系统所接受的图在人脑中所形成的印象或认识。广义上讲，图像就是所有具有视觉效果的画面，是客观对象的一种相似性的、生动性的描述或写真，是人类社会活动中最常用的信息载体。

### 1.1.1 数字信号与模拟信号

在介绍数字图像之前，先要介绍两个概念：数字量和模拟量。所谓数字量是指在时间和数值上都是离散的物理量。通常把表示数字量的信号叫数字信号，把工作在数字信号下的电子电路叫数字电路。数字量由多个开关量组成，如三个开关量可以组成表示八个状态的数字量。所谓模拟量是指在时间上或数值上都是连续的物理量。把表示模拟量的信号叫模拟信号。把工作在模拟信号下的电子电路叫模拟电路。模拟量是连续变化量，数字量是不连续的变化量。

由此，根据记录方式的不同可以把图像分为两大类：模拟图像和数字图像。模拟图像可以通过某种物理量（如光、电等）的强弱变化来记录图像亮度信息，例如模拟电视图像；而数字图像则是用计算机存储的数据来记录图像上各点的亮度信息。数码相机代替胶卷相机的过程某种程度上讲就是模拟图像处理向数字图像处理进化的过程。

数字信号具有抗干扰、可编程、低功耗和便于集成等特点，这些特点同样也适用于数字图像。典型的数字信号生成过程如图 1.1 所示。模拟信号通过采样“变”为了数字信号。

### 1.1.2 数字图像基本概念

前文中提到了广义图像的概念，物理学把图像定义为当光辐射能量照在物体上时，经过它的反射、透射或由发光物体本身发出的光能量在人的视觉器官中所重现出的物体的视觉信息，此信息也被称作原始图像。通常自然图像是连续信号，或者说，在采用数字化表示和数字计算机存储处理之前，图像是连续的，此时的图像称为模拟图像或连续图像。

数字图像通常是由模拟图像数字化或离散化得到的（存在特殊情况），组成数字图像的基本单位是像素（pixel，简写为 px），所以说数字图像是像素的集合。人们购买手机或

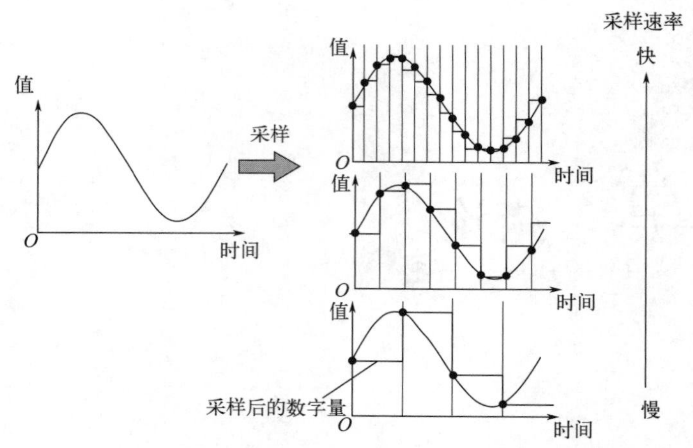


图 1.1　模拟信号“变”为数字信号的过程

数码相机时，都会关注像素，也证实了现在的摄影器材几乎全部使用了数字图像处理设备，而原始的胶卷照相机和磁带录影机（如图 1.2 左图所示）是没有“像素”这个概念的。图 1.1 模拟量向数字量转换的过程也同样表示了由模拟图像得到数字图像的过程，只不过横坐标从时间变成了二维空间。将空间连续和能量连续的模拟图像离散化处理的过程，就是数字化过程，而数字化处理过程得到的图像即为数字图像。

图 1.2　胶片相机与数码相机

### 1.1.3　数字图像基本特点

近 20 年来，随着数字技术和计算机技术的不断进步，数字图像处理技术迅速发展成为一门独立的有强大生命力的学科，随着机器视觉和人工智能技术的快速发展，现阶段数字图像已成为智能设备最重要的数据和信息来源。数字图像的基本特点包括如下几点。

① 图像是存储信息的重要手段。图像与视觉密切相关，在人类各种感官系统中，视觉是获取外界信息的重要方式，一定程度上，图像信息为社会发展和进步提供了数据资源。

② 数字图像分辨率快速提升。数字图像具有空间二维坐标，其像素个数是其行数和列数的乘积，以家用数码相机为例，其分辨率由 100 万像素发展到 3000 万像素，高清晰度、高分辨率和高保真成为了数字图像的发展目标和方向。

③ 数字图像可以长期保存和永不失真。数字图像的存储形式是计算机文件，可以使用硬盘、光盘、云存储等形式保存，比模拟图像更易于归档和调阅，一般不会由于保存时

间过长而发生图像失真或信息丢失。

④ 数字图像可以充分利用现代化信息传输技术。通过采用现代化通信技术，例如因特网（Internet）、物联网（IoT）、区块链（blockchain）等，数字图像实现了广域的快速数据传输和共享，并且，数字图像的传输和共享将进一步向全球化、高效化和实时化方向发展。

## 1.2 数字图像处理的主要范畴

数字图像处理过程中涉及很多相关的概念和术语，包括景物（scene）、图像（image）、数字图像（digital image）、像素（pixel）、灰度（gray level）、分辨率（resolution）、采样（sampling）等。

### 1.2.1 图像检测与数字图像处理

图像处理技术起源比较早，但真正发展是在 20 世纪 80 年代后期。随着计算机技术的高速发展，数字图像处理所需条件日益成熟。图像不仅供观赏或娱乐，还有具体形象地说明某事物的作用及直观地表达某种概念的用途。研究图像的目的在于观察、测量、识别等各个方面。图像检测与数字图像处理就是利用机器把采集到的图像信息根据不同的目的进行修正或变换（如图 1.3）。

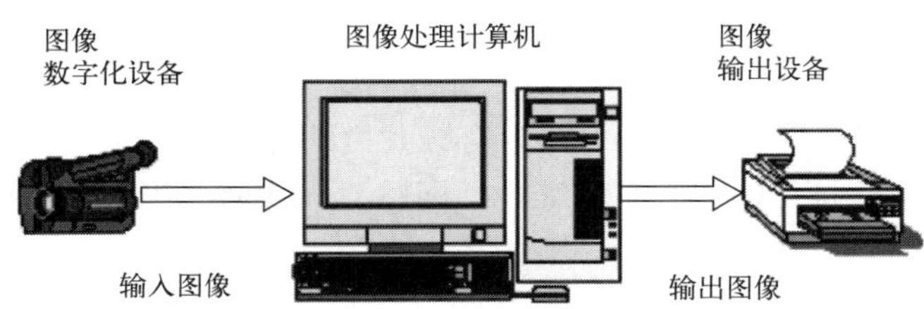


图 1.3 图像检测与数字图像处理流程

图像信息的处理是由计算机进行的，作为计算机的处理对象，图像表现为数字图像，其特点表现在以下几个方面：

① 数字图像是二维信息，其信息量很大。

② 数字图像占用频带较宽。

③ 数字图像中各个像素不是独立的，具有相关性。

④ 图像处理后的信息最终是由人观察和评价的，因此受人为因素影响较大。

从历史上来看，图像处理是作为光信息处理的应用而发展起来的。其主要处理的方式为：首先提取出构成图像的形状信息，然后根据相位几何学或者曲线的特征分析，导出蕴含于图像中的概念。具体应用场景包括文字识别、形状识别、三维物体识别等，而这种图像处理方式具有模式识别的显著特点。

### 1.2.2 数字图像处理的主要研究内容

数字图像处理主要研究的内容包括但不限于以下六个方面：

① 图像变换。图像变换包括图像的空间几何变换以及域变换。由于图像阵列数据较多，直接在空间域中进行处理，涉及计算量很大，因此往往采用图像域变换的方法，如傅里叶变换、离散余弦变换等间接处理技术，将空间域的处理转换为变换域处理，这样不仅

可减少计算量，而且可获得更有效的处理结果（如傅里叶变换可在频域中进行数字滤波处理）。除此之外，小波变换在时域和频域中都具有良好的局部化特性，在图像处理中也有着广泛而有效的应用。

② 图像增强和复原。图像增强和复原的目的是提高图像的质量，如去除噪声、提高图像的清晰度等。图像增强不考虑图像降质的原因，而是要突出图像中所感兴趣的部分。如强化图像高频分量，可使图像中物体轮廓清晰、细节明显；如强化低频分量，可减少图像中噪声影响。图像复原要求对图像降质的原因有一定的了解，一般可以根据图像降质过程建立降质模型，再采用某种滤波方法，恢复或重建原来的图像。

③ 图像分割。图像分割是数字图像处理中的关键技术之一，图像分割是将图像中有意义的特征部分提取出来，其有意义的特征有图像中的边缘、区域等，这是进一步进行图像识别、分析和理解的基础。虽然目前已研究出不少边缘提取、区域分割的方法，但还没有一种普遍适用于各种图像的有效方法。因此，对图像分割的研究还在不断深入之中，是目前图像处理中研究的热点之一。

④ 图像描述。图像描述是图像识别和理解的必要前提。作为最简单的二值图像可采用其几何特性描述物体的特性，一般采用二维形状描述图像特性，有边界描述和区域描述两种方法，对于特殊的纹理图像可采用二维纹理特征描述。随着图像处理研究的深入发展，已经开始进行三维物体描述的研究，并出现了体积描述、表面描述、广义圆柱体描述等方法。

⑤ 图像分类与识别。图像分类（识别）属于模式识别的范畴，其主要内容是在图像经过某些预处理（增强、复原、压缩）后，进行图像分割和特征提取，进而进行识别分类。图像分类常采用经典的模式识别方法，有统计模式分类和句法（结构）模式分类，近年来新发展起来的模糊模式识别和人工神经网络模式分类在图像识别中也越来越受到重视。

⑥ 图像编码压缩。图像编码与压缩技术可减少描述图像的数据量（即比特数），以便节省图像传输、处理时间和减少所占用的存储器容量。压缩可以在不失真的前提下获得，也可以在允许的失真条件下进行。编码是压缩技术中一种重要的方法，它在图像处理技术中是发展最早且比较成熟的技术。

## 1.3 机器视觉的概念与组成

某种程度上，图像检测的过程就是机器视觉实现的过程，1.2.1 节中图 1.3 在一定程度上体现了机器视觉实现的简单流程。机器视觉通常指视觉系统的整体框架，包括图像采集、图像处理及结果输出三个主要部分，三者构成了较完整的机器视觉系统，常用于分析、解决视觉处理的相关科学技术问题。机器视觉系统最基本的特点就是提高生产的灵活性和自动化程度，在一些不适于人工作业的危险工作环境或者人工视觉难以满足要求的场合，常用机器视觉来替代人工视觉，用机器视觉检测方法可以大大提高生产效率。

### 1.3.1 机器视觉的基本单元

广义的机器视觉系统主要包括三大部分：机器部分、视觉部分和系统部分。其中机器部分负责机械的运动和控制；视觉部分通过光源、工业镜头、工业相机、图像处理算法等实现视觉处理及运算；系统部分主要是涉及的软硬件及接口，也可理解为整套机器视觉实现的集成设备。

狭义的机器视觉系统可以分为图像采集单元、图像处理单元和运动控制单元三部分。各部分硬件及相互关系如图 1.4 所示。各部分具体含义如下：

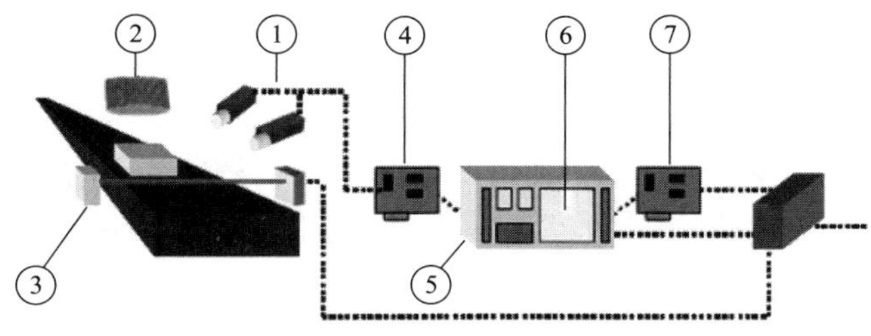


图 1.4　机器视觉组成

① 工业相机与工业镜头。这部分属于成像器件，通常的视觉系统都是由一套或者多套成像系统组成，随着时代的进步，现阶段的工业相机大部分具备如模式转换、分辨率设定、数字化采样等前端图像数据处理功能。

② 光源。为机器视觉系统中的辅助成像器件，对成像质量的好坏往往能起到至关重要的作用，有源光源并非机器视觉中的必需元件，但有源光源有助于减少外界环境对视觉分析的影响，并且对后期数字图像处理简化有一定的作用。

③ 传感器。是对图像完成采集控制的器件，通常以光纤开关、接近开关等的形式出现，用以判断被测对象的位置和状态。同样，传感器也不是视觉系统必需的器件，某些情况下，可以使用视觉本身来实现传感替代或部分替代。

④ 采集设备。即图像采集单元，如果是 PC（个人计算机）图像采集设备，图像采集卡通常以插入卡的形式安装在 PC 中；如果是嵌入式采集设备，可能是 GPU（图形处理单元）或 FPGA（现场可编程门阵列）等高度集成化芯片。它的主要工作是把相机输出的图像输送给电脑主机，应用不同的总线形式，将来自相机的模拟或数字信号转换成一定格式的图像数据流。

⑤ 中枢平台。如果是 PC 图像采集设备，中枢平台通常是电脑。它是一个 PC 式视觉系统的核心，用以完成图像数据的处理和绝大部分的控制逻辑。现阶段，嵌入式中枢平台，例如树莓派、Jeston Nano 等的应用已经十分广泛，对中枢系统的定义也愈发泛化，通常是指具备 CPU（中央处理器）＋GPU 或者 CPU＋FPGA 的一种结构框架。

⑥ 视觉处理软件。用来完成图像数据的分析。可以是简单的串行代码，也可以是大型的商用平台，可以使用 C、Visual C＋＋、Java、Python、Matlab 等多种编译平台，也可以使用开源或商用的云平台实现。其功能根据使用要求来设计，是机器视觉系统的核心技术之一。

⑦ 控制单元。运动控制 I/O（输入输出）、通信接口等。一旦视觉软件完成图像分析（除非仅用于监控），需要及时和外部单元进行通信以完成对生产过程的控制。简单的控制可以直接利用设备自带的 I/O 实现，相对复杂的逻辑/运动控制则必须依靠附加的集成控制单元来实现所需动作。

### 1.3.2　机器视觉与图像处理

机器视觉是人工智能正在快速发展的一个分支。简单说来，机器视觉就是用机器代替人眼来做测量和判断。机器视觉系统是通过机器视觉产品［即图像摄取装置，分 CMOS（互补金属氧化物半导体）和 CCD（电荷耦合器件）两种］将被摄取目标转换成图像信号，传送给专用的图像处理系统，得到被摄目标的形态信息，根据像素分布和亮度、颜色等信息，转变成数字化信号；图像系统对这些信号进行各种运算来抽取目标的特征，进而根据判别的结果来控制现场的设备动作。

机器视觉已逐渐扩展成一个学科，它包括获取、处理、分析和理解图像或者更一般意义的真实世界高维数据的方法。它的目的是产生决策形式的数字或者符号信息，而在图像科学中，图像处理是用任何信号处理等数学操作处理图像的过程，输入是图像（摄影图像或者视频帧），输出是图像或者与输入图像有关的特征、参数的集合。所以说机器视觉处理的核心是数字图像，而数字图像处理过程也是机器视觉实现的过程。数字图像是机器视觉的处理和分析对象，机器视觉是完成数字图像处理的技术基础和必要手段。

通过对数字图像、机器视觉的概念与特点的介绍，二者的内在联系也逐渐清晰，下面将介绍机器视觉、计算机图形学、信号学等与数字图像处理相关的研究领域，并阐述与数字图像处理学科之间的关系。

### 1.3.3 数字图像与机器视觉相关科学领域

前文解释了机器视觉和数字图像处理的逻辑联系，在数字图像处理过程中，还涉及数字信号处理、计算机图形学、机器学习（人工智能）等多个学科范畴，数字图像处理相关科学领域的关系如表 1.1 所示。

**表 1.1 机器视觉、计算机图形学、数字图像处理、人工智能之间的联系**

| 输入 | 输出 | |
| --- | --- | --- |
| | 图像 | 认知 |
| 图像 | 数字图像处理 | 机器视觉 |
| 认知 | 计算机图形学 | 人工智能 |

由表 1.1 可以看出，计算机图形学的输入是模型（认知），输出是图像（像素）；机器视觉的输入是图像（摄像机拍摄的照片或视频），输出是模型；数字图像处理的输入是图像（像素），输出也是图像（像素）。

（1）数字信号处理

数字信号处理，是将图片、声音、视频等模拟信息转化为数字信息的一个过程。在这一过程中，采用数字方式对模拟信号进行压缩、变化、过滤、识别，最终将其转化为满足要求的数字信号。

图像也是信号的一种，通俗地讲，数字图像处理就是把真实世界中的连续三维随机信号投影到传感器的二维平面上，采样并量化后得到二维矩阵；通过对二维矩阵的处理，从二维矩阵图像中恢复出三维场景，这也正是计算机视觉（CV）实现过程的主要任务之一。数字图像处理过程可以分为两个阶段：第一阶段是信号处理阶段，也就是采样、量化的过程，图像处理其实就是二维和三维信号处理，而处理的信号又有一定的随机性，因此经典信号处理和随机信号处理都是图像处理和计算机视觉中必备的理论基础。第二阶段就是数据处理阶段。图像处理涉及了微积分、矩阵、概率论等相关数学知识，以及机器学习、模式识别等模型构造基础，这也体现了数字图像处理在视觉乃至人工智能领域的必要性和复杂性。

（2）计算机图形学

计算机图形学（computer graphics，CG）是一种使用数学算法将二维或三维图形转化为计算机显示器的栅格形式的科学。简单地说，计算机图形学的主要研究内容就是研究如何在计算机中表示图形，以及利用计算机进行图形的计算、处理和显示的相关原理与算法。计算机图形学通过输入一些概念（比如三角形，矩形，六面体），然后把这些概念可视化地显示出来。现在流行的虚拟现实（VR）和3D（三维）重构技术的基础就是计算机图形学。

由此可见计算机图形学的目标是创造非真实的视觉感知，计算机图形学的研究成果可以用于产生数字图像处理所需要的素材，而计算机图形学是机器视觉的逆过程，联系二者之间的纽带即为数字图像处理。

（3）机器学习（人工智能）

机器学习（machine learning）是研究计算机怎样模拟或实现人类的学习行为，以获取新的知识或技能，重新组织已有的知识结构使之不断改善自身的性能的过程。它是人工智能（artificial intelligence，AI）的核心，是使计算机具有智能的根本途径，其应用遍及人工智能的各个领域，它主要使用归纳、综合而不是演绎来得出结论。近年广泛应用于工业界的深度学习（deep learning）广义上讲也属于机器学习的范畴。

机器学习和图像处理都是实现机器视觉不可或缺的助力因素。数字图像处理在计算机视觉或机器视觉中可作为前处理，为机器学习提供用来学习的输入数据，机器学习则负责理解图像。例如，在机器视觉任务中的图像识别、物体检测、图像分割中，由于原始数据可能存在数量不足或者质量较低的情况，图像处理负责对原始图像进行缩放和各种数据增强，让机器学习模型更容易学习到图像中的特征，更好地理解图像含义。

## 1.4 数字图像与机器视觉应用

数字图像与机器视觉是利用计算机对图像进行处理，常用的方法有去除噪声、复原、增强、分割、提取特征等。数字图像发展初期，主要应用于提高图片质量，现阶段数字图像与机器视觉的应用领域已涉及人类生活的多个方面。

### 1.4.1 数字图像与机器视觉应用领域

数字图像与机器视觉技术应用领域十分广泛，主要应用领域包括：①遥感中的应用。遥感图像处理的效率和分辨率很高，被广泛应用于土地测绘、矿藏勘查、环境污染检测、气象监测、军事侦察等领域。②工业生产中的应用。利用数字图像处理技术可进行无损探伤、机器人视觉感知、自动控制等。③生物医学中的应用。图像处理凭借其形象直观、无创伤、安全、方便等优点在医学界被广泛应用。最突出的临床应用：核磁共振、CT技术等。④安全领域中应用。利用模式识别等技术，国防部门对军事目标进行侦察、制导；公安部门对案发现场照片、指纹、手迹和人像进行处理和辨识；博物馆对历史文字和图片档案进行修复和管理。⑤交通中的应用。现今，交通管理趋向于自动化、智能化，人们可以利用图像识别技术进行汽车牌照的定位，实现交通的动态管理。⑥电子商务中的应用。在电子商务领域，图像处理技术也应用广泛，可以进行身份认证、产品防伪、水印技术应用等。

### 1.4.2 数字图像处理面临的挑战

数字图像处理技术发展速度快、应用范围广是因为其具有以下优点：①再现性好。数字图像处理不会因一系列变换操作而导致图像质量退化，能够完全保证图像的再现性。

②处理精度高。数字图像处理可将模拟图像数字化为任意大小的二维数组，可以满足任意应用需求的精度。③适用面宽。图像的来源广泛，不同信息源的图像经过数字编码后均可以进行数字图像处理。④灵活性高。数字图像处理的运算范畴广泛，可以进行线性和非线性运算。

数字图像处理技术快速发展的同时也存在一定的问题，改善方向表现在以下五个方面：①提高精度的同时还要解决处理速度的问题，庞大的数据量和处理速度不相匹配；②加强软件研究，创造新的处理方法；③加强边缘学科的研究（如人的视觉特性），促进图像处理技术发展；④进一步深化理论研究，形成自身的科学理论体系；⑤建立图像信息库和标准子程序，统一存放格式和检索，方便不同领域的图像交流和使用，实现资源共享。

### 1.4.3 数字图像与机器视觉发展方向

随着卷积神经网络（CNN）算法的出现，将数字图像与机器视觉研究带向了新的高度。数字图像与机器视觉的发展方向必然是传统 CV（computer vision，计算机视觉）技术和深度学习方法之间的包容式螺旋上升。经典 CV 算法成熟、透明，且对性能和能效进行过优化；深度学习能提供更好的准确率和通用性，但消耗的计算资源也更大。混合方法结合传统 CV 技术和深度学习，兼具这两种方法的优点，尤其适用于需要快速实现的高性能系统。机器学习度量和深度网络的混合已经非常流行，因为这可以生成更好的模型。混合视觉处理的实现能够带来性能优势，且将乘积累加运算减少到深度学习方法的 1/130～1/1000，帧率相比深度学习方法有 10 倍提升。混合方法使用的内存带宽仅为深度学习方法的一半以下，消耗的 CPU 资源也少得多。

除此之外，边缘计算也是数字图像与机器视觉发展的迫切需求，当算法和神经网络模型在边缘设备上运行时，其延迟、成本、云存储和处理要求比基于云的实现要求低得多。边缘计算可以避免网络传输敏感或私有数据，因此具备更强的隐私性和安全性。边缘异质计算架构包含 CPU、微控制器协同处理器、数字信号处理器（DSP）、现场可编程门阵列（FPGA）和 AI 加速设备等，结合了传统 CV 和深度学习的混合方法充分利用了边缘设备上可获取的异质计算能力，通过将不同工作负载分配给最高效的计算引擎来降低能耗，在 DSP 和 CPU 上分别执行深度学习推演，大幅降低了目标检测延迟并提升了视觉采集及处理效率。

由此可见，使用边缘＋云计算的环境混合以及深度学习和传统 CV 算法混合进行图像处理，已成为数字图像及机器视觉学科发展的必然趋势。

# 第2章 数字图像工具与软件实现

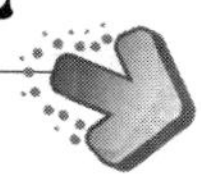

## 2.1 数字图像处理相关工具软件概述

“工欲善其事，必先利其器。”数字图像处理技术的进步离不开相应图像处理工具的快速发展，本节将简要介绍数字图像处理对软件工具的基本需求，对比不同图像处理软件之间的特点，并介绍本书所使用的 Python-OpenCV 图像处理环境。

### 2.1.1 数字图像处理对软件的要求

数字图像处理过程涉及多种复杂算法，其处理对象可概括为点处理、几何处理、区域处理、帧处理、全局处理五个方面，其工具应至少具备以下五种特征。

(1) 科学性

数字图像处理过程会频繁涉及概率论与数理统计、线性代数、矩阵论、随机过程等数学基础和模型，还包括信号与系统、通信原理、DSP（数字信号处理器）、计算机图形学、神经网络等专业基础知识，这就要求数字图像处理软件能够完成复杂的科学计算及快速建模。

(2) 灵活性

数字图像处理过程基本没有固定的方法和体系，需要根据源图片特点进行合理分析和计算。图像处理过程会多次反复和比较，以获得最优结果，这就要求其工具具备一定的灵活性，不拘泥于传统解决方案，而具备一定的创造能力。

(3) 快速性

数字图像处理数据量大，处理过程往往处于像素级别，这就要求工具软件对图像进行预处理、后处理等过程能够快速读取大规模矩阵并完成相关运算，具有图片读入和输出的快速接口，满足实时图像处理的需求。

(4) 融容性

作为机器视觉和人工智能的关键中间环节，图像处理的结果及过程数据应该能够融入其他平台，软件环境也应能包容其他模型和输入、输出格式并具备完善的接口，可为智能系统构建尽可能地提供便利。

(5) 可视化

图像处理有别于其他信号处理过程，由于其评价结果具备很强的主观性，软件应具备强大的可视化功能，不仅能对图片处理的结果进行可视化，亦能够对图像处理过程，例如采样、池化、灰度渐变等环节进行可视化分析与评价。

### 2.1.2 数字图像处理常用软件

Visual C++、Matlab 和 Python 是当前图像处理的主流工具软件，三种工具软件各有特点，并且相互间现已具备完善的软件接口。

① Visual C++（VC++）。Microsoft 公司的 VC++是一种具有高度综合性能的面向对象可视化集成工具，用它开发出来的 Win32（Windows 32）程序有着运行速度快、可移植能力强等优点。VC++所提供的 Microsoft 基础类库（MFC）对大部分与用户设计有关的 Win32 应用程序接口（API）进行了封装，提高了代码的可重用性，大大缩短了应用程序开发周期，降低了开发成本。由于图像格式多且复杂，为了减轻程序员工作量，使其将主要精力放在特定问题的图像处理算法上，VC++6.0 提供的动态链接库 ImageLoad.dll，支持 BMP、JPEG、TIFF 等常用的 6 种格式图片的读写功能。

② Matlab。Matlab 是由 MathWorks 公司推出的用于数值计算的有力工具，是一种第四代计算机语言，它具有相当强大的矩阵运算和操作功能，力求使人们摆脱繁杂的程序代码。Matlab 图像处理工具箱提供了丰富的图像处理函数，灵活运用这些函数可以完成大部分图像处理工作，从而大大节省编写低层算法代码的时间，避免程序设计中的重复劳动。Matlab 图像处理工具箱涵盖了在工程实践中经常遇到的图像处理手段和算法，如图形句柄、图像的表示、图像变换、二维滤波器、图像增强、四叉树分解域边缘检测、二值图像处理、小波分析、分形几何、图形用户界面等。

③ Python。开源平台 Python 是一种面向对象的、解释型的、通用的、开源脚本编程语言，它简单易用，学习成本低，并且 Python 标准库和第三库众多，功能强大，既可以开发小工具，也可以开发企业级应用。所以说，Python 图像处理是一种简单易学、功能强大的解释型编程语言，它有简洁明了的语法和高效率的高层数据结构，能够简单而有效地实现面向对象编程。Python 在图形学、机器视觉、数字图像处理与人工智能方面更具优势，使用 Python 进行数字图像处理，可以很方便地与采集系统、机器学习模型、大数据以及云计算进行对接，实现人工智能系统搭建和复杂应用程序的实现。

## 2.2 Python-OpenCV 图像处理环境

### 2.2.1 Python 与 Open CV 概述

（1）Python 概述

Python 是一种代表极简主义的编程语言。阅读一段排版优美的 Python 代码，就像在阅读一个英文段落，非常贴近人类语言。所以人们常说，Python 是一种具有伪代码特质的编程语言。在开发 Python 程序时，可以专注于解决问题本身，而不用顾虑语法的细枝末节。开源 Python 环境满足了 2.1.1 节所提出的数字图像处理所需的条件，非常适合作为数字图像处理的软件工具。

Python 本意为“蟒蛇”，由吉多·范罗苏姆设计。Python 提供了高效的高级数据结构，还能简单有效地面向对象编程。Python 语法和动态类型，以及解释型语言的本质，使它成为多数平台上脚本编写和快速开发应用的编程语言，随着版本的不断更新和语言新功能的添加，Python 已逐渐被用于独立的、大型项目的开发。Python 解释器易于扩展，可以使用C语言或VC++语言（或者其他可以通过C调用的语言）扩展新的功能和数据类型。

Python自发布以来，已经有三个版本：1994年发布的Python 1.x版本、2000年发布的Python 2.x版本（现已停止更新）和2008年发布的Python 3.x版本（2023年11月已更新到3.12.0）。Python作为一种强大的编程语言已经广泛应用于Web（万维网）开发、大数据处理、人工智能、自动化运维、云计算、游戏开发等多个方面。

（2）OpenCV概述

OpenCV是一个基于Apache License 2.0许可（开源）发行的跨平台计算机视觉和机器学习软件库，可以运行在Linux、Windows、Android和macOS操作系统上。它轻量而且高效——由一系列C函数和C++类构成，同时提供了Python、Ruby、Matlab等语言的接口，实现了图像处理和计算机视觉方面的很多通用算法。

在图像处理过程中，使用OpenCV可以实现以下基本功能：

① 图像数据操作（内存分配与释放，图像复制、设定和转换）。

② 图像/视频的输入输出（支持文件或摄像头的输入，图像/视频文件的输出）。

③ 矩阵/向量数据操作及线性代数运算（矩阵乘积、矩阵方程求解、特征值、奇异值分解）。

④ 支持多种动态数据结构（链表、队列、数据集、树、图）。

⑤ 基本图像处理（去噪、边缘检测、角点检测、采样与插值、色彩变换、形态学处理、直方图、图像金字塔结构）。

⑥ 结构分析（连通域/分支、轮廓处理、距离转换、图像矩、模板匹配、霍夫变换、多项式逼近、曲线拟合、椭圆拟合、德洛奈三角网）。

⑦ 摄像头定标（寻找和跟踪定标模式、参数定标、基本矩阵估计、单应矩阵估计、立体视觉匹配）。

⑧ 运动分析（光流、动作分割、目标跟踪）。

⑨ 目标识别（特征方法、隐马尔可夫模型）。

⑩ 基本的图形用户界面（显示图像/视频、键盘/鼠标操作、滑动条）。

⑪ 图像标注（直线、曲线、多边形、文本标注）。

### 2.2.2 下载和安装

使用Python语言以及OpenCV库可以实现图像处理过程中的各种复杂要求。本书采用当前较为流行的PyCharm集成开发工具作为图像处理过程Python-OpenCV的载体，三者之间的关系如图2.1所示。由于本书采用了Python-OpenCV对图像进行处理，所以将依次介绍Python、PyCharm和OpenCV的下载和安装。

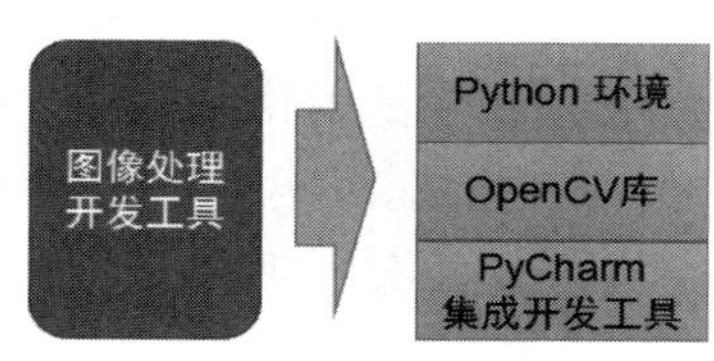


图2.1 图像处理开发工具

#### 2.2.2.1 Python的下载和安装

（1）Python的下载

在Python官网中，可以很方便地下载Python开发环境，具体下载步骤如下。

① 在Python官网点击Downloads（下载）菜单，可以获得Python的Windows最新版本（本书以Python 3.10.2为例），如图2.2所示。

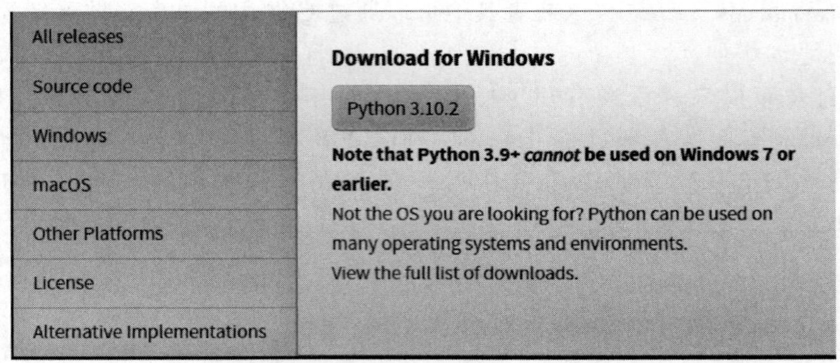


图 2.2　Downloads 菜单中的菜单项

② 点击左侧 Windows 下拉菜单项后，将进入到详细的下载列表中，如图 2.2 所示，不推荐安装 Python 3.7 以下版本，本书 Python 程序采用 64 位操作系统 Python 3.10.2 版本（如图 2.3）。

**Python Releases for Windows**

- Latest Python 3 Release - Python 3.10.2
- Latest Python 2 Release - Python 2.7.18

Stable Releases

- Python 3.9.10 - Jan. 14, 2022
  **Note that Python 3.9.10 *cannot* be used on Windows 7 or earlier.**
  - Download Windows embeddable package (32-bit)
  - Download Windows embeddable package (64-bit)
  - Download Windows help file
  - Download Windows installer (32-bit)
  - Download Windows installer (64-bit)
- Python 3.10.2 - Jan. 14, 2022
  **Note that Python 3.10.2 *cannot* be used on Windows 7 or earlier.**
  - Download Windows embeddable package (32-bit)
  - Download Windows embeddable package (64-bit)
  - Download Windows help file
  - Download Windows installer (32-bit)
  - Download Windows installer (64-bit)
- Python 3.10.1 - Dec. 6, 2021
  **Note that Python 3.10.1 *cannot* be used on Windows 7 or earlier.**
  - Download Windows embeddable package (32-bit)
  - Download Windows embeddable package (64-bit)
  - Download Windows help file
  - Download Windows installer (32-bit)
  - Download Windows installer (64-bit)

Pre-releases

- Python 3.11.0a5 - Feb. 3, 2022
  - Download Windows embeddable package (32-bit)
  - Download Windows embeddable package (64-bit)
  - Download Windows help file
  - Download Windows installer (32-bit)
  - Download Windows installer (64-bit)
  - Download Windows installer (ARM64)
- Python 3.11.0a4 - Jan. 14, 2022
  - Download Windows embeddable package (32-bit)
  - Download Windows embeddable package (64-bit)
  - Download Windows help file
  - Download Windows installer (32-bit)
  - Download Windows installer (64-bit)
- Python 3.11.0a3 - Dec. 8, 2021
  - Download Windows embeddable package (32-bit)
  - Download Windows embeddable package (64-bit)
  - Download Windows help file
  - Download Windows installer (32-bit)
  - Download Windows installer (64-bit)
- Python 3.11.0a2 - Nov. 5, 2021
  - Download Windows embeddable package (32-bit)
  - Download Windows embeddable package (64-bit)
  - Download Windows help file

图 2.3　Python for Windows 下载列表

**说明：** 在图 2.3 的下载列表中，带有“32-bit”字样的压缩包，表示该开发工具可以在 Windows 32 位系统下使用，“64-bit”表明该工具可以在 Windows 64 位系统下使用。标记“installer”的是自解压安装包，标记“embeddable package”的是嵌入式压缩包，解压后可直接运行，或嵌入到其他环境。

③ 下载完成后，将获得一个 Python-3.10.2-amd64.exe 的安装文件。如果你使用 Mac 或者 Linux 系统，可以在 downloads 选项卡中选择对应的系统菜单，然后选择下载相应的系统安装文件进行安装。

Python安装过程

（2）Python 的安装

Python 环境安装比较简单，只需遵循以下几个安装步骤。

① 下载完成后打开安装文件，如图 2.4 所示，选择 Customize installation（用户自定义）安装，如果想在非 Python Console（控制台）调用

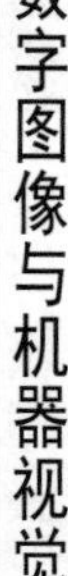

Python 环境则需要勾选 Add Python 3.10 to PATH，表示自动配置环境变量，如果不勾选，需要时可手动添加环境变量，推荐默认不勾选。

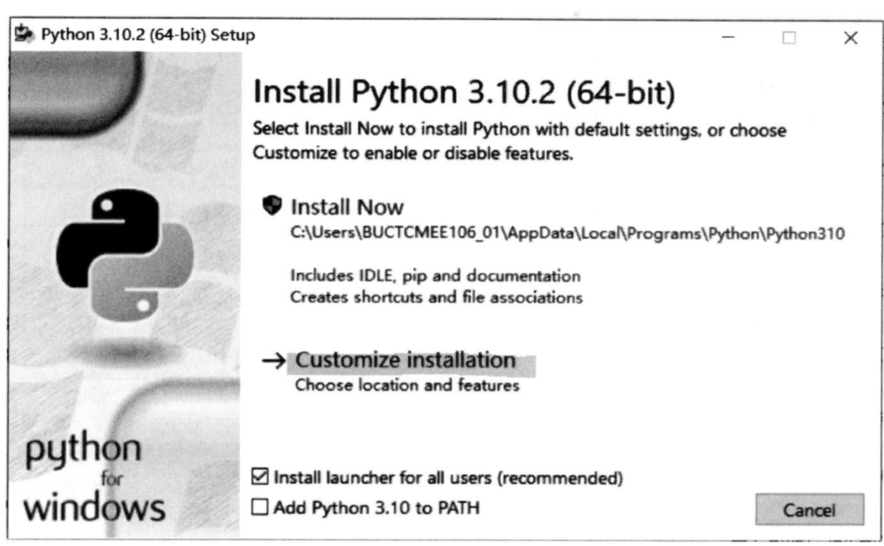


图 2.4　Python 安装向导

② 单击 Customize installation 选项后，弹出的对话框都采用默认设置（如图 2.5）。

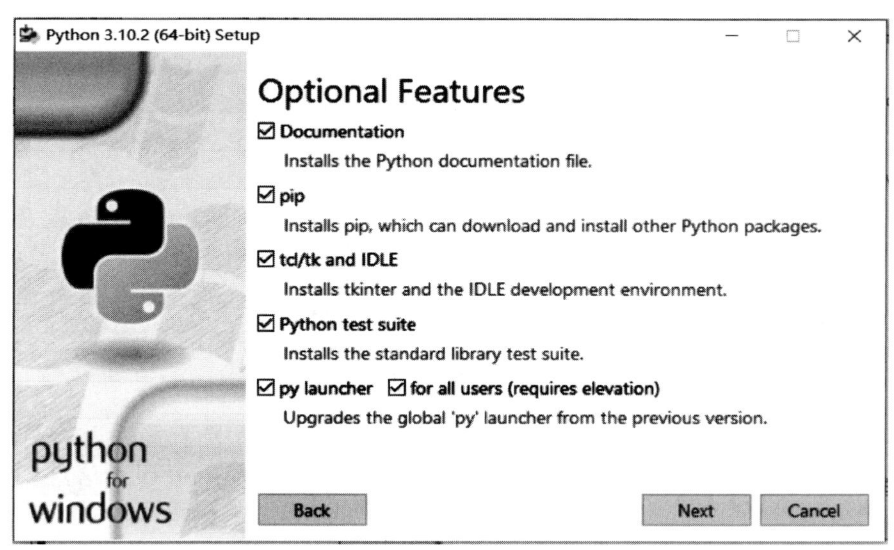


图 2.5　安装选项对话框

③ 单击图 2.5 中的 Next 按钮，弹出图 2.6 所示的高级选项对话框。在当前对话框中，除了默认设置外，勾选 Install for all users 复选框（表示当前计算机的所有用户都可使用）。单击 Browse（浏览）按钮，可以自主设置 Python 的安装路径，注意路径中不要有中文。

④ 点击 Install 后直至安装完成，安装过程中会显示安装进度，安装完成后将显示安装成功的界面如图 2.7 所示。

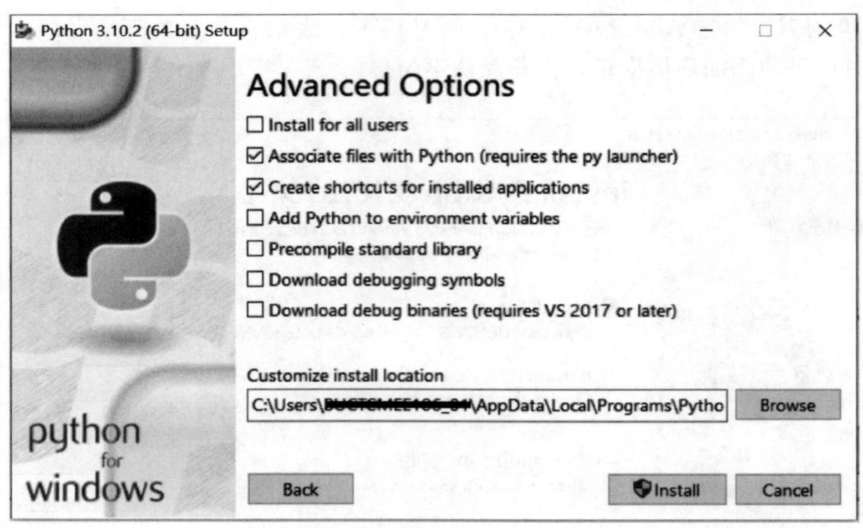


图 2.6　高级选项对话框

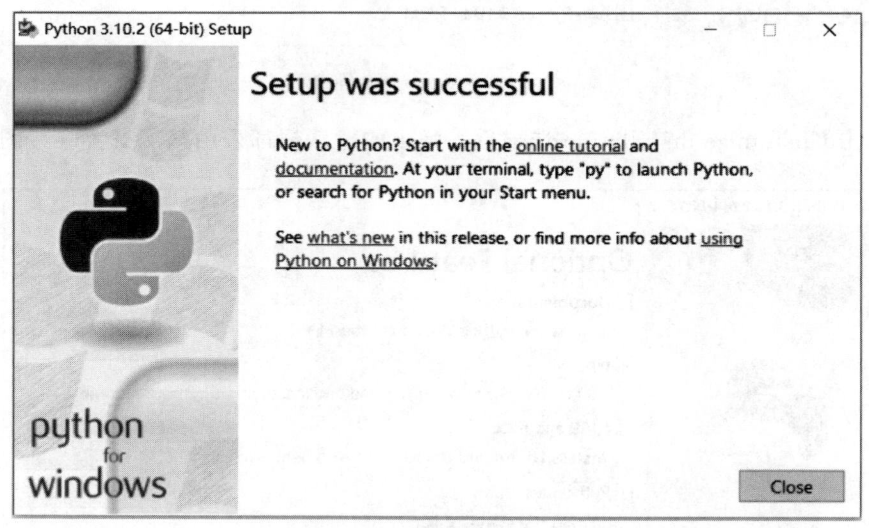


图 2.7　安装成功对话框

⑤ 安装完成后需要测试环境是否安装成功，首先在开始菜单直接输入 cmd，进入命令提示符窗口，在窗口中输入 Python，如果出现“>>>”和 Python 版本信息，说明 Python 环境已安装成功。

### 2.2.2.2　PyCharm 的下载和安装

PyCharm 是由 JetBrains 公司开发的一款 Python 开发工具，在 Windows、macOS 和 Linux 操作系统中都可以使用，具有虚拟环境建立、语法高亮显示、Project（项目管理）、代码跳转、智能提示、自动完成、调试、单元测试和版本控制等功能。使用 PyCharm 可以大大提高 Python 项目的开发效率，本节将对 PyCharm 的下载和安装进行讲解。

（1）PyCharm 的下载

PyCharm 的下载非常简单，步骤为：

① 进入 PyCharm 的官方下载界面，如图 2.8 所示。

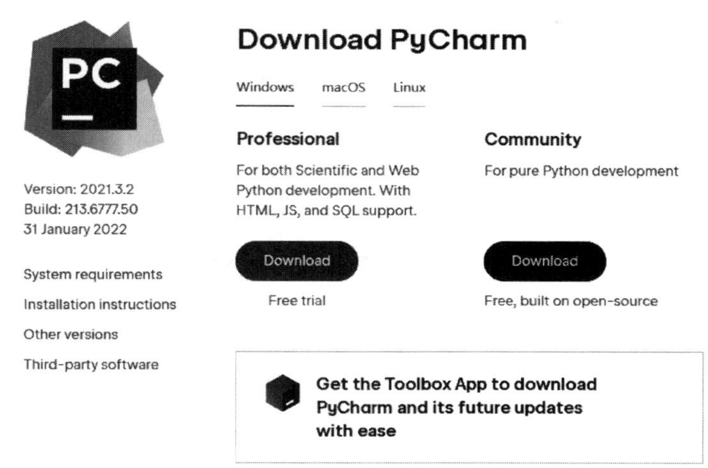


图 2.8　PyCharm 官网首页

② PyCharm 有两个版本，一个是专业版（免费试用，正式使用时付费），一个是社区版（免费且开源），可根据实际情况选用。点击 Community（社区版）下的 Download 下载 PyCharm 安装文件。

（2）PyCharm 的安装

PyCharm安装过程

安装 PyCharm 的步骤如下：

① 当下载好以后，点击 PyCharm 安装文件，按需求修改安装路径，尽量不要放在系统盘，修改好以后，点击 Next（下一步）。

② 在图 2.9 所示的设置快捷模式和关联文件界面中，勾选相关复选框（可全部勾选），单击 Next 按钮，进入开始菜单文件夹界面。

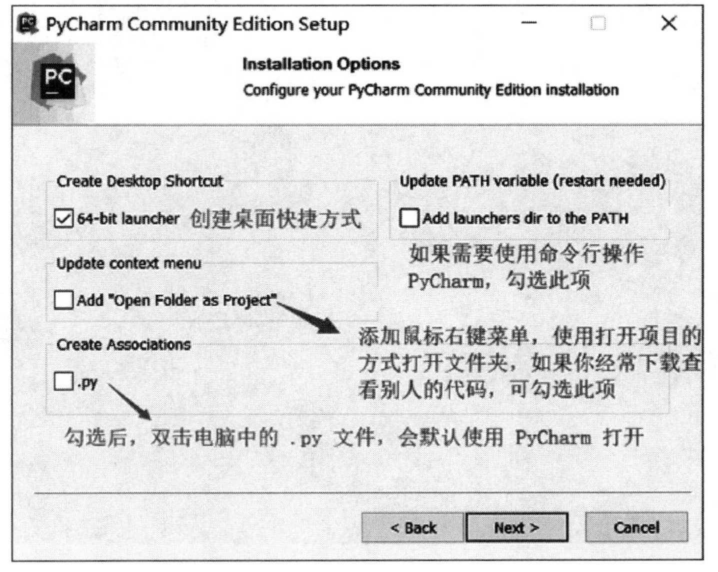


图 2.9　安装设置对话框

③ 继续点击 Next，直到出现图 2.10 所示的对话框，这里选择默认即可，点击 Install（安装），并等待安装进度条达到 100%，PyCharm 就安装完成了。

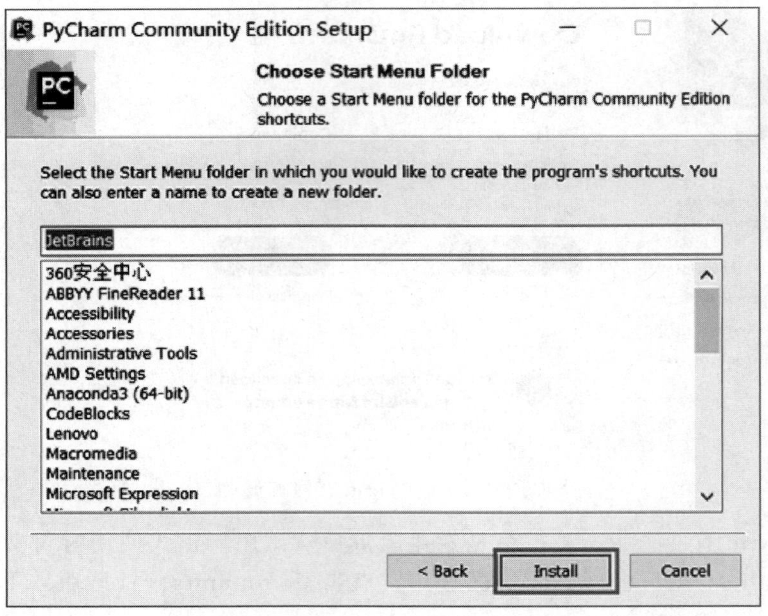


图 2.10 开始菜单文件夹选择界面

PyCharm环境配置

④ 为 PyCharm 配置 Python 解释器。PyCharm 完成之后，打开它会显示如图 2.11 所示的界面。

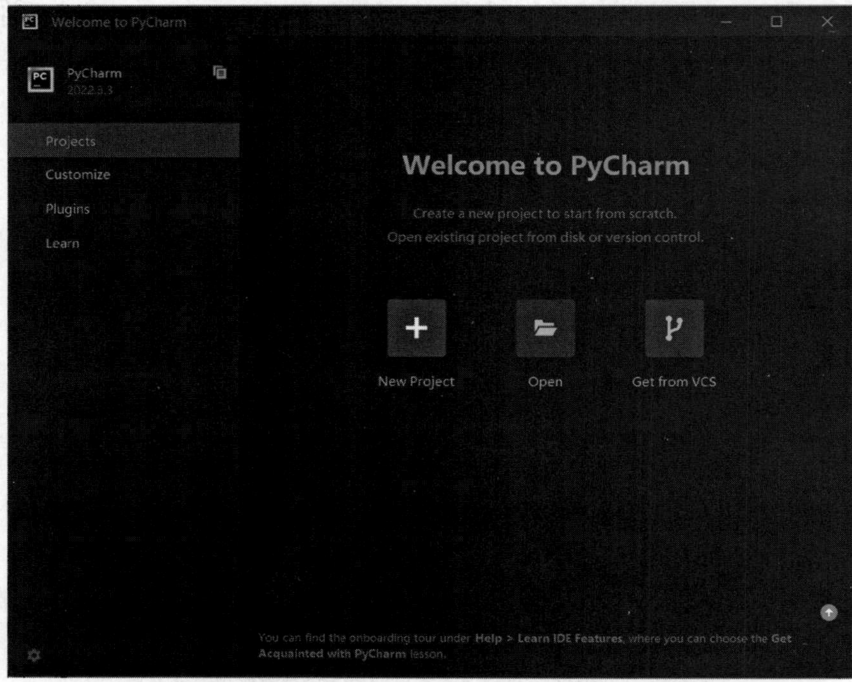


图 2.11 PyCharm 初始化界面

在此界面中，新建 Pycharm 工程。以 Python3.10 为例演示 PyCharm 工程建立过程，点击图 2.11 中的 New Project，进入图 2.12 所示的界面。

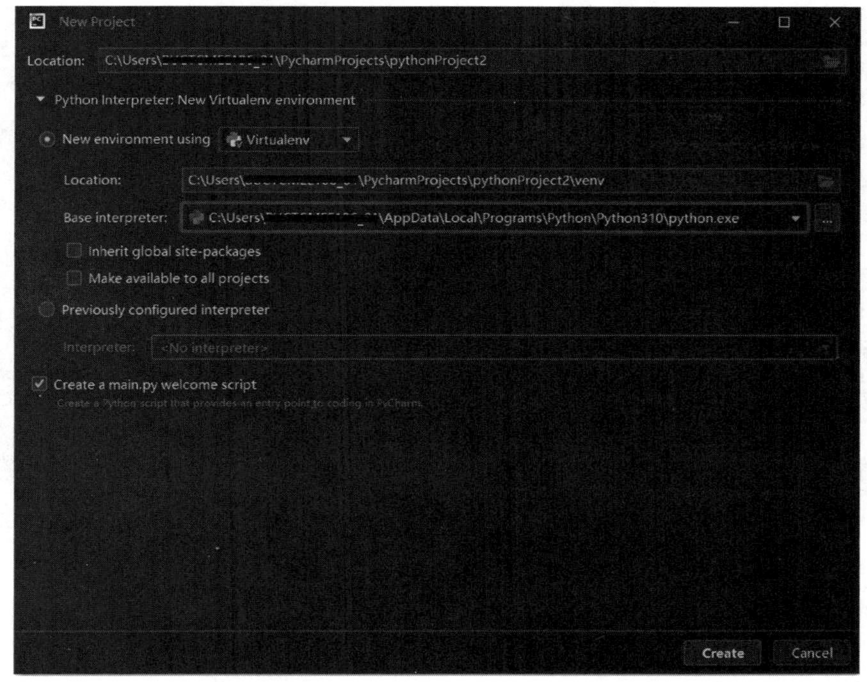


图 2.12 设置 Python 解释器界面

新工程需要设定关联的 Python 解释器，可以选择现有的解释器，也可以下载新的、所需的解释器。点击 Create 建立新工程和新环境，也可以在建立工程后在 File-Setting 选项中更改解释器，如图 2.13 所示。

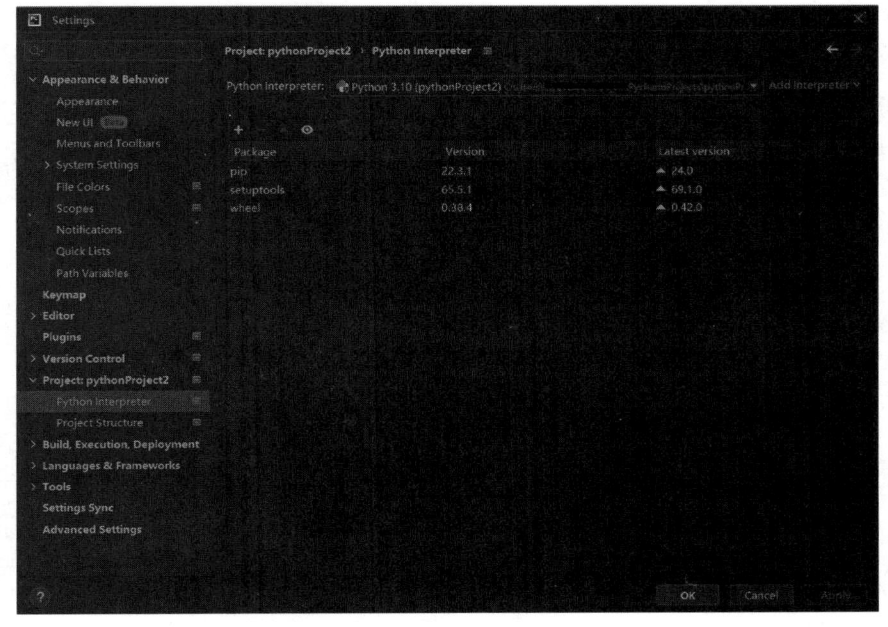


图 2.13 PyCharm 工程设置界面

依照图 2.13 提示部分，点击 Add Interpreter，增加新的 Python 解释器，如图 2.14 所示，点击 System Interpreter 可以改变现有系统解释器。

图 2.14　添加 Python 解释器界面

按照图 2.14 所示，选择 System Interpreter（使用当前系统中的 Python 解释器），右侧找到拟安装的 Python 目录，并找到 python.exe，然后选择 OK。此时会自动跳到图 2.14 所示的界面，并显示出可用的解释器，如图 2.15 所示，再次点击 OK。

等待 PyCharm 配置成功，它会再次回到图 2.11 所示的界面，由此就成功地给 PyCharm 设置好了 Python 解释器。

PyCharm简单程序示例

#### 2.2.2.3　OpenCV 的下载、安装和测试

（1）OpenCV 的下载和安装

为了更快速更简单地下载和安装 OpenCV，可以选用清华和阿里的镜像站点下载和安装 OpenCV-Contrib-Python 库。下载和安装 OpenCV-Contrib-Python 库的步骤如下：

OpenCV安装过程

① 打开命令提示窗口输入 pip install-i opencv-contrib-python。

② 进入 PyCharm 新建工程，并建立一个新环境“VENV”，在这个环境中进入下端的控制台，重复步骤①，可以将 OpenCV 库安装到 PyCharm 所建立的新环境下。

**注意：** 使用 PyCharm 时可以省略步骤①，直接完成步骤②即可（具体操作见实例 2.1）。

本书中除了安装 OpenCV、NumPy 库之外还需要安装 Matplotlib 等相关模块，Python 中模块安装的过程十分类似。安装完成后需要对模块和库的安装进行测试。

PyCharm新模块管理

（2）OpenCV 的测试

① 打开命令提示符，输入 Python 当出现“>>>”后，在光标处输入 import cv2，如果出现了下一行提示符，而没有出现错误提示，则验证 OpenCV 安装成功。

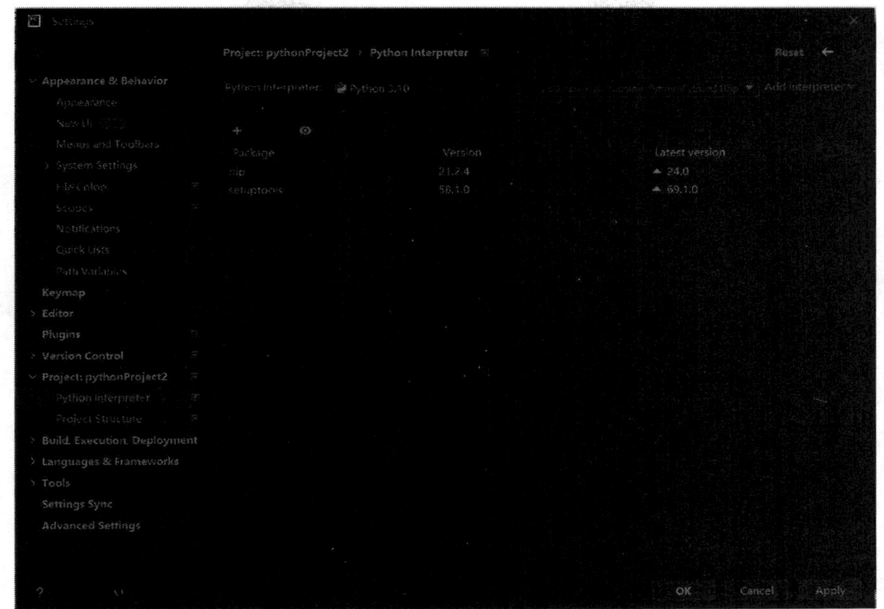

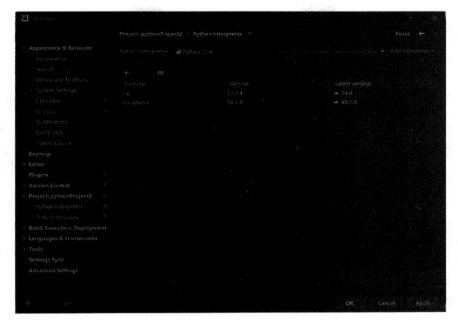

图 2.15　完成 Python 解释器添加界面

② 在“>>>”后的光标处输入 exit ()，或者 quit ()，退出 Python 环境，OpenCV 安装测试完成。

## 2.3　图像处理基本操作

介绍完安装环境之后，再介绍下使用 PyCharm 环境完成图像处理基本操作。图像处理最基本的操作包括图像读取、显示、保存及图像属性获取等。

### 2.3.1　读取图像

OpenCV 提供了用于读取图像的 imread () 方法，其语法格式如下：

```
image = cv2.imread(filename,flags)
```

参数说明：

- image：是 imread () 方法的返回值，返回的是读取到的图像。
- filename：要读取的图片文件的完整文件名，例如要读取当前目录下的 01.jpg，filename 的值为"01.jpg"❶。
- flags：读取图像类型标记，默认为 1，表示读取彩色图像，此时可以省略；flag 为 0 时表示读取的是灰度图像，在图像处理时，经常在读入彩色图像时就立即转换为灰度模型存入内存。

### 2.3.2　显示图像

存储在计算机磁盘上的数字图像，可以以矩阵形式保存输出，也可以显示该图像。使用 print () 方法可以输出图片量化矩阵，使用 cv2.imshow ()、cv2.waitKey () 和 cv2.destroyAllWindows () 方法用于显示图像和关闭窗口。下面重点介绍 imshow () 方

❶ Python 中使用英文半角引号，且单引号和双引号有同样的作用。

法，其语法格式如下：

```
cv2.imshow(winname,mat)
```

参数说明：

- winname：显示图像窗口的名称（建议英文半角显示）。
- mat：要显示的图像。

**注意：** cv2.imshow（）、cv2.waitKey（）和 cv2.destroyAllWindows（）通常先后同时使用来完成图像显示功能，后期导入 Matplotlib 库之后，更多情况下使用该库中的图形绘制功能函数。

### 2.3.3 保存图像

OpenCV 提供了用于按照指定路径保存图像的 imwrite（）方法，其语法格式如下：

```
cv2.imwrite(filename,img)
```

参数说明：

- filename：保存图像时的完整路径。
- img：要保存的路径。

### 2.3.4 获取图像属性

图像包含图像性质、尺寸、类型等属性，为此，OpenCV 提供了“shape”“dtype”“size”3 个常用属性，这三个常用属性的含义如下：

- shape：如果是彩色图像，那么获取的是一个由图像的像素列数、像素行数和通道数所组成的数组，如果是灰度图像，那么通道数为 1。
- size：获取图像的像素个数，其值为“像素列数×像素行数×通道数”（灰度图像的通道数为 1）。
- dtype：获取的是图像的数据类型。

### 2.3.5 综合训练

**实例 2.1**：读入 temple.jpg 文件，显示其灰度图像，输出图像属性，并将此灰度图像保存在 PyCharm 工程的 venv 目录下。

在学习第一个实例时，首先要配置下 PyCharm 环境。

（1）环境配置

① 双击 PyCharm 图标打开软件，点击“New Project”建立一个新工程如图 2.16 所示。

② 按图 2.17 配置虚拟环境和解释器，并点击“Create”按钮。

③ 点击菜单栏的“File”—“New”，建立一个新的 Python file（Python 文件），命名为“实例 2.1”，如图 2.18 所示。

④ 在 PyCharm 界面最下端点击“Terminal”，然后输入“pip install opencv-contrib-python”在当前环境安装 OpenCV，同时自动安装对应版本的 NumPy，如图 2.19 所示。

**注意：** 学会使用环境管理可以将不同模块需求的库文件相互分开，避免 Python 的根目录过于庞大，方便后期打包导出。

图 2.16　建立新工程

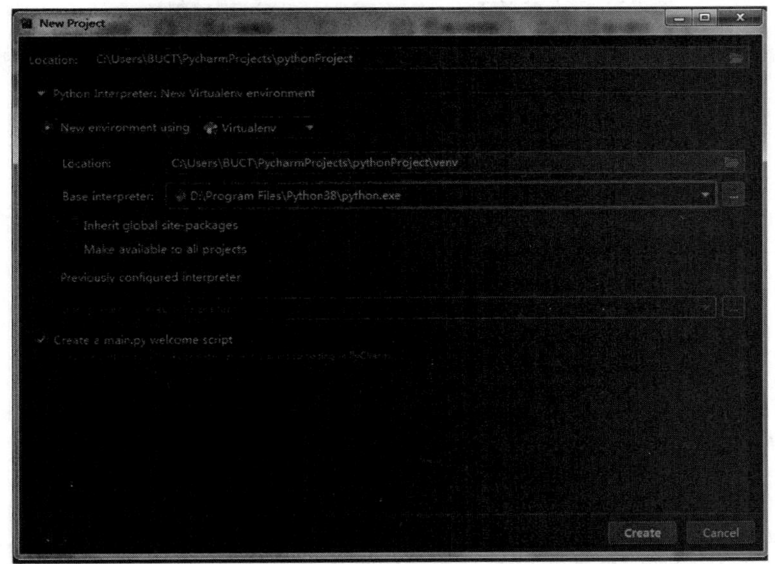

图 2.17　配置虚拟环境和解释器

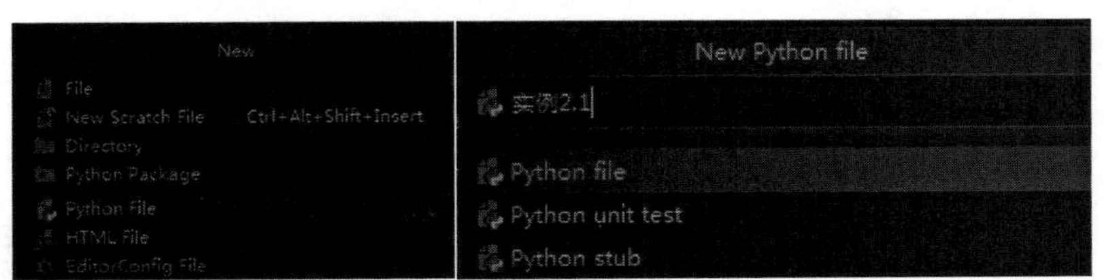

图 2.18　新建 Python 文件并命名

图 2.19　输入代码

⑤ 在“Project”菜单单击右键建立一个新文件夹，命名为“image”保存源图片文件，如图 2.20 所示。

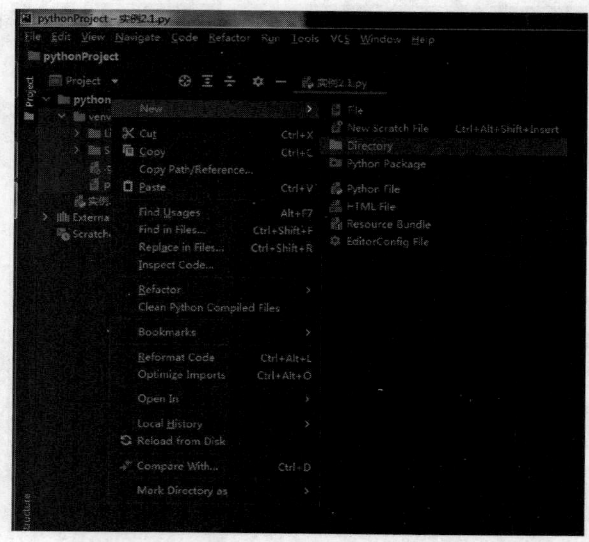


图 2.20　建立保存图片目录

⑥ 复制源图片，在所建立的 image 文件夹中点击右键选择“粘贴”，即可方便地将源图片复制到指定目录中，对其进行重命名为“temple.jpg”，如图 2.21 所示。所有的准备工作均已就绪，可以编写脚本文件了。

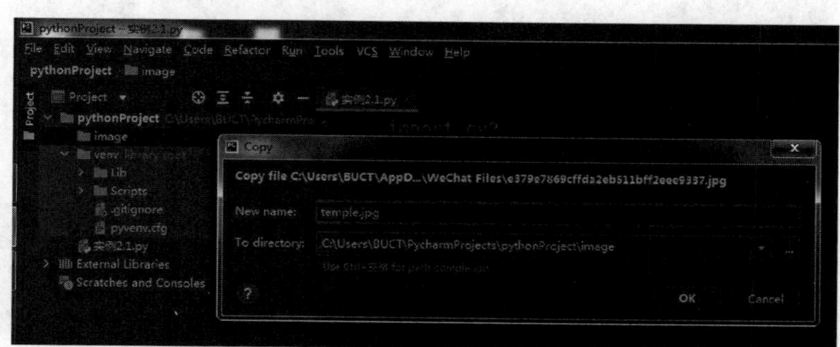


图 2.21　导入源图片

（2）编写代码

① 在右侧代码输入区内编写如下代码：

OpenCV程序示例

```
import cv2   #导入OpenCV 模块
image = cv2.imread ('.. image/temple.jpg', 0) #读取图片转换成灰度模式
print ('shape = ', image.shape)       #读取图像性质
print ('size = ', image.size)         #读取图像尺寸
print ('dtype = ', image.dtype)       #读取图像数据类型
cv2.imshow ('temple _ Grayscale', image)     #显示图片
cv2.waitKey ()                          #等待任意键继续
cv2.destroyAllWindows ()                #关闭显示窗口
cv2.imwrite ('image/Gray _ temple.jpg', image)   #保存灰度图
```

② 使用右键菜单“运行”或者“Shift+F10”快捷键运行代码，将输出图像属性，显示黑白图像，并将图像名为“Gray _ temple”写入 image 文件夹，如图 2.22 所示，这样就完成了 OpenCV 对图像读入、处理并显示、保存的基本操作。

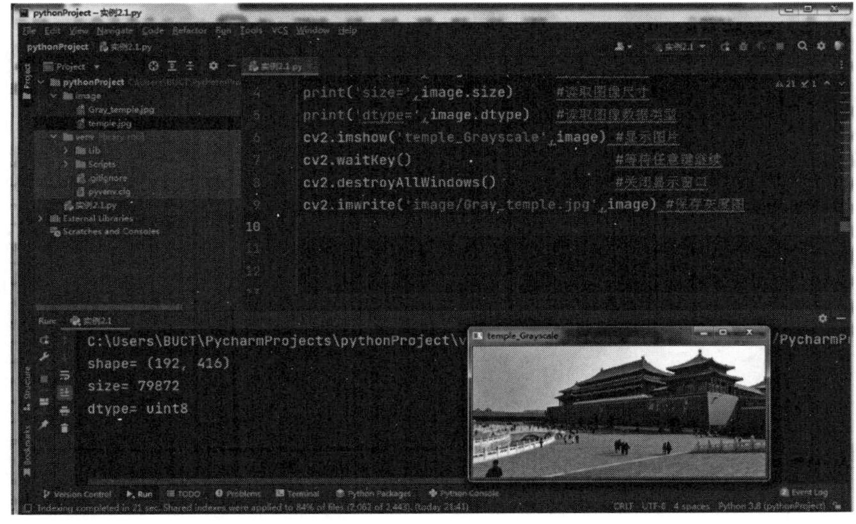


图 2.22　代码执行效果

# 第3章 图像与视觉基础知识

## 3.1 视觉感知要素

视觉信息是大数据时代的主要数字信息资源，图像和视频是人类获取视觉信息的主要来源。人眼视觉系统是所有视觉信息的最终接收端，其本身就是一个复杂、高效的信息感知处理系统。虽然数字图像处理这一领域建立在数学和概率公式表示的基础之上，但人的直觉和分析在选择一种技术而不选择另一种技术时会起核心作用。鉴于这一主题的复杂性和宽泛性，本章内容仅涉及参考人类视觉的最基本方面。人类与电子成像设备相比在分辨率和对光照变化的适应能力方面存在差异，从实践的角度来看对人类视觉的认知与分析仍处于不断探索阶段。

### 3.1.1 人眼的结构

人的眼睛有着接收及分析图像的不同能力，从而组成知觉，以辨认物象的外貌和所处的空间（距离），及该物在外形和空间上的改变。脑部将眼睛接收到的物象信息进行分析，分析出物象的四类主要资料：空间、色彩、形状及动态。有了这些数据，人们可辨认外物和对外物作出及时和适当的反应。

当有光线时，人眼睛能辨别物象本体的明暗；物象有了明暗的对比，眼睛便能产生视觉的空间深度，看到对象的立体程度；同时眼睛能识别形状，有助于人们辨认物体的形态；此外，人眼能看到色彩，称为色觉。上述四种视觉的能力，是混为一体使用的，作为人们探察与辨别外界数据、建立视觉感知的源头。同时针对视觉具备的各种能力，借助仿生的力量，人们逐渐使得机器完全或部分具备了视觉感知能力，比如相机拍摄照片、摄像头识别车牌号、医学影像检测癌细胞等；结合艺术的力量，人们搭配光线、色彩、图像、空间构成、多媒体、动画等，向大脑传达更加感性的信息，比如绘画渲染、影像合成、广告植入、装潢展示等，这些艺术力量模仿视觉能力的同时一定程度上又提升了人们的视觉感知能力。

眼睛不是完全的球体，而是一个融合的两件式单位。较小的单位在前方，有较大的弧度。角膜段的半径通常是 8mm，巩膜的半径大约是 12mm。角膜和巩膜由称为角膜缘的环连接。由于角膜是透明的，因而虹膜（虹膜的颜色即眼睛的颜色）和它黑色的中心——瞳孔取代角膜成为可见的部分。因为光不会反射出来，观看眼睛的内部需要眼膜。眼底（相对于瞳孔的区域）显现光学盘面的特征，所有眼睛的光线由此穿过视神经纤维离开眼球。

图 3.1 显示了人眼的一个简化水平剖面。眼睛有三层外套，由三个透明的结构包覆组成。最外层由角膜和巩膜组成，中间的一层由脉络膜、睫状体和虹膜组成。最内层是视网膜，如同从眼膜曲率镜看见的视网膜血管，它从脉络膜的血管获得循环。眼睛的形状近似为一个球体，其平均直径约为 20mm。角膜是一种硬而透明的组织，覆盖着眼睛的前表面。与角膜相连的巩膜是一层包围着眼球其余部分的不透明的膜。在这些外套内的是房水、玻璃体和柔韧的晶状体。房水是一种清澈的液体，包含在两个区域：在角膜和虹膜中间的眼前房、眼后房。玻璃体是一类清澈胶状物，包覆在视网膜和晶状体的周围。

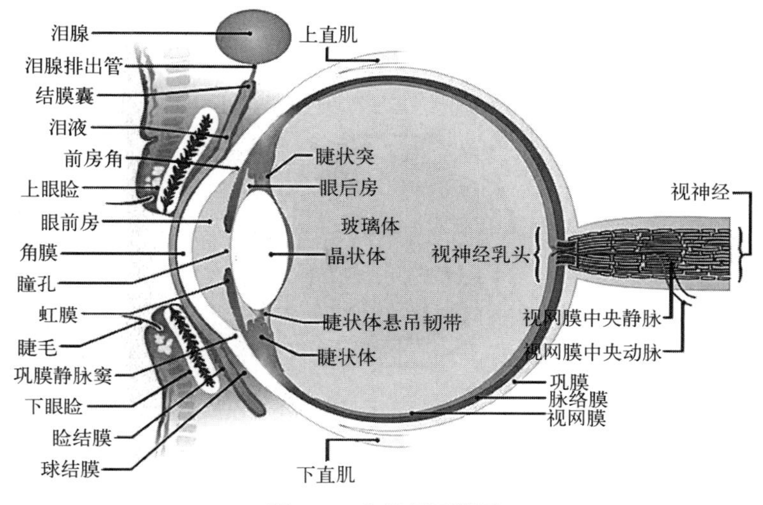

图 3.1　人眼剖面简图

脉络膜位于巩膜的正下方。脉络膜包含有血管网，它是眼睛的重要滋养源。即使是对脉络膜表面并不严重的损伤，也有可能严重地损害眼睛，引起限制血液流动的炎症。脉络膜外壳着色很重，因此有助于减少进入眼内的外来光和眼球内反向散射光的数量。脉络膜的最前面为睫状体和虹膜。虹膜的收缩和扩张控制着进入眼睛的光量。虹膜中间的开口（瞳孔）的直径是可变的，范围大约为 2～8mm，虹膜的前面包含有眼睛的可见色素，而后面则包含有黑色色素。

晶状体由同心的纤维细胞层组成，并由附在睫状体上的纤维悬吊着。晶状体包含 60%～70%的水、6%的脂肪和比眼睛中任何其他组织都多的蛋白质。晶状体由略显黄色的色素着色，其颜色随着人的年龄的增大而加深。在极端情况下，晶状体会过于混浊，这通常是由白内障等疾病引起的，可能导致彩色辨别能力和视觉清晰度的严重下降。晶状体吸收大约 8%的可见光谱，对短波长的光有较高的吸收率。在晶状体结构中，蛋白质吸收红外光和紫外光，吸收过量时会伤害眼睛。

眼睛最里面的膜是视网膜，它布满在整个后部的内壁。当眼睛适当地聚焦时，来自眼睛外部物体的光在视网膜上成像。由视网膜表面分布的不连续的光感受器提供了图案视觉。有两类光感受器：锥状体和杆状体。每只眼睛中的锥状体数量在 600 万到 700 万之间。它们主要位于视网膜的中间部分，称为中央凹，且对颜色高度敏感。用这些锥状体，人可以充分地分辨图像细节，因为每个锥状体都连接到自身的神经末梢。肌肉控制眼球转动，直到感兴趣的物体图像落到中央凹上。锥状体视觉也称为白昼视觉或亮视觉。

图 3.2 显示了右眼中通过眼睛光神经出现区的剖面的杆状体和锥状体密度。在这一区域由于没有感受器而存在所谓的盲点。除了这一区域，感受器的分布是关于中央凹径相对称的。感受器密度根据距视轴的角度来度量（即离开视轴的角度，它由视轴和通过晶状体中心并相交于视网膜的一条直线的夹角度量）。锥状体在视网膜的中心（在中央凹的中心区域）最密。从该中心向外到偏离视轴大约 20°处，杆状体的密度逐渐增大，然后向外到视网膜的极限边缘处，密度逐渐下降。

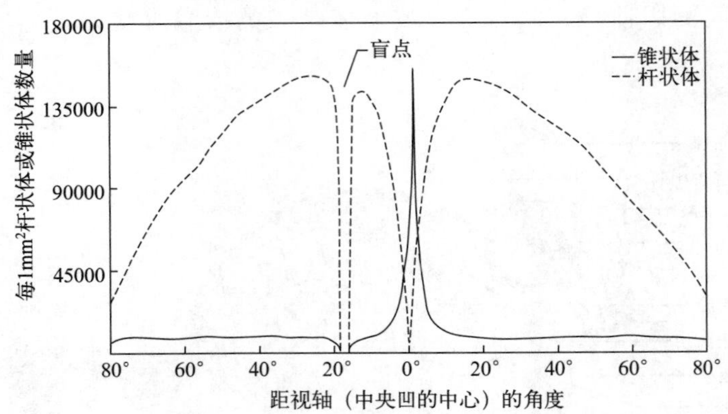


图 3.2　视网膜中杆状体和锥状体的分布

### 3.1.2　眼睛中图像的形成

视网膜的静态对比度大约是 100：1［镜头的焦距（mm）和光圈直径（mm）的比即焦比大约是 6.5］。当眼睛快速地移动（眼球颤动）时，它反复地监控所接触的化学物质和几何位置，以调整虹膜控制瞳孔的大小。人刚接触黑暗的环境时，大约有 4s 会陷入完全的黑暗，通过视网膜的化学调整（浦肯野效应）大多需要 30min 才能完全适应。此时的动态对比度可能会达到大约 1000000：1（焦比大约是 20）。这个过程是非线性和多因素的，因此若中途受到光照而打破了黑暗环境，这个适应程序必须重新开始。完全的适应依赖良好的血流量，因此暗适应可能会给血液循环带来很大的负担（贫血），而且这种适应性容易受到酒精或烟草的影响。

眼睛虽不同于光学仪器，但可以和照相机应用相同原则的光学镜头进行类比。人眼的瞳孔类似于相机的口径；虹膜是光圈，像是孔径内的挡板。在角膜的折射造成有效孔径（入射瞳），但与生理上的瞳孔直径略有不同。入射瞳的直径通常是 4mm，但是它的范围可以从在明亮地方的 2mm（光圈大小为 F/8.3）变化至黑暗地方的 8mm（F/2.1）。但后者的数值随着年龄递减，老人眼睛的瞳孔入射直径有时被限制在 5～6mm。

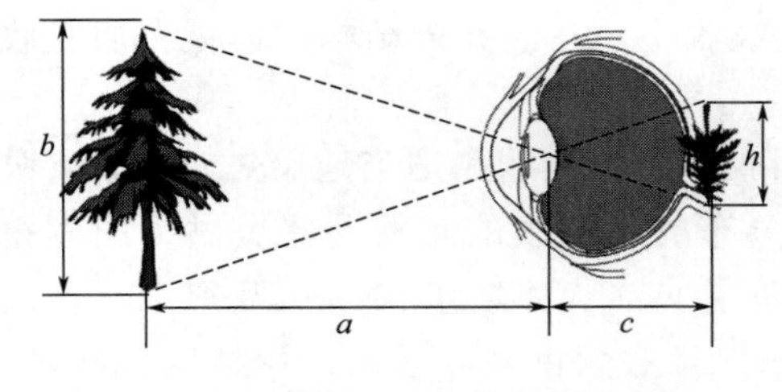


图 3.3　人眼观看一棵棕榈树的图解

图 3.3 中的几何关系说明了如何得到一幅在视网膜上形成的图像的尺度。例如，假设一个人正在观看距其 $a=100$m 处的高 $b=15$m 的一棵树，假如晶状体到视网膜的距离 $c=17$mm，令 $h$ 表示视网膜图像中该物体的高度，由图 3.3 的几何形状可以看出 $15/100=h/17$，则 $h=2.55$mm。

### 3.1.3 亮度适应和识别

因为数字图像可以将图源作为离散的灰度集来显示，所以眼睛对不同亮度级别之间的辨别能力在显示图像处理结果中是一个重要的考虑因素。人的视觉系统能够适应的光强度级别范围比较宽——从暗阈值到强闪光约有 101 个量级。主观亮度（即由人的视觉系统感知的亮度）是进入人眼的光强的对数函数。图 3.4 中画出的光强度与主观亮度的关系曲线说明了这一特性。长实线代表视觉系统能适应的光强范围。在亮视觉中，该范围大约是 10°。由暗视觉逐渐过渡到亮视觉的近似范围约为 0.001～0.1L（朗伯❶）（在对数坐标中为－3～－1L），图中画出了该范围内这一适应曲线的两个分支。

对于任何给定的条件集合，视觉系统的当前灵敏度级别称为亮度适应级别。图 3.4 中较短的交叉线表示当眼睛适应这一强度级别时人眼所能感知的主观亮度范围。注意，这一范围是有一定限制的，级别较低的刺激都被感知为不可辨别的黑色。该曲线的上部实际上不受限制，但如果延伸太远也会失去意义。

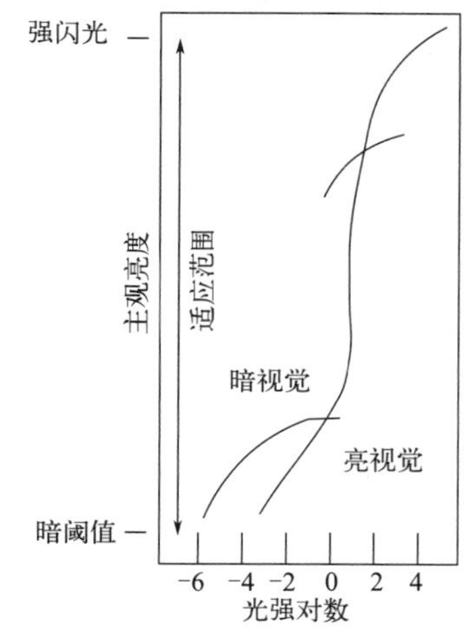


图 3.4 显示了特殊适应级别的主观亮度感知范围

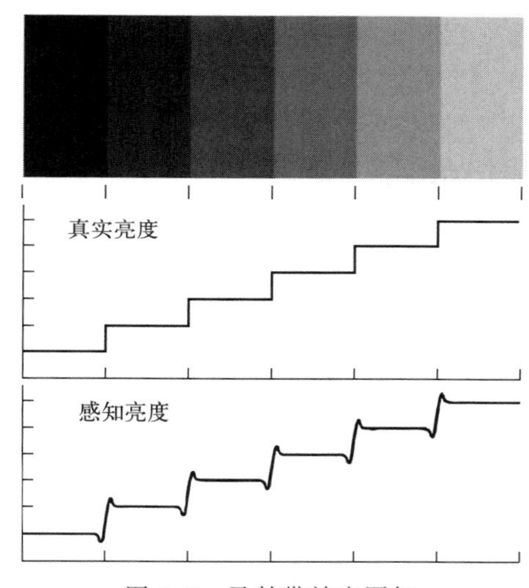


图 3.5 马赫带效应图解

如果背景照明保持恒定，并且代替闪光的其他光源的强度从不可觉察变为可觉察分级变化，典型的观察者可以辨别 12 级到 24 级的不同强度变化。粗略地看，该结果与一个人观看单色图像中的任意一点时所觉察到的不同强度的数量相关。这个结果并不意味着一幅图像可以由这样少的强度值来表示，因为当眼睛扫视图像时，平均背景在变化，从而允许在每个新的适应级别上检测一组不同的增量变化。最终结果是眼睛能够辨别更宽范围的整体光源强度。如图 3.5 的灰阶变化图示。

这种现象清楚地表明感知亮度不是简单的强度的函数。图 3.5 显示了这种现象的一个典型例子。虽然条带的强度恒定，但在靠近边界处人们实际上感知到了带有毛边的亮度模式。这些看起来带有毛边的带称为马赫带，厄恩斯特·马赫首次描述了这一现象。

人眼虽然对不同的环境光具有不同的亮、暗适应性，但即使在某个亮度下，人眼察觉亮度变化的能力仍然是有限的，而且不同人对不同的亮度能察觉到的最小亮度变化也是不同的。

❶ Lambert（朗伯），简称 L，是亮度的非法定计量单位，$1L \approx 3183.1cd/m^2$。

## 3.2 图像感知和获取

人们感兴趣的多数图像都是由“照射”源和形成图像的“场景”元素对光能的反射或吸收而产生的。把“照射”和“场景”加上引号是为了强调这样一个事实，即不限于人们所熟悉的一个可见光源每天照射普通的三维场景情况。例如，照射可能由电磁能源引起，如雷达、红外线或射线系统。所以说，照射也可以由非传统光源（如超声波）甚至由计算机产生的照射模式产生。类似的，场景元素可能是熟悉的物体，但它们也可能是分子、沉积岩或人类的大脑。依赖光源的特性，照射光源可以被物体反射或透射。在某些应用中，反射能或透射能可聚焦到一个光转换器（如荧光屏）上，光转换器再把能量转换为可见光，电子显微镜和某些伽马成像应用就使用这种方法。

### 3.2.1 视觉传感器

视觉传感器是指利用光学元件和成像装置获取外部环境图像信息的仪器。视觉传感器是整个机器视觉系统信息的直接来源，主要由一个或者多个图形传感器组成，有时还要配以光投射器及其他辅助设备。视觉传感器的主要功能是获取足够的机器视觉系统要处理的最原始图像。视觉传感器可以使用激光扫描器、线阵和面阵 CCD（电荷耦合器件）相机或者 TV 摄像机，可以应用于数字照相机、手机甚至是其他 VR（虚拟现实）终端设备上等。

视觉传感器技术的实质就是图像处理技术，通过对摄像机拍摄到的图像进行图像处理，来计算对象的特征量（面积、重心、长度、位置等），通常是一种能够快速输出数据和判断结果的芯片集成设备。

视觉传感器具有从一整幅图像捕获百万，甚至千万像素光线的能力。图像的清晰和细腻程度通常用分辨率来衡量，以像素数量表示。在捕获图像之后，视觉传感器将其与内存中存储的基准图像进行比较分析。例如，若视觉传感器被设定为辨别正确地插有八颗螺栓的机器部件，则传感器知道应该拒收只有七颗螺栓的部件，或者螺栓未对准的部件。此外，无论该机器部件位于视场中的哪个位置，无论该部件是否在 360°范围内旋转，视觉传感器都能做出判断。

应用视觉传感器的工业应用包括检验、计量、测量、定向、瑕疵检测和分拣。以下是一些应用范例：

① 在汽车组装厂，检验由机器人涂抹到车门边框的胶珠是否连续，是否有正确的宽度。

② 在瓶装厂，校验瓶盖是否正确密封、装灌液位是否正确，以及在封盖之前有无异物掉入瓶中。

③ 在包装生产线，确保在正确的位置粘贴正确的包装标签。

④ 在药品包装生产线，检验药片的泡罩式包装中是否有破损或缺失的药片。

⑤ 在金属冲压公司，以大于 150 片/min 的速度检验冲压部件，比人工检验快 20 倍以上。

视觉传感器的图像采集单元主要由 CCD/CMOS 相机、光学系统、照明系统和图像采集卡组成，将光学影像转换成数字图像，传递给图像处理单元。通常使用的图像传感器件主要有 CCD 图像传感器和 CMOS 图像传感器两种。

(1) CCD图像传感器

图3.6 CCD图像传感器

CCD图像传感器即电荷耦合器件（charg coupled device），如图3.6。它有像传统相机的底片一样的感光系统，是感应光线的电路装置，可以将它想象成一颗颗微小的感应粒子，在光学镜头后方铺满，当光线与图像从镜头透过、投影到CCD表面时，CCD就会产生电荷，将感应到的内容转换成数码资料储存在相机内部的闪速存储器或内置硬盘卡内。CCD像素数目越多、单一像素尺寸越大，收集到的图像就会越清晰。

CCD图像传感器由微镜头、滤色片、感光元件三层组成。CCD图像传感器的每一个感光元件由一个光电二极管和控制相邻电荷的存储单元组成。光电管用于捕捉光子，它将光子转化成电子，收集到的光线越强，产生的电子数量就越多，而电子信号越强则越容易被记录且不容易丢失，图像细节则更加丰富。CCD传感器是一种特殊的半导体材料，由大量独立的感光二极管组成，一般按照矩阵形式排列，相当于传统相机的胶卷。

CCD传感器有两种，第一种是特殊CCD传感器，如红外CCD芯片（红外焦平面阵列器件）、高灵敏度背照式和EBCCD（电子轰击电荷耦合器件）等，另外还有大靶面如2048像素×2048像素、4096像素×4096像素可见光CCD传感器、宽光谱范围（紫外线—可见光—近红外光—3～5μm中红外光—8～14μm远红外光）焦平面阵列传感器等。目前已有商业化产品，并广泛应用于各个领域。第二种是通用型或消费型CCD传感器，近些年在分辨率、饱和度、细腻化程度等方面都有较快的发展，总的方向是提高CCD相机的使用性能和综合性能。

CCD传感器具有以下优点：高分辨率、低杂信、高灵敏度、动态范围广，良好的线性特性曲线、大面积感光、低影像失真。体积小、重量轻、低耗电，不受磁场影响，电荷传输效率佳、可大批量生产，品质稳定，坚固、不易老化，使用方便及易保养等。但随着CCD应用范围的扩大，其缺点也逐渐暴露：首先，CCD芯片技术工艺复杂，不能与标准的工艺兼容；其次，CCD技术芯片需要的电压功耗大。因此CCD技术芯片价格昂贵且使用场景受限。

(2) CMOS图像传感器

图3.7 CMOS图像传感器

由于CCD工艺复杂等缺点，CMOS（互补金属氧化物半导体）图像传感器逐渐开始发展起来，如图3.7。它的工作原理是：首先，外界光照射像素阵列，发生光电效应，在像素单元内产生相应的电荷。行选择逻辑单元根据需要，选择相应的行像素单元。行像素单元内的图像信号通过各自所在列的信号总线传输到对应的模拟信号处理单元以及A/D转换器（模数转换器），转换成数字图像信号输出。其中的行选择逻辑单元可以对像素阵列逐行扫描也可隔行扫描。行选择逻辑单元与列选择逻辑单元配合使用可以实现图像的窗口提取功能。模拟信号处理单元的主要功能是对信号进行放大处理，并且提高信噪比。另外，为了获得质量优良的实用摄像组件，芯片中必须包含各种控制电路，如曝光时间控制、自动增益控制等。为了使芯片中各部分电路按规定的节拍动作，必须使用多个时序控制信号。为了便于摄像头的应用，还要求该芯片能输出一些时序信号，如同步信号、行起始信号、场起始信号等。

互补金属氧化物场效应管，即 CMOS 图像传感器，可将图像采集单元和信号处理单元集成到同一块芯片上。由于具有上述特点，它适合大规模批量生产，适合于小尺寸、低价格且对摄像质量无过高要求的应用，包括安保用小型相机、微型相机、手机、计算机网络视频会议系统、无线手持式视频会议系统、条形码扫描器、传真机、玩具、生物显微镜计数、某些车用摄像系统等许多商用领域。

相机是机器视觉系统的眼睛，而相机的心脏是图像传感器。CCD 图像传感器能提供很好的图像质量、抗噪能力并提高相机设计时的灵活性。由于增加了外部电路，因此系统的尺寸变大，复杂性提高。CCD 更适合于对相机性能要求非常高而对成本控制不太严格的应用领域，如天文领域、高清晰度的医疗 X 射线影像和其他需要长时间曝光、对图像噪声要求严格的科学领域。

CMOS 图像传感器是能应用当代大规模半导体集成电路生产工艺来生产的图像传感器，具有成品率高、集成度高、功耗小、价格低等特点。CMOS 技术已经克服早期的许多缺点，发展成了在图像品质方面可以与 CCD 技术较量的水平，当前在民用领域已有取代 CCD 技术的趋势。CMOS 更适合应用于空间小、体积小、功耗低而对图像噪声和质量要求不是特别高的场合，如大部分有辅助光照明的工业检测、安防安保和大多数消费型商业手机、数码相机应用场合等。

在特定应用环境中，三个关键的要素决定了传感器的选择：动态范围、速度和响应度。动态范围决定系统能够抓取的图像的质量，也被称作对细节的体现能力。传感器的速度指的是每秒传感器能够产生的图像张数和系统能够接收到的图像的数量。响应度指的是传感器将光子转换为电子的效率，它决定系统需要抓取有用的图像的亮度水平。传感器的技术和设计共同决定上述特征，因此系统开发人员在选择传感器时必须有自己的衡量标准，详细地研究这些特征，将有助于做出正确的判断。

### 3.2.2 简易图像成像模型

图像采集中的主要模型包括成像模型和亮度模型。在图像表达 $f(x,y)$ 中，$(x,y)$ 表示像素的空间位置，是由成像时的几何模型所确定的，而 $f(x,y)$ 表示像素的幅值数值（灰度），是由成像时的亮度成像模型所确定的。

（1）几何模型

图像采集的过程从几何角度可看作是一个将客观世界的场景通过投影进行空间转化的过程，这个投影过程可用投影变换描述。一般情况下，客观场景、摄像机和图像平面各有自己不同的坐标系统（坐标系），所以投影成像涉及在不同坐标系统之间的转换。

这里主要包括以下三个坐标系统。

世界坐标系统：也称为真实或现实世界坐标系统 $XYZ$，它是客观世界的绝对坐标（也称客观坐标系统）。

摄像机坐标系统：是以摄像机为中心制定的坐标系统 $xyz$，一般取摄像机的光学轴为 $z$ 轴。

图像平面坐标系统：是在摄像机内形成的图像平面坐标系统 $x'y'$。一般取图像平面与摄像机坐标系的 $xy$ 平面平行，且 $x$ 轴与 $x'$轴、$y$ 轴与 $y'$轴分别重合，这样图像平面的原点就在摄像机的光学轴上。

根据前面 3 个坐标系之间不同的关系，可以得到不同的摄像机模型。

① 重合模型：考虑摄像机坐标系 $xyz$ 与世界坐标系 $XYZ$ 重合的简单情况，其中图像平面的中心处于原点，镜头中心点的坐标是 $(0,0,\lambda)$，$\lambda$ 是镜头的焦距，当焦距为 1 时，该摄像机叫归一化摄像机，对较远的目标，其投影更靠近图像中心。如图 3.8 所示。

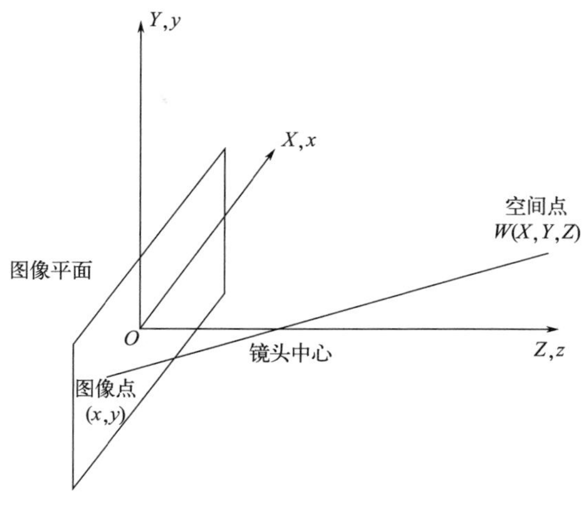


图 3.8 重合模型

依据空间点坐标和图像点坐标之间的几何关系，其中 $Z>\lambda$，借助相似三角形则有下式：

$$\frac{x}{\lambda}=\frac{-X}{Z-\lambda} \tag{3.1}$$

$$\frac{y}{\lambda}=\frac{-Y}{Z-\lambda} \tag{3.2}$$

由此，可以推导出：

$$x=\frac{\lambda X}{\lambda-Z} \tag{3.3}$$

$$y=\frac{\lambda Y}{\lambda-Z} \tag{3.4}$$

上述变换将 3D 空间中的线段投影为图像平面上的线段。如果在 3D 空间中相互平行的线段也平行于投影平面，则这些线段在投影后仍然相互平行。3D 空间的矩形投影到图像平面后可能为任意四边形，该四边形形状由 4 个顶点所确定，因此，投影变换也称为 4 点映射。

而在实际中焦距并不总为 1，且在图像平面上是使用像素而不是物理距离来表示位置的，图像平面坐标系与世界坐标系的联系应修正为下式：

$$x=\frac{sX}{Z} \tag{3.5}$$

$$y=\frac{sY}{Z} \tag{3.6}$$

其中 $s$ 是尺度因子。需要注意的是，焦距的改变和传感器中光子接收单元的间距变化都会影响图像平面坐标点与世界坐标点的联系。当焦距减为原来的一半时，成像尺寸也减为原来的一半，不过视场是随焦距的减小而增加的。以像素为单位确定的成像尺寸随传感器单元间距的增加而减小，当传感器像素密度减为原来的一半时，成像像素数也减为原来的一半。焦距和像素密度以相同的方式改变了从场景到像素的映射关系。

如果考虑图像平面上的传感器单元和间距在 $X$ 和 $Y$ 方向上可能不同，则需要两个尺度因子，即 $s_x$ 和 $s_y$。这两个参数被称为焦距参数。由于式(3.1) 和式(3.2) 都是非线性的，因此，可以考虑使用齐次坐标来表示世界坐标系统 $XYZ$ 和摄像机坐标系统 $xyz$，这样就可将坐标系统之间的转换线性化，从而用矢量和矩阵的形式来简洁地表示投影成像过程。

一个世界坐标系统中的点可用笛卡儿坐标矢量形式表示为

$$\boldsymbol{W}=[X \quad Y \quad Z]^{\mathrm{T}} \tag{3.7}$$

则该点对应的齐次坐标矢量形式为

$$\boldsymbol{W}_{\mathrm{h}}=[kX \quad kY \quad kZ \quad k]^{\mathrm{T}} \tag{3.8}$$

其中 $k$ 是一个任意的、非零值的常数。将齐次坐标形式转换为笛卡儿坐标形式可用前三个坐标量去除以第四个坐标量而实现。

从本质上讲，空间场景经过投影变换到图像平面后损失了一部分信息（距离信息），所以需要先将这部分信息恢复，才能将图像点返回到空间场景中。

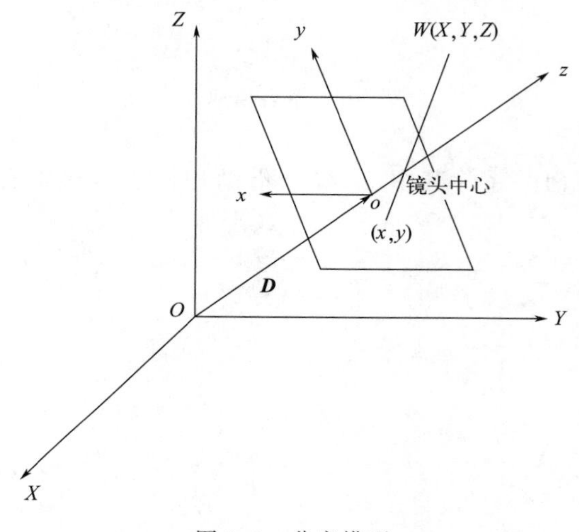


图 3.9 分离模型

② 分离模型：该模型如图 3.9 所示。

图像平面的中心与世界坐标系的位置偏差用矢量 $\boldsymbol{D}$ 表示，其分量分别为 $D_x$，$D_y$，$D_z$，假设摄像头的扫视角（$x$ 和 $X$ 轴间的夹角）为 $\gamma$，而倾斜角（$z$ 和 $Z$ 轴间的夹角）为 $\alpha$，可以通过下列步骤转换为重合模型：①将图像平面原点按矢量 $\boldsymbol{D}$ 移动到世界坐标系的原点；②以某个 $\gamma$ 角（绕 $z$ 轴）扫视 $x$ 轴；③以某个 $\alpha$ 角将 $z$ 轴倾斜（绕 $x$ 轴旋转）。让摄像机相对世界坐标系运动也等价于让世界坐标系相对摄像机逆运动，具体来说，使用以上三个步骤可以完成世界坐标系中的点几何关系的转换。位于坐标为（$D_x$，$D_y$，$D_z$）的齐次坐标点 $D_{\mathrm{h}}$ 经过变换 $\boldsymbol{T}D_{\mathrm{h}}$ 后位于变换后新坐标系统的原点，其中平移矩阵 $\boldsymbol{T}$ 如下：

$$\boldsymbol{T}=\begin{bmatrix}1 & 0 & 0 & -D_x\\ 0 & 1 & 0 & -D_y\\ 0 & 0 & 1 & -D_z\\ 0 & 0 & 0 & 1\end{bmatrix} \tag{3.9}$$

将摄像机逆时针绕 $z$ 轴旋转 $\gamma$ 角，即

$$\boldsymbol{R}_{\gamma}=\begin{bmatrix}\cos\gamma & \sin\gamma & 0 & 0\\ -\sin\gamma & \cos\gamma & 0 & 0\\ 0 & 0 & 1 & 0\\ 0 & 0 & 0 & 1\end{bmatrix} \tag{3.10}$$

倾斜角 $\alpha$ 是 $z$ 和 $Z$ 轴的夹角，可以将摄像机逆时针绕 $x$ 轴旋转 $\alpha$ 角达到倾斜摄像机 $\alpha$ 角的效果，即

$$\boldsymbol{R}_{\alpha}=\begin{bmatrix}1 & 0 & 0 & 0\\ 0 & \cos\alpha & \sin\alpha & 0\\ 0 & -\sin\alpha & \cos\alpha & 0\\ 0 & 0 & 0 & 1\end{bmatrix} \tag{3.11}$$

没有倾斜，则 $z$ 对应 $Z$ 轴。因此，旋转矩阵 $\boldsymbol{R}=\boldsymbol{R}_{\gamma}\boldsymbol{R}_{\alpha}$，对应的齐次变换后为 $\boldsymbol{C}_{\mathrm{h}}=\boldsymbol{PRTW}_{\mathrm{h}}$，其中 $\boldsymbol{P}$ 为投影变换矩阵，即

$$\boldsymbol{P}=\begin{bmatrix}1&0&0&0\\0&1&0&0\\0&0&1&0\\0&0&-\dfrac{1}{\lambda}&1\end{bmatrix}\tag{3.12}$$

其中，重合模型下，$\boldsymbol{RT}=\boldsymbol{E}$。

(2) 亮度模型

图像采集的过程从光度学的角度可看作是一个将客观景物的光辐射强度转换为图像灰度的过程，基于这样的亮度成像模型，从场景中采集到的图像的灰度值由两个因素确定：一个是场景中景物本身的亮度，另一个是成像时如何将景物亮度转换为图像灰度。

场景中景物本身的亮度与光辐射的强度是有关的。对发光的景物（光源），在光度学研究中，使用光通量表示光辐射中能被人感知的功率，其单位是 lm（流明）。一个光源沿某个方向的亮度用其表面一点处的面元在该方向上的发光强度除以该面元在垂直于给定方向的平面上的正投影面积来衡量，单位是 $\mathrm{cd/m^2}$（坎德拉每平方米），其中 cd 是发光强度的单位，$1\mathrm{cd}=1\mathrm{lm/sr}$（sr 是立体角的国际单位制单位，称为球面度。）。对不发光的景物，要考虑其他光源对它的照度，被光线照射的表面上的照度用照射在单位面积上的光通量来衡量，单位是 lx（勒克斯），$1\mathrm{lx}=1\mathrm{lm/m^2}$。

图像灰度是由景物亮度转化而来，一般只有相对的意义。成像时如何将景物亮度转化为图像灰度可以遵循一定的规律。给定一幅图像 $f(x,y)$，这里也用 $f(x,y)$ 表示图像在空间特定坐标点 $(x,y)$ 位置的亮度。因为亮度实际是能量的量度，所以 $f(x,y)$ 一定不为 0 且为有限值，考虑到光反射的几何因素可借助投影来归一化，所以 $f(x,y)$ 基本上可由两个因素来确定：①入射到可见景物上的光通量；②景物对入射光反射的比率。它们分别用照度函数 $i(x,y)$ 和 $r(x,y)$ 表示，也称为照度分量和反射分量。而 $f(x,y)=i(x,y)r(x,y)$，而 $0<i(x,y)<\infty$ 且 $0<r(x,y)<1$。$f(x,y)$ 在其坐标 $(x,y)$ 处的亮度值称为图像在该点的灰度值。

(3) 空间分辨率和幅度分辨率

空间视场中的精度对应其空间分辨率，对应数字化的空间采样点数，而幅度范围中的精度对应其幅度分辨率，对应采样点值的量化级。光线辐射到图像采集矩阵中光电感受单元的信号上，在空间上被采样，而在强度上被量化。

## 3.3 图像的数字化过程

一幅黑白静止平面图像（如照片）中各点的灰度值可用其位置坐标 $(x,y)$ 的函数 $f(x,y)$ 来描述。显然 $f(x,y)$ 是二维连续函数，有无穷多个取值。这种用连续函数表示的图像无法用计算机进行处理，也无法在各种数字系统中传输或存储。必须将代表图像的连续（模拟）信号转变为离散（数字）信号。这样的变换过程，称为图像数字化。

图像数字化的内容包括两个方面：采样和量化。

图像在空间上的离散化称为采样，即使空间上连续变化的图像离散化，也就是用空间上部分点的灰度值来表示图像。这些点称为样点（或像素、像元、样本）。一幅图像应取

多少样点呢？其约束条件是：由这些样点，采用某种方法能够正确重建原图像。采样的方法有两类：一类是直接对表示图像的二维函数值进行采样，即读取各离散点上的信号值，所得结果就是一个样点值阵列，所以也称为点阵采样；另一类是先将图像函数进行某种正交变换，用其变换系数作为采样值，故称为正交系数采样。

对样点灰度值的离散化过程称为量化。也就是使每个样点值数码化，使其只和有限个可能电平数中的一个对应，即使图像的灰度值离散化。量化也可以分为两种：一种是将样点灰度值等间隔分档取整，称为均匀量化；另一种是不等间隔分档取整，称为非均匀量化。因为都要取整，故量化也常称为整量或整量化过程。

假定一幅图像取 $M\times N$ 个样点，对样点灰度值进行 $Q$ 级分档取整。那么对 $M$、$N$ 和 $Q$ 如何取值呢？

首先，$M$、$N$、$Q$ 一般总是取成 2 的整数次幂，如 $Q=2b$，$b$ 为正整数，通常称为对图像进行 $b$ 比特量化。$M$、$N$ 可以相等，也可以不相等。若取相等，则图像矩阵为方阵，分析运算方便些。取不等的例子：陆地卫星图像就因实际需要而取成 2340×3240。

其次，关于 $M$、$N$、$b$（或 $Q$）数值大小的确定：对 $b$ 来讲，取值越大，重建图像失真越小，若要完全不失真重建原图像，$b$ 必须取无穷大，否则一定存在失真。这就是所谓量化误差。一般供人眼观察的图像，由于人眼对灰度分辨能力有限，用 5～8 比特量化就可以了。而卫星照片、航空照片等为了区别图像中灰度变化不大的目标，往往用 8～12 比特量化。对 $M\times N$ 的取值，主要依据是采样的约束条件。也就是在 $M\times N$ 大到满足采样定理的情况下，重建图像就不会产生失真，否则就会因采样点数不够而产生所谓混淆失真。为了减少表示图像的比特数，总是取 $M\times N$ 点数刚好满足采样定理。这种状态的采样即所谓奈奎斯特采样（如彩色电视编码技术）。$M\times N$ 常用的尺寸有 512×512，256×256，64×64，32×32 等。

最后，在实际应用中，如果给定了允许表示图像的总比特数 $M\times N\times b$，对 $N\times N$ 和 $b$ 的分配往往是根据图像的内容和应用要求以及系统本身的技术指标来选定。例如，若图像中有大面积灰度变化缓慢的平滑区域，如人头像特写照片等。则 $M\times N$ 采样点数可以少些，而量化比特数 $b$ 多些。这样使重建图像灰度层次多些。若 $b$ 太少，在图像灰度平滑区往往会出现“假轮廓”。反之，复杂的景物图像，如群众场面的照片等，量化比特数 $b$ 可以少些而采样点数 $M\times N$ 要多些。这样不致丢失图像的细节。究竟 $M\times N$ 和 $b$ 如何组合才能获得满意的结果，很难讲出一个统一的方案。对三种不同特征的图像（一幅细节少的妇女头像特写照片，一幅中等细节摄影师工作照片，一幅包含大量细节的群众会场照片），改变其采样点数 $M\times N$ 和量化比特数 $b$，分别进行图像质量的主观评价，可以得到总的结论：不同的采样点数和量化比特数组合，可以获得近乎相同的主观质量评价。

数字化应包括空间采样（采样过程）、幅度量化（量化过程）和编码三个主要部分。

### 3.3.1 采样过程

根据信息论中的香农采样定理，图像信息的采样周期是由图像信号的上限频率所决定的。而且输入设备中的图像信号放大器带宽也受这个上限频率制约。因此，首先要分析一下图像信号的上限频率。

（1）图像信号上限频率计算

以电视图像为例来说明图像信号上限频率的确定方法。假设每一个小方格就是一个像素，而且电子束正好和这些小方格重合，那么扫描这些像素所得电信号的频率就是图像信号的最高频率（即上限频率）。

设图像横向长度为 $W_h$，纵向长度为 $H_u$，横纵比为 4/3。

设纵方向上有 $N'$ 个像素，且纵横方向分解力相等，则横方向的像素数 $M$ 应为

$$M=\frac{W_h}{H_u}N' \tag{3.13}$$

实际一帧图像纵方向扫描行数 $N$ 总是大于 $N'$。因为有场消隐行数的存在，故要乘一个系数 $k_u$，另外由于扫描线与像素间相对位置影响，还要乘一个系数 $k$（也称垂直分解力系数）。因此，$N'$ 和 $N$ 关系如下：

$$N'=kk_uN \tag{3.14}$$

式中 $k_u=\frac{t_u}{T_u}$，$t_u$ 为场扫描正程时间，$T_u$ 为场扫描周期。由此可以求出水平方向所能传送的像素数 $M$：

$$M=\frac{W_h}{H_u}N'=\frac{W_h}{H_u}kk_uN \tag{3.15}$$

设 $k_h$ 系数$=\frac{t_h}{T_h}$，$T_h$ 为行扫描周期，$t_h$ 为行扫描正程时间，那么横方向扫描每一个像素所需时间 $T$ 为

$$T=\frac{t_h}{M}=\frac{t_h}{T_h}\frac{T_h}{M}=k_h\frac{T_h}{M} \tag{3.16}$$

可以看出图像信号的最小周期应是扫描过两个方格（像素）所需要的时间，那么其倒数即为图像的最高频率 $f_{max}$。

$$f_{max}=\frac{1}{2T}=\frac{M}{2k_hT_h} \tag{3.17}$$

设帧周期为 $T_p$，帧频为 $f_p$，那么

$$T_h=\frac{T_p}{N}=\frac{1}{Nf_p} \tag{3.18}$$

则最高图像频率 $f_{max}$(Hz) 应为

$$f_{max}=\frac{MNf_p}{2k_h}=\frac{1}{2}k\frac{W_hk_u}{H_uk_h}\times N^2f_p \tag{3.19}$$

我国电视制式，$N=625$，$f_p=25\text{Hz}$，场扫描周期为 20ms，场扫描回程时间为 1.6ms，行扫描周期为 64μs，行扫描回程时间为 12μs，那么

$$k_u=\frac{20\text{ms}-1.6\text{ms}}{20\text{ms}}=0.92 \tag{3.20}$$

$$k_h=\frac{64\mu\text{s}-12\mu\text{s}}{64\mu\text{s}}=0.81 \tag{3.21}$$

一般情况下 $k$ 取 0.7～0.8，$W_h/H_u=4/3$。代入式(3.19) 即可求出 $f_{max}\approx5.5\text{MHz}$，其他的扫描方式输入图像信号的最高频率计算方法是一样的。

（2）采样频率的计算

有了图像信号的最高频率 $f_{max}$，不丢失信息的采样频率 $f_s$ 应大于或等于 $2f_{max}$，采

样周期 $t_s$ 应小于或等于 $1/(2f_{max})$。对场频为 50 场/s，扫描线为电视制式的图像，采样周期 $t_s$ 为

$$t_s \leqslant \frac{1}{2f_{max}} = \frac{1}{2\times 5.5\text{MHz}} = 0.091\mu\text{s} \tag{3.22}$$

$t_s$ 是理论计算结果，实际工程应用兼顾设备价格，往往取稍大值，从理论上讲不满足采样定理，就会产生混淆失真，但实际应用中，这样的图像质量是允许的。例如取 $t_s = 0.125\mu s$，稍大于 $0.091\mu s$，但此采样频率 $f_s \approx 8\text{MHz}$，可以直接从行频分频而来，这就方便多了。再如图像处理系统中，为了运算方便，往往把图像分辨率取为 512 像素×512 像素，此时，$\frac{W_h}{H_u}=1$，代入式(3.19)，可得采样频率 $f_s \approx 9.8\text{MHz}$。

(3) 采样点数的计算

下面再分析一下采样点数，仍以电视图像为例。为了减少视频信号带宽，一般电视采用隔行扫描，即分奇数场和偶数场，对 625 行电视系统来讲每场有 312.5 行。场消隐每场 25 行，因此实际有效行数为 312.5－25≈287。若采用方格采样，每场行方向最多只能取 287×4/3≈382 点，也就是说，若只对一场（奇数场或偶数场）采样，最大采样点数为 287×382。可见一般图像处理中使用 512×512 采样点阵，就必须对一帧中的两场采样。

(4) 采样方式的选择

图像信号采样方式在一般情况下多采用点阵采样，就是直接对表示图像的二维函数值进行采样，读取图像函数空间各离散点的值，所得结果就是一个样点值阵列，故称为点阵采样。点阵采样可以是正方格（行和列等间隔取样点且呈正方格排列）顺序采样；也可以是针对电视图像的隔行采样；还可以是纵向采样，即每行采一点，一场采一列；或者是正交采样（也称平行四边形采样或六角形采样），即相邻行的采样点呈正交分布。采样方式的选择是由图像信息的应用要求决定的，主要采样方式包括：

① 正方格顺序采样。正方格顺序采样方式就是对二维图像函数或者是扫描后的图像信号（一维时间函数）进行等间隔采样，例如对于 5.5MHz 带宽的电视信号，其采样频率应等于或大于 11MHz。这就要求 A/D 转换器速率很高。一般这样高速采样的数据往往先直接存入 IC（集成电路）构成的帧存储器，再由计算机或数字硬件按可能的速度进行运算处理。

② 正交采样。所谓正交采样，就是相邻行的采样点交叉分布。这种采样方式在某些场合下应用是有效的，例如变化不大的人头像为主的会议电视图像。统计计算分析表明，这类图像频谱能量绝大部分集中在以原点为中心的菱形区域，而正交采样的最大不混叠区域也是呈菱形分布。当然这种采样方式还要进行对角滤波等处理。

③ 纵向采样。某些场合图像获取速度很快（如电视摄像机）但后面运算处理器（如微型计算机）的速度跟不上，就可以采用“快扫慢采”的方式，这就是纵向采样。对电视信号来讲，每行取一点，每场（或隔场）取一列，那么两个采样点间隔为行周期 $64\mu s$，这样 A/D 转换器速率只要求 32kHz。一幅 512 像素×512 像素图像采样所需时间应为 $512\times512\times64\mu s\approx17s$。这种采样方式对于非实时处理是允许的，可以使器件速度要求下降，成本降低。

如果将纵向采样点呈现到监视器上，可以在屏幕看到一根自左向右移动的竖线。

### 3.3.2 量化过程

量化过程中要讨论的第一个问题是量化级取多少，即通常所讲的比特量化值。从实用

观点出发，供人们眼睛观察的图像有 64 个灰度级（即 6 比特量化）就够了。在一些要求严格的场合下，或者是计算机要对图像内容进行定量分析的系统中，往往取 256 个灰度级。在如遥感图像之类精度要求高的场合，也有取 512 或 1024 个灰度级的。由于图像本身或成像系统存在噪声，量化级取得太高是没有必要的，因为如果噪声幅度大于量化间隔，其输出误差就会明显增加。在应用屏幕显示时，其灰度邻近区域边缘出现“忙乱”现象。假设噪声是高斯分布，均值为 0，均方误差为 $\sigma^2$，最佳量化级的选取有两种办法：其一，是令正确量化的概率大于某一值；其二，是令量化误差的方差等于噪声的方差。总之，量化级的选取要按图像内容和应用要求来决定，级数增加，精度提高但数据量增加，给后面的传输处理识别增加了困难。

第二个要讨论的是采样幅度值分层方法，一般有两类：一类是均匀分层即所谓均匀量化；另一类是非均匀分层即所谓非均匀量化。非均匀量化的方式很多，如对供人观察的图像按人的视觉特性进行非均匀量化，即对灰度变化缓慢部分细量化，而对灰度变化快的部分粗量化；还有针对人的视觉灵敏度呈对数形式的对数非均匀量化；也有从量化误差角度出发的所谓最佳量化，即使量化误差最小的非均匀量化。在最佳量化过程中，一般原则是采样值幅度概率大的细量化，反之粗量化。前几年国内外都很重视的矢量量化是结合编码技术的一种量化方式，它不是对每个样点值进行量化，而是对样点序列进行联合量化，以便提高图像压缩比。

### 3.3.3 编码

编码就是对各个量化后的采样幅值数据用较少的码字去编成数码输出的方法，作为数字化输出一般是采用 PCM（脉冲编码调制）码。但作为图像传输、存储或处理过程中的编码，种类较多的，如信源编码目的是尽可能地压缩图像数据，以便减少图像传输速率和存储器容量以及提高运算处理速度，而信道编码通过增加冗余位使得有噪声的信道变成“理想信道”，在牺牲信道有效数据速率的同时增强信号的信噪比。

## 3.4 图像数据结构

### 3.4.1 图像模式

图像模式，就是把色彩分解成部分颜色组件，对颜色组件不同的分类就形成了不同的图像模式。所谓位图，又称栅格图或点阵图，是使用像素阵列来表示的图像。位图的像素都分配有特定的位置和颜色值，每个像素的颜色信息由 RGB（红绿蓝）组合或者灰度值表示。根据色彩深度（又称色彩位数），可将位图分为 1、4、8、16、24 位（bit❶）及 32 位图像。每个像素使用的色彩位数越多，可用的颜色就越多，颜色表现就越逼真，相应的数据量越大。例如，色彩深度为 1bit 的像素位图只有两个可能的值（黑色和白色），所以又称为二值位图；色彩深度为 8bits 的图像有 $2^8$（即 256）个可能的值。所谓 RGB 图像，由三个颜色通道组成。8bpc❷ 的 RGB 图像（3 个通道）中的每个通道有 256 个可能的值，这意味着该图像有 1600 万个以上可能的颜色值。有时将 8bpc 的 RGB 图像称作 24 位图像（8 位/通道×3 通道＝24 位/像素）。通常将使用 24 位图像表示的位图称为真彩

❶ bit 为比特，简写为 b，又称为位，即二进制数字中的一位。

❷ bits per channel，即为每个像素每个颜色通道的位数。

色位图。

以下来介绍几种图像格式。

(1) RAW格式

扩展名是.raw。RAW是一种无损压缩格式，它的数据是没有经过相机处理的原文件。所以，当上传到电脑之后，要用图像软件的TWAIN界面直接导入成TIFF格式才能处理。

(2) BMP格式

BMP是一种与硬件设备无关的图像文件格式，使用非常广。它采用位映射存储格式，除了色彩深度可选以外，不采用其他任何压缩，因此，BMP文件所占用的空间很大。BMP文件的色彩深度可选1bit、4bits、8bits及24bits。BMP文件存储数据时，图像的扫描方式是按从左到右、从下到上的顺序。

(3) PCX格式

PCX这种图像文件的形成是有一个发展过程的。最先的PCX雏形是出现在ZSoft公司推出的名叫PC Painbrush的用于绘画的商业软件包中。之后，微软公司将其移植到Windows环境中，成为Windows系统中一个子功能。随着Windows的流行、升级，加之其具有强大的图像处理能力，PCX同GIF、TIFF、BMP图像格式一起，被越来越多的图形图像软件工具所支持，也越来越得到人们的重视。

(4) TIFF格式

TIFF（tag image file format，标签图像文件格式）是由Aldus和Microsoft公司为桌上出版系统研制开发的一种较为通用的图像文件格式。TIFF格式灵活易变，它又定义了四种不同的类别：TIFF-B适用于二值图像；TIFF-G适用于黑白灰度图像；TIFF-P适用于带调色板的彩色图像；TIFF-R适用于RGB真彩图像。

(5) GIF格式

GIF（graphics interchange format）的原意是"图像交互格式"，是CompuServe公司在1987年开发的图像文件格式。GIF文件的数据，是一种基于LZW算法的连续色调的无损压缩格式。其压缩率一般在50%左右，它不属于任何应用程序。目前几乎所有相关软件都支持它，公共领域有大量的软件在使用GIF图像文件。

(6) JPEG格式

JPEG是joint photographic experts group（联合图像专家组）的缩写，文件后缀名为.jpg或.jpeg，是常用的图像文件格式，JPEG格式是目前网络上流行的图像格式，可以把文件压缩到很小，在Photoshop软件中以JPEG格式储存时，提供11级压缩级别，以0～10级表示。其中0级压缩比最高，图像品质最差。即使采用细节几乎无损的10级压缩保存时，压缩比也可达5∶1。以BMP格式保存时得到的4.28MB图像文件，在采用JPEG格式保存时，其文件仅为178KB，压缩比达到24∶1。通常情况下，采用默认的第8级压缩模式作为存储空间与图像质量兼得的最佳比例。

(7) TGA格式

TGA格式（tagged graphics，标签图形）是由美国Truevision公司为其显示卡开发的一种图像文件格式，文件后缀为.tga，已被国际上的图形、图像工业所广泛接受。TGA的结构比较简单，属于一种图形、图像数据的通用格式，是将计算机生成图像向电视信号转换的一种首选格式。

（8）EXIF 格式

EXIF（exchangeable image file format，可交换图像文件格式）是 1994 年富士公司提出的数码相机图像文件格式，其本质与 JPEG 格式基本相同，区别是其除保存图像数据外，还能够存储摄影日期及使用的光圈、快门、闪光灯数据等资料和附属信息，以及小尺寸缩略图等。

（9）FPX 格式

FPX 图像（扩展名为 . fpx）由柯达、微软、惠普及 Live Picture 公司联合研制，并于 1996 年 6 月正式发布。FPX 是一个拥有多重分辨率的影像格式，即影像被储存成一系列高低不同的分辨率，这种格式的好处是当影像被放大时仍可维持影像的质量，另外，当修饰 FPX 影像时，只会处理被修饰的部分，不会把整幅影像一并处理，从而减小处理器及存储器的负担，减少影像处理的时间。

（10）SVG 格式

SVG 是可缩放的矢量图形格式。它是一种开放标准的矢量图形语言，可任意放大图形显示，边缘异常清晰，在 SVG 图像中会保留文字的可编辑和可搜寻的状态，没有字体的限制，生成的文件很小，下载很快，十分适合用于设计高分辨率的 Web 图形页面。

（11）PSD 格式

PSD 是 Photoshop 图像处理软件的专用文件格式，文件扩展名是 . psd，可以支持图层、通道、蒙板和不同色彩模式的多种图像特征，是一种非压缩的原始文件保存格式。扫描仪、照相机等图像采集设备不能直接生成该种格式的文件。PSD 文件有时容量会很大，但由于可以保留所有原始信息，在图像处理中对于尚未制作完成的图像，选用 PSD 格式保存是最佳的选择。

（12）CDR 格式

CDR 格式是著名绘图软件 CorelDRAW 的专用图形文件格式。由于 CorelDRAW 是矢量图形绘制软件，所以 CDR 可以记录文件的属性、位置和分页等。但它在兼容性方面相对较差，它在所有 CorelDraw 应用程序中均能够使用，但在其他图像编辑软件中打不开此类文件。

（13）PCD 格式

PCD 是 Kodak PhotoCD 的缩写，文件扩展名是 . pcd，是 Kodak 开发的一种 PhotoCD 文件格式，其他软件系统只能对其进行读取。该格式使用 YCC（YCbCr）色彩模式定义图像中的色彩。YCC 和 CIE（国际照明委员会）色彩空间包含比显示器和打印设备的 RGB 和 CMYK（四分色）色彩空间更多的色彩。PhotoCD 图像大多具有非常高的质量。

（14）DXF 格式

DXF 是 drawing exchange format（绘图交换格式）的缩写，扩展名是 . dxf，是 AutoCAD 中的图形文件格式，它以 ASCII（美国信息交互标准代码）方式储存图形，在表现图形的大小方面十分精确，可被 CorelDRAW 等大型软件调用编辑。

（15）UFO 格式

它是著名图像编辑软件 Ulead PhotoImpact 的专用图像格式，能够完整地记录所有 Ulead PhotoImpact 处理过的图像属性，UFO 文件以对象来代替图层记录图像信息。

（16）EPS 格式

EPS 是 encapsulated（封装的）PostScript 的缩写，是跨平台的标准格式，扩展名在

PC 平台上是 .eps，在 Macintosh 平台上是 .epsf，主要用于矢量图像和光栅图像的存储。EPS 格式采用 PostScript 语言进行描述，并且可以保存其他一些类型信息，例如多色调曲线、Alpha 通道、分色、剪辑路径、挂网信息等，因此 EPS 格式常用于印刷或打印输出。Photoshop 中的多个 EPS 格式选项可以实现印刷打印的综合控制，在某些情况下甚至优于 TIFF 格式。

（17）PNG 格式

PNG（portable network graphics）的原名称为“可移植网络图像”，能够提供长度比 GIF 格式小 30%的无损压缩图像文件。它同时得到 24 位和 48 位真彩色图像支持以及其他诸多技术性支持。目前并不是所有的程序都可以用 PNG 格式来存储图像文件，但 Photoshop 可以处理 PNG 图像文件，也可以用 PNG 图像文件格式存储。

### 3.4.2 色彩空间

色彩是人的眼睛对于不同频率的光线的不同感受，色彩既是客观存在的（不同频率的光），又是主观感知的，有认识差异。人类对于色彩的认识经历了极为漫长的过程，直到近代才逐步完善，但人类仍未达到对色彩完全了解并能准确表述的程度。“色彩空间”（又称颜色空间）一词源于西方的“color space”，是用来表示和描述颜色的一种方式。色彩学中，人们建立了多种色彩模型（color model），以一维、二维、三维甚至四维空间坐标来表示某一色彩，这种坐标系统所能定义的色彩范围即色彩空间。人们经常用到的色彩空间主要有 RGB、HSV、CMYK、Lab 等。

色彩模型是描述使用一组值（通常使用三个、四个值或者颜色成分）表示颜色方法的抽象数学模型。例如三原色光模式（RGB）和印刷四分色模式（CMYK）都是色彩模型。如果一个色彩模型与绝对色彩空间没有函数映射关系，那么它一定程度上都是与特定应用要求没有必然关系的任意色彩系统。在色彩模型和一个特定的参照色彩空间之间加入一个映射函数，就在参照色彩空间中出现了一个明确的“footprint”（覆盖面积，可以理解为色域），并且与色彩模型一起定义为一个新的色彩空间。例如 Adobe RGB 和 sRGB 是两个基于不同标准 RGB 模型的色彩空间。1931 年国际照明委员会（CIE）的色彩科学家们创建的色度图，表明定义颜色至少需要 3 个参数，即使用红、绿、蓝三种颜色作为三种原色，而其他所有颜色都从这三种颜色中导出。

在绘画时可以使用红色、黄色和蓝色这三种原色生成不同的颜色，这些原色以及配比组成的其他颜色就构成了一个色彩空间。将红色的量定义为 $X$ 坐标轴、黄色的量定义为 $Y$ 坐标轴、蓝色的量定义为 $Z$ 坐标轴，这样就得到一个三维空间，每种可能的颜色在这个三维空间中都有唯一的一个位置。但是，这并不是色彩空间的唯一模式。常见色彩空间有 RGB、HSV（色调、色饱和度、亮度）、CMY（青色、洋红、黄色）、YUV（光亮度、色度）等，以下主要介绍 RGB 和 HSV 色彩空间。

（1）RGB 色彩空间

RGB 色彩空间以 R（red，红）、G（green，绿）、B（blue，蓝）三种基本色为基础，进行不同程度的叠加，产生丰富而广泛的颜色，俗称三基色模式，其基本模型如图 3.10 所示。RGB 色彩空间是生活中最常用的一个模型，电视机、电脑的 CRT（阴极射线管）显示器等大部分都是采用这种模型。自然界中的任何一种颜色都可以由红、绿、蓝三种色光混合而成，现实生活中人们见到的颜色大多是混合而成的色彩。计算机显示器用红、绿、蓝光的组合产生颜色，(R，G，B）的值能唯一地确定在显示器上的显示颜色，如（180，70，0）会产生一个偏红的蓝色，三种颜色构成了在 RGB 色彩空间的三维空间坐标。

例如，当在计算机监视器上显示颜色的时候，使用 RGB 色彩空间定义，R、G、B 被当作 $X$、$Y$ 和 $Z$ 坐标轴。可以看出当三个通道 R=0，G=0，B=0 时混合后的颜色为黑色，同理，如果 R=255，G=255，B=255，混合颜色为白色。

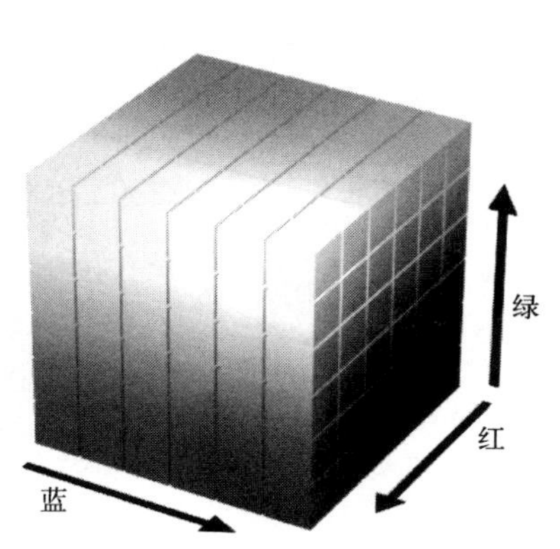


图 3.10　RGB 色彩空间模型

图 3.11　原始图片

将图 3.11 以 RGB 形式拆分成三个通道（R 通道、G 通道、B 通道），期望得到的结果是红的、绿的、蓝的三张图片，但是显示的结果是三张灰度图片，主要原因是通道拆分后每个图片都只保留了一个通道，而单通道的图片默认以灰度形式显示（如图 3.12）。

图 3.12　初步处理图片

（2）HSV 色彩空间

色调和色饱和度通称为色度，表示颜色类别与深浅程度。亮度为非彩色属性，对应黑白图像的灰度。HSV 色彩空间是从人的视觉系统出发，用色调（hue）、色饱和度（saturation）和亮度（value）来描述色彩，合乎人对色彩的认识。HSV 色彩空间可以如图

3.13 所示用一个圆锥空间模型来描述。这种描述 HSV 色彩空间的圆锥模型较为复杂，但确能把色调、色饱和度和亮度的变化情形表现得比较清楚。HSV 色彩空间比传统的 RGB 色彩空间更能准确地感知颜色，一定程度上能减少彩色图像处理的复杂性。

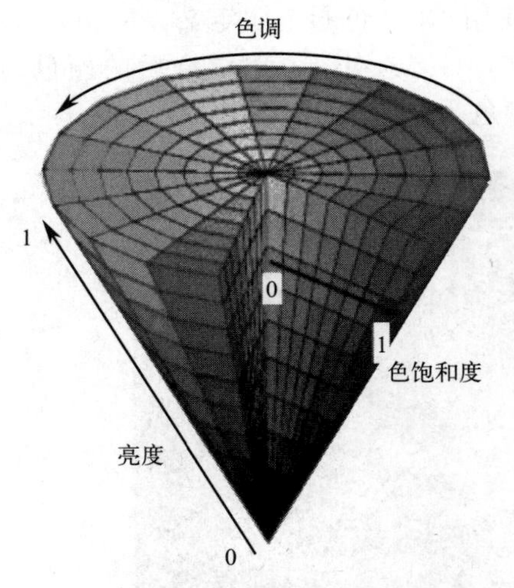


图 3.13　HSV 色彩空间圆锥模型

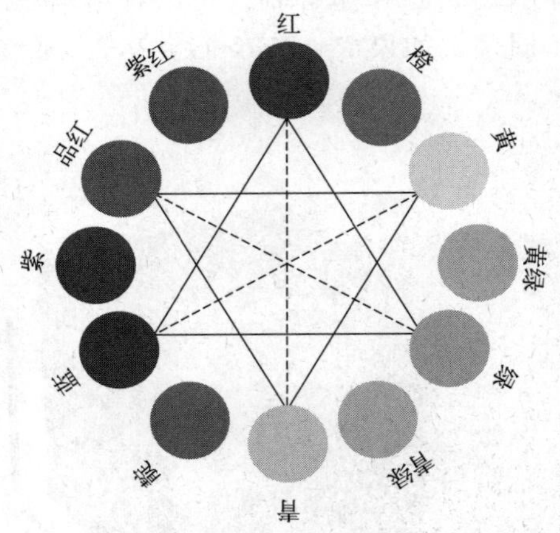


图 3.14　色相图

① 色调。又称色相，用角度度量，取值范围为 0°～360°，从红色开始按逆时针方向计算，红色为 0°，绿色为 120°，蓝色为 240°。它们的补色是：青色为 180°，品红为 300°，黄色为 60°。色相图如图 3.14 所示。

② 色饱和度。又称饱和度，表示颜色接近光谱色的程度。一种颜色，可以看成是某种光谱色与白色混合的结果。其中光谱色所占的比例愈大，颜色接近光谱色的程度就愈高，颜色的饱和度也就愈高。饱和度高，颜色则深而艳。光谱色的白光成分为 0，饱和度达到最高。通常取值范围为 0%～100%，值越大，颜色越饱和。

③ 亮度。又称明度，表示颜色明亮的程度，决定了一个颜色的“有无”。对于光源色，明度值与发光体的光亮度有关；对于物体色，此值和物体的透射比或反射比有关。通常取值范围为 0%（黑）到 100%（白）。如果亮度为 0，那么它是黑色的；不为 0 它则是“有颜色”的。

HSV 到 RGB 的转换比较简单，首先查出色相对应的 RGB 颜色，然后依次进行饱和度和明度的计算即可。

## 3.5 图像质量评价方法

图像质量评价（image quality assessment，IQA）是图像处理中的基本技术之一，主要通过对图像进行特性分析研究，然后评估出图像优劣（图像失真程度）。图像质量评价在图像处理系统中，对于算法分析比较、系统性能评估等方面有着重要的作用。近年来，随着对数字图像领域的广泛研究，图像质量评价的研究也越来越受到研究者的关注，专家提出并完善了许多图像质量评价的指标和方法。图像质量评价就是对图像进行评分，主要分为主观评价方法和客观评价方法。

### 3.5.1 主观评价方法

主观评价方法就是人通过类似心理学或者社会学领域的对图像的评分实验，来进行基于个体的主观对图像的评价，这种方法的使用需要通过一个比较固定的步骤：准备数据集、邀请观察者进行图像评分、对评分结果进行处理并得出图像质量评价最终得分。主观评价方法又分为绝对主观评价和相对主观评价方法两类。

① 绝对主观评价。绝对主观评价是在无标准参考的情况下，将图像直接按照视觉感受分级评分，评价指标是平均主观分（MOS）。绝对主观评价时观察者参照原始图像对待定图像采用双刺激连续质量分级法，将待评价图像和原始图像按一定规则交替播放给观察者并持续一定时间，在播放后留出一定的时间间隔供观察者打分，最后将全部给出的分数取平均作为该序列的评价值，即该待评图像的评价值。国际上也对评价尺度作出了规定，将图像质量进行等级划分并用数字表示，该评价尺度也称为图像评价的 5 分制全优度尺度（优得 5 分，良得 4 分，中得 3 分，差得 2 分，劣得 1 分）。

② 相对主观评价。相对主观评价方法是在有标准图像的情况下，由观察者将一批图像相互比较得出好坏，从好到坏进行分类，并给出相应的评分，评价指标是差别平均主观得分（DMOS）。相对评价中没有原始图像作为参考，是由观察者对一批待评价图像进行相互比较，从而判断出每一个图像的优劣顺序，并给出相应的评价值。

一般，相对主观评价采用单刺激连续质量评价方法，将一批待评价图像按照必定的序列播放，此时观察者在观看图像的同时给出待评图像相应的评价分值。相对于主观绝对评价，主观相对评价也规定了相应的评分制度，称为群优度尺度，也是 5 分制。

总的来说，主观评价方法须要大量的专业人士，耗时费力，大多不适合于实际应用。

### 3.5.2 客观评价方法

客观评价方法就是通过计算机数字图像处理的基本原理来进行对图像质量评价设计算法，并评价算法好坏，最终得出的最有效的图像质量评价算法，可以应用到后续对图像质量评价的工作中。客观质量评价方法脱离人的主观意识判断，主要通过函数拟合或者机器学习的方法来创建一个模型，对待评图像进行相关的处理运算，获得图像的评价值。

优秀的图像质量算法应该具备三个特色：与人眼感知相符；具备通用性；结果具备单调性、稳定性。

图像质量客观评价可分为全参考、部分参考和无参考三种类型。

① 全参考。比较适合作为评价指标。全参考图像质量评价是指在选择理想图像作为参考图像的状况下，比较待评图像与参考图像之间的差别，分析待评图像的失真程度，从而获得待评图像的质量评价。评价主要以像素统计、信息论、结构信息三方面为基础。

a. 基于图像像素统计基础：峰值信噪比（peak signal-to-noise ratio，PSNR）和均方偏差（mean square error，MSE）比较。PSNR 与 MSE 都是通过计算待评图像与参考图像之间像素偏差的全局大小来衡量图像质量好坏的。PSNR 值越大，代表待评图像与参考图像之间的失真较小，图像质量较好；而 MSE 的值越小，代表图像质量越好。这类算法比较简单且容易实现，但与主观评价方法有很大的差别。

b. 基于信息论中信息熵基础：提出了信息保真度准则（information fidelity criterion，IFC）和视觉信息保真度（visual information fidelity，VIF）两种算法。通过计算待评图像与参考图像之间的互信息来衡量待评图像的质量优劣。缺点是这类方法对于图像的结构信息没有反应。

c. 基于结构信息基础：提出了一种符合人眼视觉系统特性的图像质量客观评价标准——结构相似度指数度量（structural similarity index measure，SSIM）。SSIM 值越大，待评图像质量越好。该指标算法实现简单，质量评估性比较可靠。平均结构相似度指数度量（MSSIM）是基于 SSIM 的一种改进算法，把原始图像和失真图像分成相同的小块，分别求 SSIM，而后再求出整幅图的 MSSIM。MSSIM 值越大，待评图像质量越好。

除上述方法外，全参考方法还包括基于人类视觉系统（HSV）的图像质量评价方法，这种方法提升了客观评价方法与主观评价方法的一致性。

② 部分参考。以理想图像的部分特征信息作为参考，对待评图像进行比较分析，从而获得图像质量评价结果。部分参考方法可分为基于原始图像特征方法、基于数字水印方法和基于 Wavelet 域统计模型的方法等。部分图像参考的重点和难点在于寻找合适的特征信息。

③ 无参考。也称为盲图像质量评价（BIQA）。无参考图像质量评价方法实现比较复杂，但由于通常情况下理想图像很难得到，因此这类方法偏重实际应用。相对容易操作的无参考评价参数有：

a. 均值：均值是指图像像素的平均值，它反映了图像的平均亮度，平均亮度越大，图像质量越好。

b. 标准差：标准差是指图像像素灰度值相对于均值的离散程度。若是标准差越大，代表图像中灰度值越分散，图像质量也就越好，

c. 平均梯度：平均梯度能反映图像中细节反差和纹理变换，它在一定程度上反映了图像的清晰程度。

d. 熵：熵是指图像的平均信息量，它从信息论的角度衡量图像中信息的多少。图像中的信息熵越大，说明图像包含的信息越多。

针对特定失真评价场景现阶段部分质量评价算法的结果和主观评价值相差不大，但对其余类型的失真则可能结果并不理想。除了设计质量评价算法外，还可以设计机器学习模型。基于机器学习的评价方法主要是经过从已知质量的图像中提取出可以反映图像质量的特征参数，并进行训练学习，创建一个分析模型，而后把待评测图像的相应的特征参数输入到分析模型中，预测待评图像的质量。这种方法的评测结果通常优于函数拟合预测出来的结果，其缺点是机器学习学习过程时间较长，样本选择需要人工干预。

## 3.6 图像数字化 OpenCV 实现

通俗地说图像数字化是指用数字来表示图像的过程。每一幅数字图像都是由 $M$ 行 $N$ 列的像素组成的，其中每一个像素都存储一个像素值。计算机通常会把像素值处理为 256 个灰度级别，这 256 个灰度级别分别用区间［0,255］中的数值表示。其中，“0”表示纯黑色；“255”表示纯白色。在介绍像素操作之前，首先要熟悉下 Python 中的 NumPy 模块，便于完成图像数组的运算。

### 3.6.1 NumPy 模块使用基础

图像是由若干个小方格即所谓的像素（pixel）组成的，这些小方格都有一个明确的位置和被分配的色彩数值，而这些一小方格的颜色和位置就决定了该图像所呈现出来的样子。可以将像素视为整个图像中不可分割的单位或者是元素，不可分割的意思是它不能够

再切割成更小单位或是单元，它以一个单一颜色的小格存在。每一个点阵图像包含了一定量的像素，这些像素集合决定了图像在屏幕上所呈现的大小和清晰度。

位图图像文件存储的都是每一个像素对应的颜色值。该类型文件有两种存储像素数据的格式。一种是 24 位色，即 $2^{24}=16777216$ 色（真彩色）的图像，一个像素的颜色可以用 24 位数据表示。另一种是 256 色的图像，可以用调色板对颜色的信息进行编码，一个像素的值对应的是调色板的索引，而不是直接对应一个像素的颜色，调色板的索引再映射为像素的颜色。

以一百万个像素、256 色的 BMP 文件在电脑上的存储为例。这个文件包括一个 14 字节的文件首部，一个 40 字节的信息首部，一个 1024 字节的颜色表，1 兆字节的位图数据。文件首部的前两个字节由字符 BM 组成，除此之外 14 字节的文件首部还包括了文件长度和位图数据在文件中的起始位置等信息。

OpenCV 中很多数据结构为了达到内存使用的最优化，通常都会用它最小上限的空间来分配变量，有的数据结构也会因为图像文件格式的关系而配置适当的变量。以 RGB 格式为例，该类型图片为 8bits 像素，像素点取值范围为 0～255，对一个 int（整型）空间来说实在是太小，整整浪费了 24bits 的空间，假设有个 640 像素×480 像素的 BMP 文件空间存储内存，则整整浪费了 640×480×3×(32－8) bits 的内存空间，总共浪费了 2.6MB，也就是说那 2.6MB 内什么东西都没存储。如果今天以 8bits 的格式来存储，则只使用到 0.9MB 的内存而已 [640×480×3×8＋54] bits。因此，选择合适的、对应的图片文件类型对于图像文件的保存是一件很重要的事。

访问图像像素的四种方法包括：数组遍历、指针遍历、迭代器遍历和核心函数 LUT（LOOK-UP-TABLE，查找表）。

（1）数组遍历

就是把图像看成二维矩阵，at (i,j) 索引坐标位置，单通道直接得到坐标位置对应的像素值，三通道代表了像素值各通道的一维数组。

（2）指针遍历

OpenCV 中 cv::Mat 类提供了成员函数 ptr 得到图像任意行的首地址。ptr 函数是一个模板函数，如：src. ptr <uchar> (i)。

**说明：**ptr 指针有其固定格式，就是先把图像看成（src. rows，1）的图像，ptr 获取每个位置的地址，地址位置隐藏了列的数据，由于列表名就是列表的地址，所以 ptr 获取的地址就是此行中列这样一维数据的列表名称。这样通过下标就可以获取像素值。

（3）迭代器遍历

迭代器是专门用于遍历数据集合的一种非常重要的特殊的类，用其遍历隐藏了在给定集合上元素迭代的具体实现方式。迭代器方法是一种更安全的用来遍历图像的方式，首先获取到数据图像的矩阵起始，再通过递增迭代实现移动数据指针。

① 迭代器 Matlterator。Matlterator _ 是 Mat 数据操作的迭代器，begin () 表示指向 Mat 数据的起始迭代器，end () 表示指向 Mat 数据的终止迭代器。

② 迭代器 Mat。OpenCV 定义了一个 Mat 的模板子类为 Mat _，它重载了 operator ()，让人们可以更方便地读取图像上的点。

(4) 核心函数 LUT

LUT 为 LOOK-UP-TABLE（查找表）的缩写。在一幅图像中，假如人们想将图像某一灰度值换成其他灰度值，推荐使用 LUT 方法，这样可以起到突出图像的有用信息、增强图像的光对比度，以及对某图像中的像素值进行替换的作用。

LUT 函数的作用如下：

① 改变图像中像素灰度值。例如，通过构建 LUT 函数，将图片 0～100 灰度的像素灰度变成 0,101～200 灰度的变成 100,201～255 灰度的变成 255。

② 颜色空间缩减。如果矩阵元素存储的是单通道像素，使用 uchar 类型（无符号字符类型，0 到 255 之间取值），那么像素可有 256 个不同值；但若是三通道图像，这种存储格式的颜色数就是 256×256×256 个（有一千六百多万种）。用如此之多的颜色可能会对算法性能造成严重影响。其实有时候，仅用这些颜色的一部分，就足以达到类似的效果。为了实现存储空间的高效利用，常用的方法是颜色空间缩减。

其做法是：将现有颜色空间值除以某个输入值，以获得较少的颜色数。例如，颜色值 0～9 的取为 0,10～19 的取为 10，以此类推。就把 256 个不同值映射到 26 个点，大大减少存储空间和运算时间。

uchar 类型的值除以 int 值，结果是 char 类型（字符类型）。因为结果是 char 类型的，所以求出来小数也要向下取整。利用这一点，刚才提到在 uchar 定义域中进行的颜色缩减运算就可以表达为下列形式：

$$I_{\text{new}}=\left(\frac{I_{\text{old}}}{10}\right)\times 10 \tag{3.23}$$

其中除法运算计算机采用“取整”方案，这样的话，简单的颜色空间缩减算法就可由下面两步组成：遍历图像矩阵的每一个像素、对像素应用上述公式。

在 OpenCV 中，图像以二维或三维数组表示，数组中的每个数值就是图像的像素值，OpenCV 中的很多操作都依赖 NumPy 模块，可以使用 NumPy 创建图像并进行图像运算。

#### 3.6.1.1 NumPy 数据类型

NumPy 包含了比 Python 更复杂的数据类型，为了区别于 Python 的数据类型，和 Python 类似的数据类型末尾都添加了“ _”。NumPy 数据类型如表 3.1 所示。

**表 3.1 NumPy 数据类型**

| 名称 | 描述 |
|---|---|
| bool_ | 布尔型数据类型[True(真) 或者 False(假)] |
| int_ | 默认的整数类型(类似于 C 语言中的 long、int32 或 int64) |
| intc | 与 C 语言的 int 类型一样，一般是 int32 或 int64 |
| intp | 用于索引的整数类型(类似于 C 语言的 ssize_t，一般情况下仍然是 int32 或 int64) |
| int8 | 字节(－128～127) |
| int16 | 整数(－32768～32767) |
| int32 | 整数(－2147483648～2147483647) |
| int64 | 整数(－9223372036854775808～9223372036854775807) |
| uint8 | 无符号整数(0～255) |

续表

| 名称 | 描述 |
| --- | --- |
| uint16 | 无符号整数(0～65535) |
| uint32 | 无符号整数(0～4294967295) |
| uint64 | 无符号整数(0～18446744073709551615) |
| float_ | float64 类型的简写 |
| float16 | 半精度浮点数,包括:1 个符号位,5 个指数位,10 个尾数位 |
| float32 | 单精度浮点数,包括:1 个符号位,8 个指数位,23 个尾数位 |
| float64 | 双精度浮点数,包括:1 个符号位,11 个指数位,52 个尾数位 |
| complex_ | complex128 类型的简写,即 128 位复数 |
| complex64 | 复数,表示双 32 位浮点数(实数部分和虚数部分) |
| complex128 | 复数,表示双 64 位浮点数(实数部分和虚数部分) |

#### 3.6.1.2 NumPy 创建数组

NumPy 创建数组主要使用 array () 方法，通过传递列表、元组来创建 NumPy 数组，其中的元素可以是任何对象，语法如下：

```
numpy.array(object,dtype,copy,order,subok,ndmin)
```

参数说明：

object：任何具有数组接口方法的对象。

dtype：数据类型。

copy：可选参数，布尔型，默认值为 True，为 True 则 object 对象被复制。

order：元素在内存中出现的顺序。

**实例 3.1：**创建一维和二维数组，效果如图 3.15 所示。

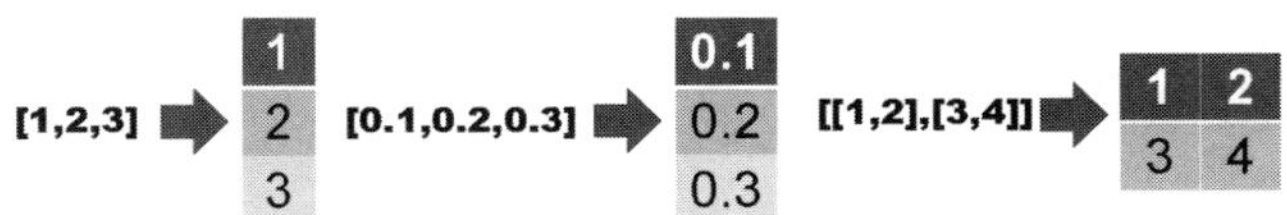


图 3.15 建立数组

建立以上三种数组的程序如下：

```
import numpy as np                         #导入NumPy模块
n1 = np.array([1,2,3])                     #创建一维数组
n2 = np.array([0.1,0.2,0.3])               #创建包含小数的一维数组
n3 = np.array([[1,2],[3,4]])               #创建二维数组
```

#### 3.6.1.3 NumPy 数组运算

(1) 算数运算

**实例 3.2：**实现数组加、减、乘、除、幂运算。代码如下：

```
import numpy as np                  #导入NumPy模块
n1 = np.array([1,2])                #创建一维数组
n2 = np.array([3,4])
print(n1 + n2)                      #加法运算
print(n1 - n2)                      #减法运算
```

```
print(n1 * n2)                    #乘法运算
print(n1/n2)                      #除法运算
print(n1 ** n2)                   #幂运算
```

(2) 比较运算

**实例 3.3**：实现数组比较逻辑运算。代码如下：

```
import numpy as np                #导入NumPy模块
n1 = np.array([1,2])              #创建一维数组
n2 = np.array([3,4])
print(n1>= n2)                    #大于等于
print(n1 == n2)                   #等于
print(n1<= n2)                    #小于等于
print(n1!= n2)                    #不等于
```

运行结果为：

```
[False False]
[False False]
[True True]
[True True]
```

(3) 切片和索引

数组切片可以理解为对数组的分割，NumPy 中使用冒号分隔参数来进行切片参数。

**实例 3.4**：按照图 3.16 提示，获取数组中某范围内的元素。

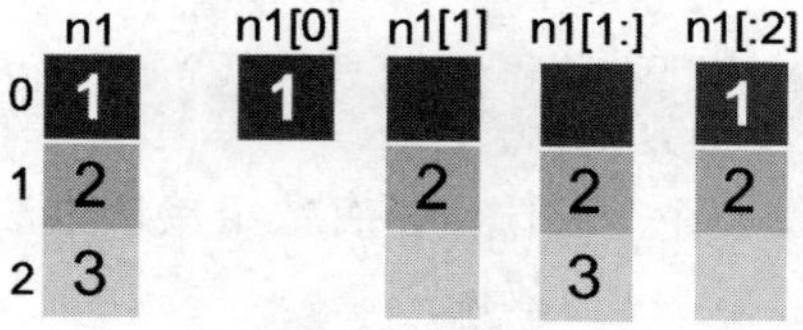

图 3.16 建立数组

实现数组切片的代码如下：

```
Import numpy as np          #导入NumPy模块
n1 = np.array([1,2,3])      #创建一维数组
print(n1[0])
print(n1[1])
print(n1[1:])
print(n1[:2])
```

3.6.1.4 NumPy 创建图像

在 OpenCV 中，黑白（包括灰度和二值图像）图像实际上就是一个二维数组，彩色图像是一个三维数组，数组中每个元素就是图像对应位置的像素值，因此修改图像像素的操作实际上就是修改数组的操作。

(1) 创建黑白图像

**实例 3.5**：创建一个宽 200 像素、高 100 像素的数组，数组元素格式为无符号 8 位整数，创建纯黑数组图像。

```
import cv2                  #导入OpenCV模块
import numpy as np          #导入NumPy模块
width = 200                 #图像的宽
height = 100                #图像的高
#创建制定高、宽像素值为0的图像
img =  np.zeros((height,width),np.uint8)
cv2.imshow("img",img)          #显示图像
```

```
cv2.waitKey()                   #等待按下任意键
cv2.destroyAllWindows()         #释放所有窗体
```

执行结果如图 3.17 所示。

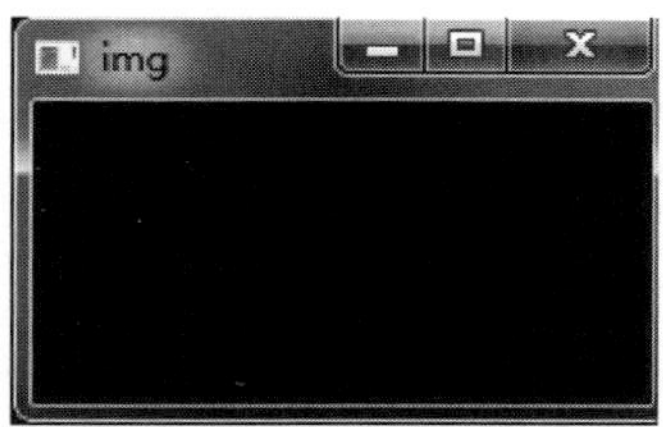


图 3.17　纯黑数组图像

**注意：** 如果使用 ones（）方法，即可以创建全白图像。

（2）创建彩色图像

创建彩色图像需要引入三基色概念，需要用到三维数组。OpenCV 中彩色图像默认为 BGR（蓝绿红）格式，彩色图像的第三个索引表示的就是蓝、绿、红这三个颜色的颜色分量。

**实例 3.6：** 显示彩色分量，代码如下：

```
import cv2
import numpy as np
width = 200   # 图像的宽
height = 100   # 图像的高
# 创建指定宽高、3 通道、像素值都为 0 的图像
img = np.zeros((height,width,3),np.uint8)
blue = img.copy()   # 复制图像
blue[:,:,0] = 255   # 1 通道所有像素都为 255
green = img.copy()
green[:,:,1] = 255   # 2 通道所有像素都为 255
red = img.copy()
red[:,:,2] = 255   # 3 通道所有像素都为 255
cv2.imshow("blue",blue)   # 展示图像
cv2.imshow("green",green)
cv2.imshow("red",red)
cv2.waitKey()   # 按下任意键盘按键后
cv2.destroyAllWindows()
```

程序运行结果如图 3.18 所示。

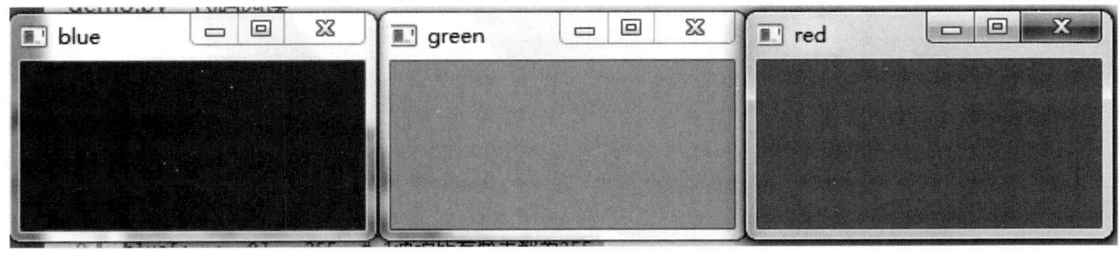


图 3.18　彩色图像

(3) 创建随机图像

随机图像是指图像中每一个像素值都是随机生成的，这样的图像看上去就像杂乱无章的噪点。虽然随机图像没有任何有效视觉信息，但对于数字图像处理技术仍然很重要，这种毫无规律的图像数组称为干扰噪声，或者当作图像加密的密钥。

**实例 3.7**：创建随机像素的雪花点图像。

使用 NumPy 创建随机图像的代码如下：

```
import cv2
import numpy as np
width = 200   # 图像的宽
height = 100   # 图像的高
# 创建指定宽高随机像素值的图像,随机值在 0~256 之间,数字为无符号 8 位格式
img = np.random.randint(256,size = (height,width),dtype = np.uint8)
cv2.imshow("img",img)  # 展示图像
cv2.waitKey()  # 按下任意键盘按键后
cv2.destroyAllWindows()  # 释放所有窗体
```

程序执行结果如图 3.19 所示。

图 3.19 随机像素大小的雪花点图像

### 3.6.2 像素操作与色彩空间操作

(1) 像素操作

**实例 3.8**：使用画笔查看图像属性，并进行像素操作。

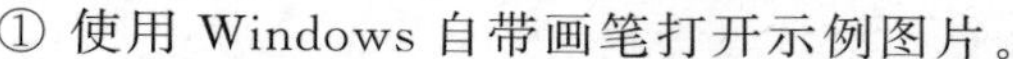

① 使用 Windows 自带画笔打开示例图片。

② 图 3.20 所示界面显示了像素点的位置和图像尺寸。

图 3.20 图像属性查看

③ 按照图示建立坐标系，使用 OpenCV 按坐标显示像素，代码如下：

```
import cv2
image = cv2.imread('../image/3.1-01.png')  #读取图片,默认在 image 目录下
px = image[291,218]  #坐标(291,218)像素点
print("像素(291,218)的像素 BGR 值为",px)
```

该程序执行结果为：

```
像素(291,218)的像素 BGR 值为[66 86 181]
```

(2) 色彩空间操作

主要完成 BGR 色彩空间、GRAY（灰度图像）与 HSV 色彩空间图像处理。OpenCV 提供的 cvtColor () 方法可以实现空间的转换。

**实例 3.9**：BGR/RGB 图像转换到 GRAY 和 HSV 空间。

色彩空间转换代码如下：

```
import cv2
image = cv2.imread("../image/3.1-01.png")
cv2.imshow("RGB",image)  # 显示图片
# 将图片从 RGB 色彩空间转换到 GRAY 色彩空间
gray_image = cv2.cvtColor(image,cv2.COLOR_RGB2GRAY)
cv2.imshow("GRAY",gray_image)  # 显示灰度图像
hsv_image = cv2.cvtColor(image,cv2.COLOR_RGB2HSV)
cv2.imshow("HSV",hsv_image)  # 用 HSV 色彩空间显示的图像
cv2.waitKey()
cv2.destroyAllWindows()
```

运行结果如图 3.21 所示。

图 3.21　色彩空间转换

### 3.6.3　综合训练

绘制长 800 像素、高 600 像素条纹图像，其中黑色条纹宽度 40 像素，白色条纹宽度 20 像素，效果如图 3.22。

生成该图像的代码为：

```
import cv2
import numpy as np
from matplotlib import pyplot as plt
```

图 3.22　绘制条纹图像

```
width = 800
height = 600
img = np.zeros((height,width),np.uint8) #绘制全黑
for i in range(0,height,60):
img[i:i + 20,:] = 255      #绘制白色条纹
cv2.imshow('img',img)
cv2.waitKey()
cv2.destroyAllWindows()
```

读者可以修改程序实现竖条纹的绘制，并改变条纹宽度。

# 第4章 机器视觉系统硬件

## 4.1 光源

机器视觉中使用光源将被测物体与背景分离，获取高质量、高对比度的图像。好的光源可以很大程度上减少无关的背景信息，突出被测物体的特征。光源的质量直接影响处理精度和速度，甚至影响机器视觉系统的优劣，优质光源环境一定程度上能够降低算法开发的难度。

### 4.1.1 光源的选择

理想的光源应该具有明亮、均匀、稳定的特点。选择机器视觉光源主要考虑以下几个方面：

① 对比度：给被检测物体打光的基本要求是提高缺陷与背景的对比度，将缺陷凸显出来，便于机器视觉算法进一步处理。它是光源选择的最重要参考之一。

② 均匀性：不均匀的照明会给后期的图像处理带来诸多不便，甚至会使得采集的图像变得没有处理的价值。例如光滑的零件会产生镜面反射，因此会在其表面产生耀眼的光斑，如果缺陷刚好被光斑覆盖，就会出现漏检或者误检的情况。

③ 亮度：亮度太大的话，缺陷可能会被淹没，亮度太小，缺陷的对比度可能也会不明显，打光也就失去了原有的意义，所以要合理选择光源的亮度。

④ 稳定性：是指光源在一个时间范围之内稳定地发光。

⑤ 成本与寿命：价格很高的不一定是最合适的，过高的成本也不一定承受得起。光源的使用寿命越长越好，一来可以减少开支，二来可以减少更换光源带来的系统调整。

### 4.1.2 光源的种类

在视觉成像中，优质的光源可以大大降低图像处理算法的分割和识别难度，提高系统的定位和测量精度，从而提高系统的可靠性和综合性能。换句话说，光源的选择直接影响检测效果。接下来介绍工业视觉检测中几大常见光源的分类、优点和应用。

(1) 环形光源

环形光源的特点是360°照射无死角，照射角度、颜色组合设计灵活；能够突出物体的三维信息；应用场景多为PCB基板检测、IC元件检测、电子元件检测、集成电路字符检测、通用外观检测等。

(2) 条形光源

条形光源（条光）的特点为发光面尺寸、颜色组合设计灵活；照射角度以及安装角度可以根据现场使用情况调整；条形光源具有一定的指向性，光源漫射板可以根据现场需求选择是否安装，且多个条光能够组合使用，条光组合或者单个条光是较大方形结构被测物打光的首选。其应用场景为：金属表面检测、各种字符读取检测、图像扫描、LCD（液晶显示器）面板检测等。

(3) 同轴光源

同轴光源的特点为可以消除被测物表面不平整引起的阴影，并且通过分光镜的设计，能够提高成像的清晰度；其应用场景为光滑表面划伤检测、芯片以及硅晶片破损检测、光学定位点定位、条码识别等。

(4) 圆顶光源（穹顶系列）

圆顶光源的特点为半球结构设计，空间 360°漫反射，光线打到被拍摄物上时很均匀。其应用场景多为曲面、弧形表面的检测场景，表面存在凹凸的检测场景，金属以及玻璃等表面反光强烈的物体表面检测场景，等等。

(5) 面光源

面光源由高密度 LED（发光二极管）灯阵列排布，表面是光学扩散材料。面光源发出的是均匀的扩散光，并且颜色组合以及尺寸等均可选，且可以定制。其应用场景为零件尺寸测量、电子元器件外形检测、透明物体的划痕检测以及污点检测等。

(6) 点光源

点光源通常为大功率的 LED 灯珠设计，发光强度高；经常配合远心镜头使用；经常应用于微小元器件的检测场景，光学定位点定位以及晶片、液晶玻璃底基矫正等场景。

(7) 平面无影光源

平面无影光源的特点是四周发光，通过导光板表面特殊的点状条纹设计控制光线的扩散和投射，常应用于包装品上的字符识别场景，金属表面、曲面、凹凸面的外观检测和丝印检测场景，及玻璃表面划痕、凹坑、平整度检测等场景。

(8) 线扫光源系列

线扫光源用大功率高亮 LED 灯珠横向排布，特殊光学透镜设计，光带宽度与均匀度结合，亮度高，长度可以根据需求定制。常应用于大幅面印刷品表面缺陷检测、大幅面尺寸精密测量、丝印检测等应用场景；可用于前向照明和背向照明等场景。

## 4.2 镜 头

镜头功能就是光学成像。镜头是机器视觉系统中的重要组件，对成像质量有着关键性的作用。通常依据相机接口、物距、拍摄范围、CCD 尺寸、畸变的允许范围、放大倍率、焦距、光圈等因素选择镜头。

### 4.2.1 镜头的主要参数

镜头的主要参数有分辨率、工作距离、景深、视场范围、焦距、畸变量等。

① 镜头分辨率：指在成像平面处镜头在单位长度内能够分辨的黑白相间的条纹对数，受镜头结构、材质、加工精度等因素的影响。

② 工作距离：一般指镜头前端到被测物体的距离，小于最小工作距离、大于最大工作距离的系统一般不能清晰成像。

③ 景深：以镜头最佳聚焦时的工作距离为中心，前后存在一个范围，在此范围内镜头都可以清晰成像。

④ 视场范围：图像采集设备所能够覆盖的范围，即和靶面上的图像所对应的物平面的尺寸。

⑤ 焦距：镜头焦距与凸透镜的焦距概念略有不同，因为镜头是多个凸透镜组合而成的。焦距是从镜头的中心点到胶平面上所形成的清晰影像之间的距离。焦距的大小决定着景深的大小，焦距数值越小，景深越大。根据焦距能否调节，可分为定焦镜头和变焦镜头两大类。

⑥ 畸变量：指因凸透镜的固有特性造成的成像失真，无法完全消除。畸变量只影响成像的几何形状，而不影响成像的清晰度。

⑦ 相对孔径：是指该镜头的入射光孔直径（用 $D$ 表示）与焦距（用 $f$ 表示）之比，即 $D/f$。

⑧ 光圈：相对孔径的倒数称为光圈系数，简称光圈。

比如：日本 VS-LDA15 镜头为低失真微距镜头，分辨率五百万像素，2/3″❶芯片，焦距为 15mm，无限远成像的时候，畸变率趋近于 0%。其他参数见表 4.1。

**表 4.1 VS-LDA15 镜头参数**

| 项目 | 参数 |
|---|---|
| 接口形式 | C |
| 焦距($f$) | 15mm |
| 光圈 | (×0.03)2.1<br>(×0.06)2.1<br>(×0.1) 2.1<br>(×0.15)2.2 |
| 芯片 | 2/3″ |
| 工作距离/mm | (×0.03)489.2<br>(×0.06)239.0<br>(×0.1)138.9<br>(×0.15)88.9 |

| 项目 | 参数 |
|---|---|
| 视场范围/(mm×mm) | (×0.03) 236.7×280.0<br>(×0.06)118.3×140.0<br>(×0.1)71.0×84.0<br>(×0.15)47.3×56.0 |
| 分辨率 | 100 万像素 |
| 滤镜尺寸 | $M$=27mm，$P$=0.5 |
| 质量 | 46g |
| 外形尺寸 | $\phi$30.5mm×(29.5～31.3)mm |
| 产地 | 进口 |
| 品牌 | VST |

### 4.2.2 普通镜头和远心镜头

普通镜头与人眼一样，观测物体时都存在近大远小的现象，如图 4.1(a) 所示。虽然物体在景深范围内可以清晰成像，但是其成像却随着物距增大而缩小。如果被测目标不在同一物面上（如有厚度的物体），则会导致图像中的物体变形。另一方面，相机传感器的感光面通常并不容易被精确调整到与镜头的像平面重合（调焦不准），由此也会产生误差。为此，设计了远心镜头来减少误差。

远心镜头（telecentric lens）有较大的景深，且可以保证景深范围内任何物距都有一致的图像放大率，如图 4.1(b) 所示。多数机器视觉在测量、缺陷检测或者定位等应用上

❶ 2/3″为 2/3 英寸型号芯片，靶面尺寸为宽 8.8mm，高 6.6mm。

对物体成像的放大倍率没有严格要求，一般只要选用畸变量较小的镜头就可以满足要求。但是，当机器视觉系统需要检测三维目标（或检测目标不完全在同一物面上）时，就需要使用远心镜头。

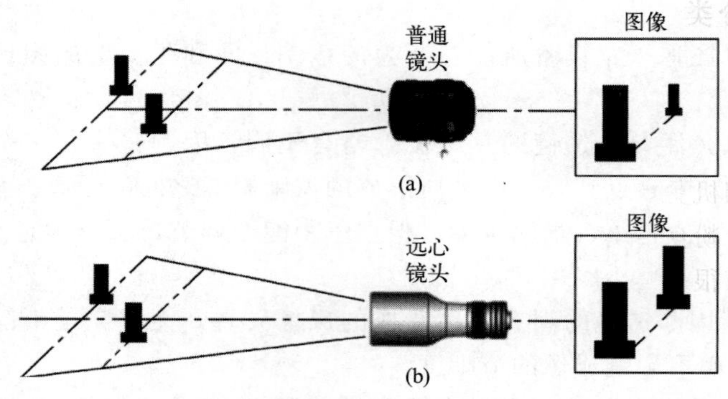


图 4.1 普通镜头与远心镜头比较

比如，要检测厚度大于视场范围的 1/10 的物体，或需要检测开槽、开孔尺寸以及三维的物体等。一般来说，如果被测目标物面变化范围大于视场范围的 1/10，就需要考虑使用远心镜头。它可以确保测试过程中物距在一定范围内改变时，系统放大倍率保持不变，从而保证系统的测量精度。

### 4.2.3 镜头的选择

在机器视觉系统中，镜头的主要作用是将目标成像在图像传感器的光敏面上。镜头的质量直接影响到机器视觉系统的整体性能。合理地选择和安装镜头，是机器视觉系统设计的重要环节。

第一步，选择合适的镜头接口。常用的镜头接口类型有 C 口、CS 口、F 口等，在选用镜头时要首先确定镜头的接口类型。

第二步，确定焦距。焦距是相机最主要的参数之一，一般先考虑焦距是否能够满足需求。根据系统的整体尺寸和工作距离，结合放大倍率可以计算出镜头的焦距 $f=(h/H)\times L$，如图 4.2 所示。

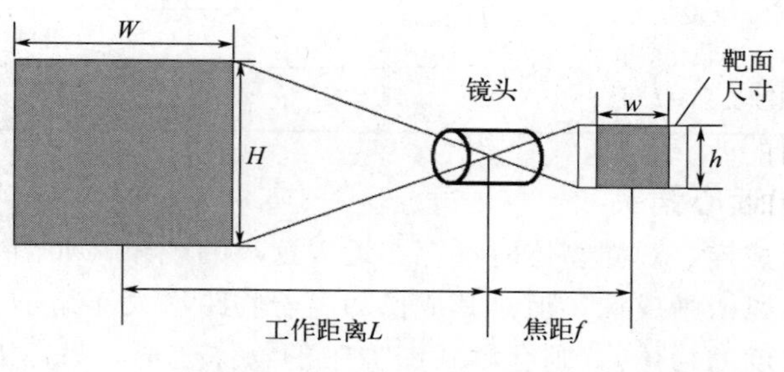


图 4.2 镜头焦距计算

第三步，确定靶面尺寸。镜头的靶面尺寸要大于相机的靶面尺寸，否则进光量可能会导致图像信息的缺损。

第四步，根据项目需求，综合考虑分辨率、畸变量、景深等参数，根据光照环境确定光圈。

## 4.3 工业相机

### 4.3.1 相机的分类

相机是机器视觉系统的核心部件，广泛应用于各个领域，尤其是用于生产监控、测量任务和质量控制等。工业相机通常比常规的标准相机更加坚固耐用，可应用于高温、高湿、粉尘等恶劣环境。工业相机的分类形式有很多，常见的分类方式如图 4.3 所示。本节将对工业相机的典型分类进行介绍。

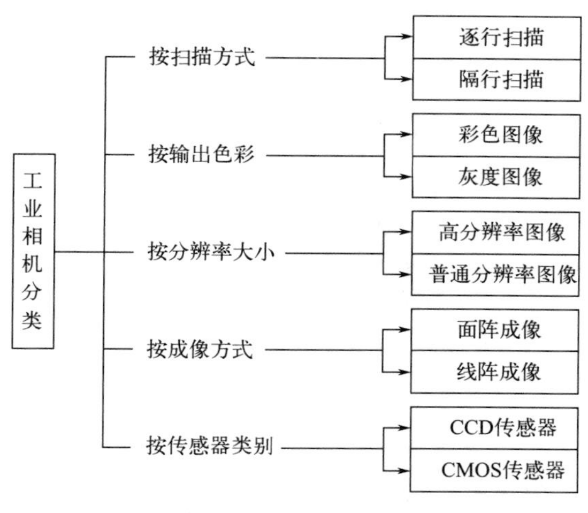


图 4.3 工业相机分类

### 4.3.2 面阵相机和线阵相机

面阵相机与线阵相机的区别在于前者是以面为单位进行图像采集，可以直接获得完整的二维图像信息，后者是以线为单位扫描，所获得的二维图像长度较长，宽度却只有几个像素。面阵相机的传感器上感光元素总数较多，线阵相机的传感器只有一行感光元素。虽然面阵相机感光元素总数多，但分布到每一行的像素单元却少于线阵相机，因此面阵相机的分辨率和扫描频率一般低于线阵相机。

由于线阵相机的感光元素呈现线状，采集到的图像信息也是线状，为了采集完整的图像信息，往往需要配合扫描运动。如采集匀速直线运动金属、纤维等材料的图像。线阵图像传感器以 CCD 为主，市场上曾经也出现过一些 CMOS 线阵图像传感器，但是，CCD 仍是主流。目前，在要求视场范围大、图像分辨率高的情况下，以 CCD 线阵方式加扫描运动获取图像的方案应用较为广泛。面阵相机可以用于面积、形状、位置测量或表面质量检测等，直接获取二维图像能一定程度上减少图像处理算法的复杂度。在实际的工程应用当中，需要根据工程需求选择面阵或线阵相机。

### 4.3.3 黑白相机和彩色相机

输出图像是黑白的就是黑白相机，输出彩色图像的就是彩色相机。对于黑白相机，当光线照射到感光芯片时，光子信号会转换成电子信号。光子的数目与电子的数目成比例，根据电子数目就能形成反应光线强弱的黑白图像，经过相机内部的微处理器处理，输出一幅数字图像。在黑白相机中，不能保留光的颜色信息。

实际上感光 CCD 是无法区分颜色的，只能感受到信号的强弱。在这种情况下为了采集彩色图像，理论上可以使用分光棱镜将光线分成光学三原色（RGB），接着使用三个 CCD 去分别感知强弱，最后再综合到一起。这种方案理论上可行，但是采用 3 个 CCD 加分光棱镜会使得成本骤增，最好的办法是仅使用一个 CCD 也能输出各种彩色分量。

伊士曼·柯达公司科学家 Bryce Bayer 发明了拜耳列阵，使得仅使用一个 CCD 也能输出各种彩色分量。Bayer 彩色相机的原理即 CCD 彩色成像原理如图 4.4 所示，一行使用蓝绿元素，下一行使用红绿元素，如此交替。每个像素仅包括了光谱的一部分（R 或 G

或 B)，必须通过色彩空间插值来还原每个像素的 RGB 值。

色彩空间插值算法有很多种，例如临近插值算法，采用 3×3 的滑窗在图 4.4 中滑动取样，可以取到图 4.5 中的四种分布。

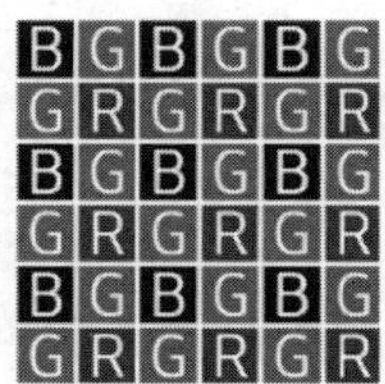


图 4.4　CCD 彩色成像原理

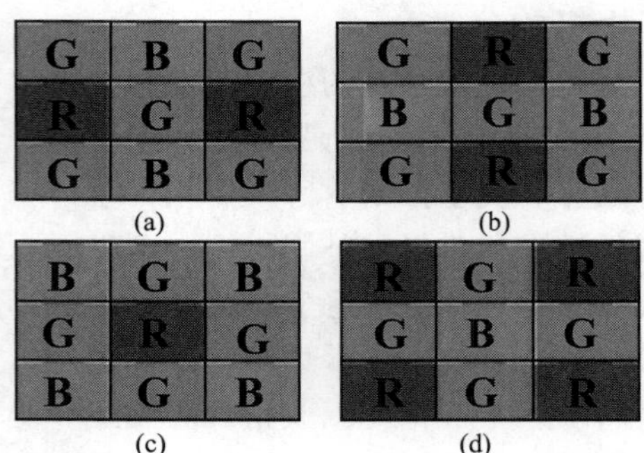


图 4.5　滑窗取样原理

在图 4.5 的（a）与（b）中，R 和 B 分别取邻域的平均值；在（c）与（d）中，取领域的 4 个 B 或 R 的均值作为中间像素的值。

但是人眼对绿光的反应比较敏感，对紫光和红光反应较弱。为了更好地还原画质，依据邻近值进行自适应插值，如图 4.6 所示。

|  |  |  |  |  |
|---|---|---|---|---|
|  |  | $R_1$ |  |  |
|  |  | $G_1$ |  |  |
| $R_4$ | $G_4$ | $R$ | $G_2$ | $R_2$ |
|  |  | $G_3$ |  |  |
|  |  | $R_3$ |  |  |

(a)

|  |  |  |  |  |
|---|---|---|---|---|
|  |  | $B_1$ |  |  |
|  |  | $G_1$ |  |  |
| $B_4$ | $G_4$ | $B$ | $G_2$ | $B_2$ |
|  |  | $G_3$ |  |  |
|  |  | $B_3$ |  |  |

(b)

图 4.6　自适应插值原理

如图 4.6(a)，中间值 $R$ 由以下公式决定，即 $G$ 的值将插值到 $R$ 上。

$$G(R)=\begin{cases}(G_1+G_3)/2, & |R_1-R_3|<|R_2-R_4| \\ (G_2+G_4)/2, & |R_1-R_3|>|R_2-R_4| \\ (G_1+G_2+G_3+G_4)/4, & |R_1-R_3|=|R_2-R_4|\end{cases}$$

上式中，如果 $R_1$ 和 $R_3$ 之间的差小于 $R_2$ 和 $R_4$ 之间的差，则表明在垂直方向上相关性较强，使用垂直邻近值 $G_1$ 和 $G_3$ 的平均值。

如图 4.6(b)，中间值 $B$ 由以下公式决定，即 $G$ 的值将插值到 $B$ 上。

$$G(B)=\begin{cases}(G_1+G_3)/2, & |B_1-B_3|<|B_2-B_4| \\ (G_2+G_4)/2, & |B_1-B_3|>|B_2-B_4| \\ (G_1+G_2+G_3+G_4)/4, & |B_1-B_3|=|B_2-B_4|\end{cases}$$

从彩色相机的成像原理可以看出，色彩值主要通过插值的形式来表述。而在实际应用中，即使最成熟的色彩插值算法也会在图片中产生低通效应，导致彩色图像的细节处出现伪彩色，使精度降低。

在工业应用中如果要处理的是与图像颜色有关的信号，那么需要采用彩色相机；如果颜色相关性低，可选用黑白相机，因为在同样分辨率下，黑白相机的精度高于彩色相机。

### 4.3.4 CCD 和 CMOS

图像传感器是工业相机的核心元件，主要有 CCD 和 CMOS 两种，这部分在图像处理中已有简单介绍，本节再对其特点做总结归纳。

CCD（charge-coupled device，电荷耦合器件）是一种半导体器件，能够把光学影像转化为数字信号，CCD 上植入的微小光敏物质称作像素（pixel），一块 CCD 上包含的像素数越多，其提供的画面分辨率也就越高。CCD 可以提供很好的图像质量、抗噪能力，尽管由于增加了外部电路使得系统的尺寸变大、复杂性提高，但在电路设计时可更加灵活，可以尽可能地提升 CCD 相机的某些特别关注的性能。CCD 更适合用于对相机性能要求非常高而对成本控制不太严格的领域，如天文领域，需要高清晰度 X 射线影像的医疗领域和其他需要长时间曝光、对图像噪声要求严格的科学应用领域。

CMOS（complementary metal oxide semiconductor，互补金属氧化物半导体）：CMOS 图像传感器阵面中的每一个像元都由三个部分组合而成，分别是感光二极管、放大器和读出电路，然而由于每个单元独立输出，使得每个放大器的输出结果都不尽相同，所以 CMOS 阵列所获取的图像噪声较大，图像的质量也相对降低，但是，对于一般的精度要求，还是可以满足的。在集成电路领域中，CMOS 采用的工艺是最基本的工艺，工艺相对来说不复杂，所以成本也不高，光电灵敏度较高。它的一些性能参数也在不断被优化，应用也越来越广。总体来说，CMOS 的性价比较高。

目前，CCD 在某些性能方面仍然优于 CMOS。不过，随着 CMOS 图像传感器技术的不断进步，CMOS 与 CCD 传感器差距不断缩小。CMOS 在具备集成性、低功耗、低成本优势的基础上，在噪声与敏感度方面也有了很大的提升。

### 4.3.5 相机的主要接口类型

IEEE 1394 接口（见图 4.7）：在工业领域中应用广泛。其协议、编码方式都非常不错，传输速率稳定。在工业中，常用的是 400Mbit/s 的 IEEE 1394A 和 800Mbit/s 的 IEEE 1394B 接口。800Mbit/s 以上的也有，如 3.2Gbit/s，但是比较少见。IEEE 1394 接口普及率较低，电脑上通常不包含其接口，因此需要额外的采集卡。IEEE 1394 接口占用 CPU 资源少，可多台同时使用，但由于接口的普及率不高，现阶段正慢慢被市场淘汰。

图 4.7 IEEE 1394 接口

图 4.8 GIGE 千兆网接口

GIGE 千兆网接口（见图 4.8）：采用千兆网协议，稳定，使用方便，连接到千兆网卡上即可工作。在千兆网卡的属性中，也有与 IEEE 1394 中的 Packet Size 类似的巨帧，传输效率较高。同时 GIGE 千兆网接口传输距离较远，可传输 100m，该接口可多台同时使用，CPU 占用率低。

USB（通用串行总线）接口（见图 4.9）：早期的 USB 2.0 接口连接方便，几乎所有电脑都配置 USB 接口，无须采集卡。USB 2.0 接口传输速率慢，传输过程需要 CPU 参与管理，CPU 占用及内存资源消耗大。USB 2.0 接口一般没有固定螺丝，接口不稳定，在运动设备上有松动的风险。USB 3.0 在 USB 2.0 基础上新增了两组数据线，向下兼容，提高了传输速率，但传输距离依旧受限。

图 4.9 USB 3.0 接口

图 4.10 Camera Link 接口

Camera Link 接口（见图 4.10）：需要单独的 Camera Link 接口卡，不便携，成本较高。Camera Link 接口的相机实际应用中比较少。其采用 LVDS（低电压差分信号）接口标准，速度较快，抗干扰能力强，功耗低，传输距离较近。

### 4.3.6 相机的主要参数

相机的主要参数包括分辨率、像素深度、帧率/行频、曝光方式与快门速度、靶面尺寸等。

① 分辨率（resolution）：相机每次采集图像的像素点数。由工业相机所采用的芯片分辨率决定，是芯片靶面排列的像元数量。分辨率影响采集图像的质量，在对同样大的视场（景物范围）成像时，分辨率越高，对细节的展示越明显。

② 像素深度（pixel depth）：每个像素数据的位数，常见的是 8 位、10 位、12 位。分辨率和像素深度共同决定了图像的大小。像素深度在 RGB 彩色图像中代表色彩深度。

③ 帧率（frame rate）/行频（line frequency）：相机采集传输图像的速率，对于面阵相机一般为每秒采集的帧数（单位 fps），对于线阵相机为每秒采集的行数（单位 Hz）。

④ 曝光方式（exposure method）和快门速度（shutter speed）：线阵相机为逐行曝光的方式，可以选择固定行频和外触发同步的采集方式，曝光时间可以与行周期一致，也可以设定一个固定的时间；面阵相机有帧曝光、场曝光和滚动行曝光等几种常见方式，工业数字相机一般都提供外触发采样的功能。快门速度一般可到 10 微秒，高速相机还可以更快。

⑤ 靶面尺寸：图像传感器的感光部分的大小。常见的靶面型号有 1/4″、1/3″、1/2″、2/3″、1″等几种，当然也有其他规格。常见靶面尺寸型号如表 4.2 所示。

表 4.2 靶面型号尺寸

| 靶面型号 | 1″ | 2/3″ | 1/1.8″ | 1/2″ | 1/3″ | 1/4″ |
|---|---|---|---|---|---|---|
| 尺寸（宽×高）/（mm×mm） | 12.8×9.6 | 8.8×6.6 | 7.18×5.32 | 6.4×4.8 | 4.8×3.6 | 3.6×2.7 |

以 Basler 的 acA2500-14gm 相机为例，该相机配有安森美（Onsemi）MT9P031 感光芯片（图 4.11），帧速率为每秒采集 14 帧图像（14fps），分辨率为 500 万像素（5million pixel，5MP），靶面尺寸型号为 1/2.5″，见表 4.3。

图 4.11 Basler 的 acA2500-14gm 相机

表 4.3 Basler 的 acA2500-14gm 相机传感器参数

| | |
|---|---|
| 像素尺寸(长×宽) | 2.2μm×2.2μm |
| 分辨率(长×宽) | 2592 像素×1944 像素 |
| 帧速率 | 14fps |
| 黑白/彩色 | Mono |
| 分辨率 | 5MP |
| 快门 | Rolling Shutter |
| 感光芯片 | MT9P031 |
| 靶面型号(尺寸) | 1/2.5″(5.76mm×4.29mm) |
| 芯片类型 | CMOS |
| 感光芯片供应商 | Onsemi |
| 可见光谱 | visible spectrum |

### 4.3.7 工业相机选型

依据工业相机的分类特点对工业相机进行选型，首先根据需求和成本选择图像传感器型号，即使用 CCD 传感器还是 CMOS 传感器。CCD 工业相机主要应用在运动物体的图像提取，如贴片机机器视觉，当然随着 CMOS 技术的发展，有更多的场景选用 CMOS 工业相机。在视觉自动检查的方案或特殊行业中一般用 CCD 工业相机比较多，但 CMOS 工业相机因成本低、功耗低也应用得越来越广泛，民用场景和对图像质量要求不高时多采用 CMOS 工业相机。

其次根据目标的需求与精度，选择黑白还是彩色相机，同时给相机配置合适的分辨率。首先考虑待观察或待测量物体的精度，根据精度选择分辨率。相机的像素精度=单方向视场范围大小/相机单方向分辨率。则相机单方向分辨率=单方向视场范围大小/理论像素精度。若单视野为5mm长，理论像素精度为0.02mm，则单方向分辨率=5/0.02=250像素。然而为增加系统稳定性，不会只用一个像素单位对应一个测量/观察精度值，一般可以选择4倍的理论像素精度或更高。这样该相机需求单方向分辨率为1000像素，选用130万像素已经足够。

如果工业相机采集的图像使用体式观察呈现或用作软件分析，高分辨率的特点才能有所体现；若是VGA（视频图形阵列）输出或USB输出，在显示器上观察，则其呈现效果还依赖于显示器的分辨率，工业相机的分辨率再高，显示器分辨率不够，也没有意义；所以使用外存储器对静态图片或视频进行存储可以更好地体现工业相机的分辨率和精度。

最后，根据被测物体的运动状态，配置摄像头的分辨率与精度。如果被测物体运动较快，则要选择帧数较高的工业相机，但一般来说分辨率及精度越高，帧数越低。还要注意与镜头的匹配传感器芯片尺寸需要小于或等于镜头尺寸，选择接口时C或CS接口安装座也要匹配（或者增加转接口）。

# 第5章 图像变换与图像运算

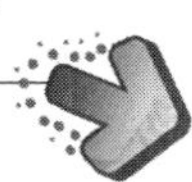

## 5.1 图像的几何变换

几何变换是指改变图像的几何结构，例如大小、角度和形状等，让图像呈现出缩放、翻转、映射和透视效果。这些几何变换涉及多种类型数学推演和复杂的矩阵变换过程，使用 OpenCV 可以完成基本的几何变换操作，实现所需要的变换效果。

### 5.1.1 缩放

一幅原始的模拟图像 $f_a(x,y)$，通过输入设备完成光学成像、光电转换、采样和量化等过程转换为数字图像 $f_d(m,n)$。设输入设备主扫描方向和副扫描方向的分辨率均为定值，即图像采样周期均为 $T$，并设图像输出设备主扫描方向和副扫描方向的分辨率也均为定值，行和列的像素间距也均为 $T$。将经过缩放的数字图像的单位行数（或列数）与原数字图像的单位行数（或列数）的比值定义为数字图像的缩放倍率 $S$［数字图像的缩放就是将经过缩放得到的图像 $g_d(k,l)$ 通过输出设备输出］。数字图像的缩放就是确定经过缩放的数字图像 $g_d(k,l)$ 与原数字图像 $f_d(m,n)$ 之间的关系的过程。根据奈奎斯特采样定理，当频带宽度有限的模拟图像 $f_a(x,y)$ 满足采样定理时，会不失真地被一数字图像 $f_d(m,n)$ 所确定。在这种情况下，可利用适当的内插公式由数字图像 $f_d(m,n)$ 完整地恢复原模拟图像 $f_a(x,y)$，即 $f_a(x,y)$ 可表示为

$$f_a(x,y)=\sum_{m=0}^{M-1}\sum_{n=0}^{N-1} f_d(m,n)\frac{\sin[(\pi/T)(x-mT)]}{(\pi/T)(x-mT)}\times\frac{\sin[(\pi/T)(y-nT)]}{(\pi/T)(y-nT)} \quad (5.1)$$

数字图像进行放大或缩小时，先将数字图像 $f_d(m,n)$ 恢复为模拟图像 $f_a(x,y)$，然后按新的采样周期 $T/S$ 对模拟图像 $f_a(x,y)$ 进行采样，得到缩放后的数字图像 $g_d(k,l)$，最后将经过缩放得到的数字图像 $g_d(k,l)$ 传输至输出设备。当 $S>1$ 时，新的采样周期 $T/S$ 比原采样周期 $T$ 小，图像便被放大。同理，当 $S<1$ 时，新的采样周期 $T/S$ 比原采样周期 $T$ 大，图像便被缩小。自然，当 $S=1$ 时，图像的尺寸保持不变，整个过程如图 5.1 所示。

$f_d(m,n)$ → [内插重建，周期为$T$] → $f_a(x,y)$ → [采样，周期为$T/S$] → $g_d(k,l)$

图 5.1 对图像进行变换后的结果

用新的采样周期 $T/S$ 对模拟图像 $f_a(x,y)$ 进行采样，便可得到经过缩放的数字图像 $g_d(k,l)$：

$$g_d(k,l)=f_a(kT/S,lT/S)$$

$$=\sum_{m=0}^{M-1}\sum_{n=0}^{N-1} f_d(m,n)\frac{\sin[(\pi/T)(kT/S-mT)]}{(\pi/T)(kT/S-mT)}\times\frac{\sin[(\pi/T)(lT/S-nT)]}{(\pi/T)(lT/S-nT)} \tag{5.2}$$

上式给出了经过缩放的数字图像 $g_d(k,l)$ 与原数字图像 $f_d(m,n)$ 之间的关系，从中可以看出，经过缩放的数字图像的每一个像素 $g_d(k,l)$ 都是原数字图像的各个像素的加权和。

### 5.1.2 翻转

图像的翻转包括水平翻转和垂直翻转，垂直翻转就是不改变图像的大小，只改变图像的方向，并且不是任意的方向，只是沿着平行中心轴线空间翻转 180°，翻转之后把原图像的上边变到下边，下边变到上边。水平翻转也是不改变图像的大小，只是沿着垂直中心轴线空间翻转 180°。这样把图像的左右对换即可。设图像的大小为 $S\times T$，图像镜像的计算公式如下：

水平翻转
$$\begin{cases}B_1=S-A_1+1\\B_2=A_2\end{cases} \tag{5.3}$$

垂直翻转
$$\begin{cases}B_1=A_1\\B_2=T-A_2+1\end{cases} \tag{5.4}$$

其中，$(A_1, A_2)$ 是原图像的像素点 $A$ 的坐标，$(B_1,B_2)$ 是对应像素点 $(A_1, A_2)$ 翻转后得到的图像 $B$ 的坐标。

设原图的像素点为

$$\boldsymbol{A}=\begin{bmatrix}A_{11}&A_{12}&A_{13}\\A_{21}&A_{22}&A_{23}\\A_{31}&A_{32}&A_{33}\end{bmatrix} \tag{5.5}$$

在进行水平翻转、垂直翻转后得到的像素点分别如下：

$$\boldsymbol{B}_1=\begin{bmatrix}A_{13}&A_{12}&A_{11}\\A_{23}&A_{22}&A_{21}\\A_{33}&A_{32}&A_{31}\end{bmatrix} \tag{5.6}$$

$$\boldsymbol{B}_2=\begin{bmatrix}A_{31}&A_{32}&A_{33}\\A_{21}&A_{22}&A_{23}\\A_{11}&A_{12}&A_{13}\end{bmatrix} \tag{5.7}$$

图像先后进行水平、垂直翻转的效果图如图 5.2 所示。

### 5.1.3 仿射变换

仿射变换，又称仿射映射，是指在几何中，一个向量空间进行一次线性变换并加上一个平移向量，变换为另一个向量空间。仿射变换包含平移、旋转和倾斜等。它是一种仅在二维平面中发生的几何变形，变换之后的图像仍然可以保持直线的平直性和平行性，也就是说在改变过程中保持直线和平行线关系不变。设 $(x, y)$ 为原图像的坐标，则图像的仿射变换可以表示为

$$\begin{cases}x=a_1v+b_1w+c_1\\y=a_2v+b_2w+c_2\end{cases} \tag{5.8}$$

(a) 翻转前

(b) 翻转后

图 5.2　图像的水平+垂直翻转的效果图

用矩阵表示为

$$[x \quad y \quad 1]=[v \quad w \quad 1]\begin{bmatrix} a_1 & a_1 & 0 \\ b_1 & b_2 & 0 \\ c_1 & c_2 & 1 \end{bmatrix}=[v \quad w \quad 1]\boldsymbol{T} \tag{5.9}$$

$[x \quad y \quad 1]$为齐次坐标。齐次坐标就是将原本是 $n$ 维的向量用一个 $n+1$ 维向量来表示，例如二维点 $p(x,y)\rightarrow p(x,y,1)$就成了齐次坐标，同理三维点 $p(x,y,z)\rightarrow p(x,y,z,1)$也成了齐次坐标。齐次坐标是表示计算机图形学的重要手段之一，它既能用来明确区分向量和点，同时也更易于进行几何变换。

式(5.9）中变换矩阵 $\boldsymbol{T}$ 可以有如图 5.3 所示几种形式（皆为线性变换)。

上述提到的仿射变换的表示方式，属于前向映射，它的完整过程是：输入图像上的整数点坐标经过仿射变换到输出图像上之后，基本都会变成非整数坐标，因此，像素值会按照一定的权重分配到其周围的四个坐标上；而对于输出图像来说，其整数坐标的像素值是由很多输入图像中的像素映射并分配过来的，所有被分配的像素值进行叠加，才是输出图像整数点的像素值。这种方法存在一个问题：输出图像某一点的像素值不能直接得到，需要遍历输入图像的所有像素值，对其进行坐标变换，分配像素值到整数位置，才能得到输出图像各像素点的像素值。这是前向映射法的缺点。目前最常使用的（如 Matlab 使用的）则是反向映射，该方法是直接通过输出图像上整数点的坐标$(x,y)$反向计算输入图像上的坐标$(v,w)$，计算后的$(v,w)$也是非整数坐标，利用其周围整数点的输入图像的像素值进行插值（可选用的插值算法则有很多，如最邻近插值、双线性插值、三线性插值等)，就得到了点（$x,y$)的坐标值，这样的好处是可以计算输出图像中任意点的像素值，同时不存在空像素值的情况。

仿射变换的方程组有 6 个未知数，所以要求解就需要找到 3 组映射点，3 个点刚好确定一个平面。其计算方法为坐标向量和变换矩阵的乘积，换言之就是矩阵运算。在应用层面，仿射变换是图像基于 3 个固定顶点的变换，即对图像进行二维空间内的变换（如图 5.4 所示)。

### 5.1.4　透视变换

如果说仿射是让图像在二维平面中变形，那么透视就是让图像在三维空间中变形。从不同的角度观察物体，会看到不同的变形画面，例如，矩形会变成不规则的四边形、直角会变成锐角或钝角、圆形会变成椭圆等。这种变形之后的画面就是透视图。

| | | |
|---|---|---|
| 恒等变换 | $\begin{bmatrix}1&0&0\\0&1&0\\0&0&1\end{bmatrix}$ | $x=v$<br>$y=w$ |
| 尺度变换 | $\begin{bmatrix}c_x&0&0\\0&c_y&0\\0&0&1\end{bmatrix}$ | $x=c_xv$<br>$y=c_yw$ |
| 旋转变换 | $\begin{bmatrix}\cos\theta&\sin\theta&0\\-\sin\theta&\cos\theta&0\\0&0&1\end{bmatrix}$ | $x=v\cos\theta-w\sin\theta$<br>$y=v\cos\theta+w\sin\theta$ |
| 平移变换 | $\begin{bmatrix}1&0&0\\0&1&0\\t_x&t_y&1\end{bmatrix}$ | $x=v+t_x$<br>$y=w+t_y$ |
| 倾斜变换（垂直） | $\begin{bmatrix}1&0&0\\s_v&1&0\\0&0&1\end{bmatrix}$ | $x=v+s_vw$<br>$y=w$ |
| 倾斜变换（水平） | $\begin{bmatrix}1&s_h&0\\0&1&0\\0&0&1\end{bmatrix}$ | $x=v$<br>$y=s_hv+w$ |

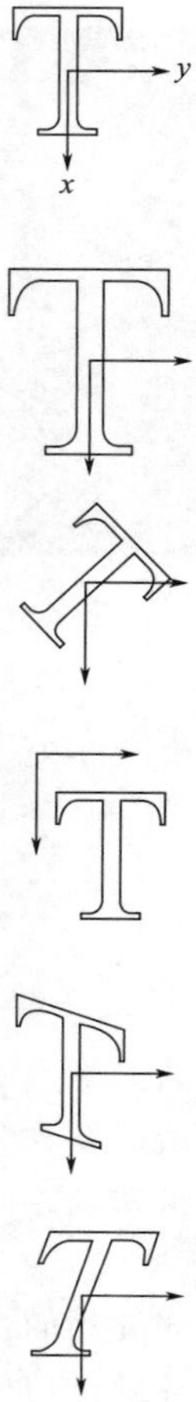

图 5.3　变换矩阵的不同形式

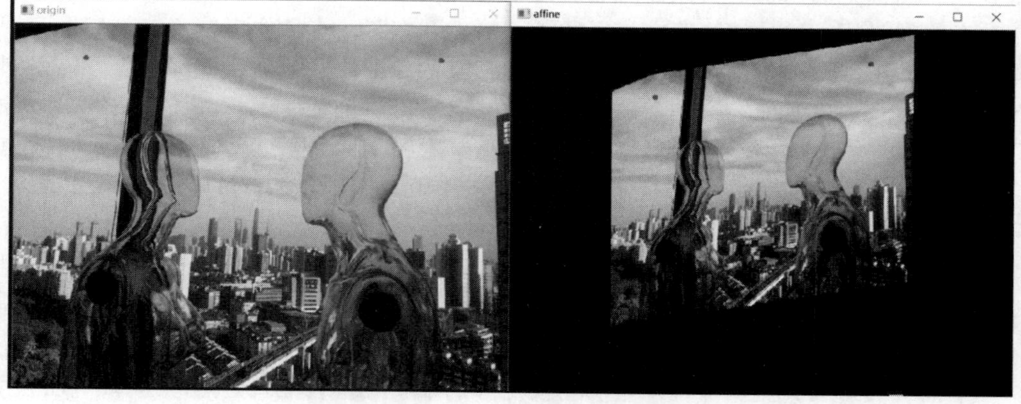


图 5.4　对图像进行仿射变换后的结果

透视变换的表达式为

$$\begin{cases}x=a_{11}u+a_{12}v+a_{13}\\y=a_{21}u+a_{22}v+a_{23}\\z=a_{31}u+a_{32}v+a_{33}\end{cases}\tag{5.10}$$

其矩阵形式为

$$\begin{bmatrix} x \\ y \\ z \end{bmatrix} = \begin{bmatrix} a_{11} & a_{12} & a_{13} \\ a_{21} & a_{22} & a_{23} \\ a_{31} & a_{32} & a_{33} \end{bmatrix} \begin{bmatrix} u \\ v \\ 1 \end{bmatrix} \tag{5.11}$$

其中，$\begin{bmatrix} a_{11} & a_{12} & a_{13} \\ a_{21} & a_{22} & a_{23} \\ a_{31} & a_{32} & a_{33} \end{bmatrix}$为透视变换矩阵，$\begin{bmatrix} u \\ v \\ 1 \end{bmatrix}$为要移动的点，$\begin{bmatrix} x \\ y \\ z \end{bmatrix}$为该点移动后的坐标。透视变换的方程组有 8 个未知数，所以要求解就需要找到 4 组映射点，4 个点就刚好确定一个三维空间。将图片进行透视变换后的结果如图 5.5、图 5.6 所示。

图 5.5　对图像进行透视变换后的结果（一）

图 5.6　对图像进行透视变换后的结果（二）

## 5.2　图像的运算

图像是由像素组成的，而像素又是由具体正整数表示，因此图像也可以进行一系列数学运算，通过运算可以达到截取、合并图像等效果。OpenCV 提供了很多图像运算方法，根据图像运算可以呈现出不同的视觉效果。

### 5.2.1 掩模运算

外科医生对患者进行手术时，会给患者盖上手术洞巾，手术洞巾不仅有利于医生定位患处、显露手术视野，还可以对非患处起到隔离防污的作用。图像的掩模运算也是完成类似手术洞巾功能的图像处理方法。图像的掩模是指用选定的图像、图形或物体，对待处理的图像（全部或局部）进行遮挡，来控制图像处理的区域或处理过程。用于覆盖的特定图像或物体称为掩模或模板。光学图像处理中，掩模可以是胶片、滤光片等。数字图像处理中，掩模通常为二维矩阵或数组。

掩模（mask），也叫作掩码，在程序中的二值数字图像，通常 0 值为纯黑，表示被遮盖的部分，255 值为纯白表示暴露的部分。某些场景下也能用归一化的 0 和 1 作为掩模的值。掩模图像运算过程如图 5.7 所示。

图 5.7　图像掩模运算

图像处理中，图像掩模主要用于：①感兴趣区提取，用预先制作的感兴趣区掩模与待处理图像加权，得到感兴趣区图像，感兴趣区内图像值保持不变，而区外图像值都为 0。②屏蔽作用，用掩模对图像上某些区域作屏蔽，使其不参加处理或不参加处理参数的计算，或仅对屏蔽区作处理或统计。③结构特征提取，用相似性变量或图像匹配方法检测和提取图像中与掩模相似的结构特征。④特殊形状图像的制作。

### 5.2.2 加法运算

图像中每一个像素都有用整数表示的像素值，两幅图像相加就是让相同位置像素值相加，最后将计算结果按照原位置重新组成一个新的图像。图像加法运算的原理如图 5.8 所示。

| 图像A | | |
|---|---|---|
| 152 | 125 | ··· |
| 91 | 131 | ··· |
| ··· | ··· | ··· |

\+

| 图像B | | |
|---|---|---|
| 35 | 20 | ··· |
| 13 | 32 | ··· |
| ··· | ··· | ··· |

=

| 图像C | | |
|---|---|---|
| 187 | 145 | ··· |
| 104 | 163 | ··· |
| ··· | ··· | ··· |

图 5.8　图像加法运算

图像相加可用于对同一场景的多幅图像求平均效果，以便有效地降低具有叠加性质的随机噪声。有时直接采集的图像品质较好，不需要进行加法运算处理，但是对于那些经过长距离模拟通信方式传送的图像（如卫星图像），这种处理是必不可少的。图像的加法运算可以把两张不同的图片叠加到一起，两幅图［图 5.9(a)、(b)］叠加后得到的效果如图 5.9(c) 所示。

(a)

(b)

(c)

图 5.9　图像加法运算效果（一）

使用加法运算可以改变图像的亮度，给图像的每一个像素值都加上一个常数可以使图像的亮度增加。如图 5.10 所示，(b) 和 (c) 分别为给 (a) 图增加和减少 50%亮度所得的图片。

(a) 原图

(b) 图像增加50%亮度

(c) 图像减少50%亮度

图 5.10　图像加法运算效果（二）

### 5.2.3　位运算

位运算是二进制特有的运算操作。图像由像素组成，每个像素可以用十进制整数表示，十进制整数又可以转化为二进制数，所以图像也可以做位运算，并且位运算在图像数字化技术中是一项重要的运算操作技术。图像的位运算是指对图像的像素值按照二进制数进行按位取反、与、或、异或运算。

(1) 图像按位取反运算

取反运算是一种单目运算，仅需一个操作码参与运算就可以得出结果，取反运算也是按照二进制数进行判断。按位取反就是将数值根据每个 bit（位）1 变 0，0 变 1。比如原始图像的像素点（161,199）B 通道的值为 109（0110 1101），取反后的值为 146（1001 0010），转换为二进制后观察到每个位如果为 0 就变成 1，如果为 1 就变成 0，如图 5.11 和图 5.12 所示。

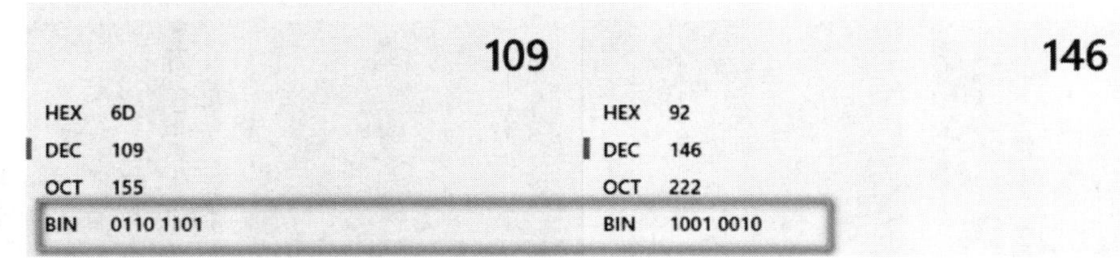


图 5.11　图像按位取反运算结果

图 5.12(b) 的按位取反图像是不是有种似曾相识的感觉？很多年前流行的胶片相机，洗出来的底片就是这个样子的。取反有很多应用的地方，比如做 OCR（光学字符识别）

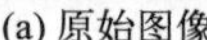

(a) 原始图像

(b) 按位取反图像

图 5.12　图像按位取反实例

的时候。因为一般的书籍是白纸黑字，背景是白色，而要分析识别的字却是黑色，在做完二值化之后要识别的字是黑色的，如果直接做图像切割，分离出来的就是背景“白纸”而不是目标对象“黑字”了，而做完取反处理后再做图像切割就能达到分离出白色文字的效果。

（2）图像与运算与或运算

① 图像与运算。参加运算的两个数据，按二进制位进行与运算用符号“&”表示，运算规则为：0&0=0；0&1=0；1&0=0；1&1=1。即：两位同时为 1，结果才为 1，否则为 0。纯白色灰度图像的像素值都为 255，纯黑色灰度图像的像素值为 0，如果一幅图像和全白图像做与运算，则结果图像不改变，如果一幅图像和全黑图像做与运算，则运算结果为全黑图像。

② 图像或运算。参加运算的两个对象，按二进制位进行或运算，用“|”表示。运算规则：0|0=0；0|1=1；1|0=1；1|1=1。即：参加运算的两个对象只要有一个为 1，其值为 1。如果一幅图像和全白图像做或运算，则结果图像变为全白，如果一幅图像和全黑图像做或运算，则运算结果不改变。

（3）图像异或运算

加运算的两个数据，按二进制位进行异或运算，用“⊕”表示。运算规则：0 ⊕ 0=0；0 ⊕ 1=1；1 ⊕ 0=1；1 ⊕ 1=0。即：参加运算的两个对象，如果两个相应位为" 异"(值不同)，则该位结果为 1，否则为 0。如果一幅图像与纯白色像素做异或运算，结果为原图像取反的结果，如果一幅图像与纯黑图像做异或运算，结果图像和原图像没有变化，如果图像与黑白掩模图像做异或运算，则掩模白色区域呈现取反效果。除此之外，由于异或运算具有执行两次运算会恢复成最初值的特点，可以利用其对图像内容进行加密和解密，而实施加密解密的异或图像也被称为图像密钥，如图 5.13 所示。

(a) 原图像

(b) 密钥

(c) 加密后的图片

(d) 解密后的图片

图 5.13　对图像内容进行加密和解密

# 5.3 图像的频域变换

图像频域变换是图像处理中的一项非常重要的内容，它是许多图像处理技术的基础，为了有效和快速地对图像进行处理和分析，常常需要将原定义在图像空间的图像以某种形式转换到另外某种空间，并利用在新变换后空间的特有性质更方便地进行处理，随后再变换回图像空间，得到所需的效果。

## 5.3.1 数字信号基础知识

数字信号处理方法包括时域分析法和频域分析法，采用频域分析法可以使算术运算次数大大减少，利用数字信号滤波技术可以在频域内完成所需的多种图像处理效果。图像本身也是二维信号，图像及其二维像素坐标所在的域称为空间域（spatial domain），图像灰度值随空间坐标变化的快慢用频率来度量，这种以频率来衡量灰度变化快慢的域称为频域（frequency domain）。信号中的频率通常是指某个一维物理量随时间变化快慢程度。例如：交流电频率为 50～60Hz（交流电压）、收音机某电台频率为 1026kHz（无线电波）等。数字信号分为时域和频域，时域表达和图像空间不同，它使用时间作为自变量。举一个通俗的例子，一段音乐应该如何表达呢？图 5.14(a) 所示就是音乐的时域表达，图 5.14(b) 所示就是音乐的“谱”表达，也就是频域表达。

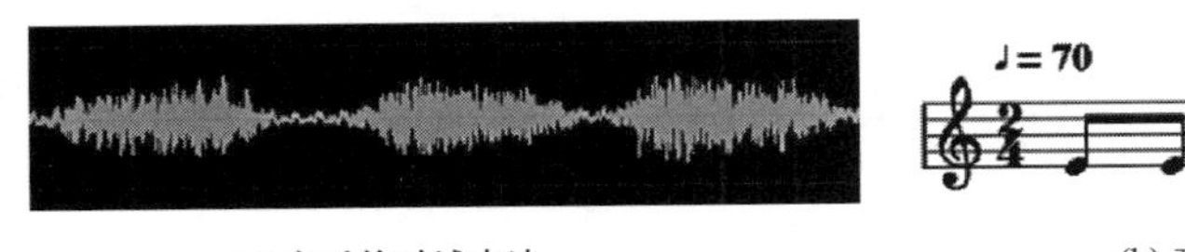

(a) 音乐的时域表达　　(b) 音乐的频域表达

图 5.14　音乐的时域和频域表达

将图 5.13 中两图简化后得到的时域和频域表达如图 5.15 所示。

在时域，人们观察到乐器的琴弦不停地振动，而在频域，代表这个振动形式的是一个音符。人们眼中看似变化无常的世界，就像一份早已谱好的“乐章”。

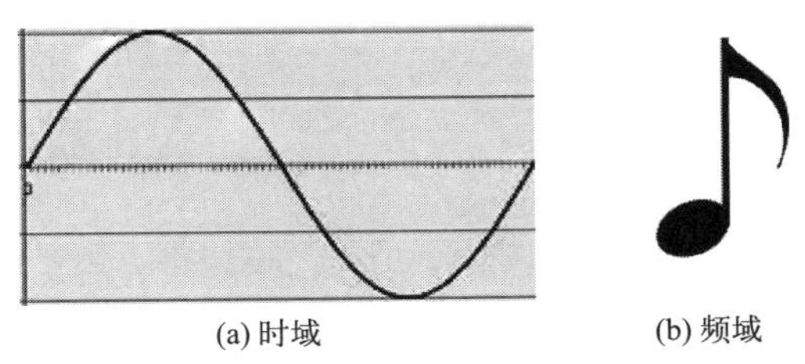

(a) 时域　　(b) 频域

图 5.15　时域和频域的简化表达

## 5.3.2 傅里叶变换

1822 年，法国工程师傅里叶（Fourier）指出，一个任意的周期函数 $f(t)$ 都可以分解为无穷多个不同频率正弦和余弦函数的和，这即是傅里叶级数。这种简单的变换是将空间中的点使用一组基来表示，空间点是基的加权累加。对于一个函数，可以使用一组基函数来表示。傅里叶级数与傅里叶变换就是用来实现这种功能的，其中傅里叶级数能够将任意周期函数表示成若干具有不同系数的基函数的累加，而傅里叶变换针对的是非周期函数的变换方法。在图像处理技术的发展过程中，傅里叶变换起着十分重要的作用，在图像处理中的应用十分广泛。傅里叶变换可以将信号从时域（或图像的空间域）变换到频域，得到信号的频率分布信息，是线性系统分析的主要工具。

### 5.3.2.1 一维傅里叶变换

傅里叶变换是一种数学变换（正交变换），可以把一维信号（或函数）分解成不同幅度的具有不同频率的正弦和余弦信号（或函数）。其变换及逆变换过程如图 5.16 所示：

图 5.16　傅里叶变换及逆变换过程

一维傅里叶变换是指将一个一维的信号分解成若干个复指数波，设 $f(t)$ 是连续时域信号，$F(\omega)$ 为频域信号则 $f(t)$ 的傅里叶变换如下式所示：

$$F(\omega)=\int_{-\infty}^{\infty} f(t)\mathrm{e}^{-\mathrm{i}\omega t}\,\mathrm{d}t \tag{5.12}$$

$F(\omega)$ 的逆变换为

$$f(t)=\int_{-\infty}^{\infty} F(\omega)\mathrm{e}^{-\mathrm{i}\omega t}\,\mathrm{d}\omega \tag{5.13}$$

复数形式：

$$F(\omega)=R(\omega)+\mathrm{i}I(\omega) \tag{5.14}$$

$f(t)$ 满足只有有限个间断点、有限个极值和绝对可积的条件，并且 $F(\omega)$ 也是可积的。

指数形式：

$$F(\omega)=|F(\omega)|\mathrm{e}^{\mathrm{i}\phi(\omega)} \tag{5.15}$$

幅值函数（傅里叶谱）：

$$|F(\omega)|=[R^2(\omega)+I^2(\omega)]^{\frac{1}{2}} \tag{5.16}$$

相角：

$$\phi(\omega)=\arctan\left[\frac{I(\omega)}{R(\omega)}\right] \tag{5.17}$$

能量谱：

$$A(\omega)=[R^2(\omega)+I^2(\omega)] \tag{5.18}$$

式中，$t$ 代表时间，$\omega$ 代表频率，$\mathrm{e}^{\mathrm{i}\omega t}$ 为复变函数。

傅里叶变换，表示能将满足一定条件的某个函数表示成三角函数（正弦和余弦函数）或者它们的积分的线性组合。傅里叶变换的定义为：$f(t)$ 是 $t$ 的周期函数，如果 $t$ 满足狄利克雷条件，即在一个 $2T$ 周期内 $f(t)$ 连续或只有有限个第一类间断点，$f(t)$ 单调或可划分成有限个单调区间，且在这些间断点上函数 $f(x)$ 绝对可积，则该变换称为积分运算 $f(t)$ 的傅里叶变换。$F(\omega)$ 叫作 $f(t)$ 的像函数，$f(t)$ 叫作 $F(\omega)$ 的原函数。傅里叶变换是线性系统分析的主要工具，傅里叶变换可以将信号从时域变换到频域，得到信号的频率分布信息。

傅里叶变换的主要特点有：

① 傅里叶变换是线性算子，若赋予适当的范数，它还是酉算子。

② 傅里叶变换的逆变换容易求出，而且形式与正变换非常类似。正弦基函数是微分运算的本征函数，因此线性微分方程的求解可以转化为常系数的代数方程的求解。在线性时不变物理系统内，频率是固有特性，系统对于复杂激励的响应可以通过组合其对不同频率正弦信号的响应叠加来获取。

③ 傅里叶变换可以化复杂的卷积运算为简单的乘积运算，从而提供了计算卷积的一种简单手段。

④ 离散形式的傅里叶变换可以利用计算机快速算出。

正是上述的良好性质，使得傅里叶变换在物理学、数论、组合数学、信号处理、概率学、统计学、密码学、声学、光学等领域都有着广泛的应用。例如对滚动轴承振动信号进行傅里叶变换，得到时频（谱）样本，分为训练集和测试集；然后将训练集输入卷积神经网络中进行学习，不断更新网络参数；最后，将学习好的卷积神经网络模型应用于测试集，输出故障识别结果。可以通过滚动轴承故障模拟试验验证该方法的可行性和提升模型，还可以通过增加故障数据种类和数量的方式来提高此方法的鲁棒性。它是一种适应于"数据驱动"的故障诊断方法。

经过一维傅里叶变换后，离散信号变换为周期的函数，周期信号变换为离散的频谱，非周期信号变换为连续频谱。各种常见信号经过傅里叶变换后的图像如图 5.17 所示。

#### 5.3.2.2 二维傅里叶变换

一维信号是一个序列，傅里叶变换将其分解成若干个一维的简单函数之和。二维的信号可以说是一个图像，类比一维，那二维傅里叶变换是将一个图像分解成若干个简单的图像。

二维函数的傅里叶正、逆变换分别定义为

$$F(u,v)=\iint_{-\infty}^{+\infty} f(x,y)\mathrm{e}^{-2\mathrm{i}\pi(ux+vy)}\mathrm{d}x\mathrm{d}y \tag{5.19}$$

$$f(x,y)=\iint_{-\infty}^{+\infty} F(u,v)\mathrm{e}^{2\mathrm{i}\pi(ux+vy)}\mathrm{d}u\mathrm{d}v \tag{5.20}$$

式中 $f(x,y)$ 代表一个大小为 $M\times N$ 的矩阵，其中 $x=0,1,2,\cdots,M-1$ 和 $y=0,1,2,\cdots,N-1$，$F(u,v)$ 表示 $f(x,y)$经傅里叶变换得到的函数。可以转换为三角函数表示方法，其中 $u$ 和 $v$ 可用于确定正余弦的频率。$F(u,v)$ 所在坐标系被称为频域，由 $u=0,1,2,\cdots,M-1$ 和 $v=0,1,2,\cdots,N-1$ 定义的 $M\times N$ 矩阵常称为频域矩阵。$f(x,y)$ 所在坐标系被称为空间域，由 $x=0,1,2,\cdots,M-1$ 和 $y=0,1,2,\cdots,N-1$ 所定义的 $M\times N$ 矩阵常被称为空间域矩阵。显然频域矩阵的大小与原空间域矩阵大小相同。频域矩阵中每个点的都代表了一个频率为 $(u,v)$ 的函数，这些函数在空间域的组合即为原函数 $f(x,y)$。

如果二维傅里叶变换在一个周期内进行则傅里叶变换离散信号频谱、相谱、幅谱分别表示为

$$F(u,v)=|F(u,v)|\mathrm{e}^{-\mathrm{j}\phi(u,v)}=R(u,v)+\mathrm{j}I(u,v) \tag{5.21}$$

$$\phi(u,v)=\arctan\frac{I(u,v)}{R(u,v)} \tag{5.22}$$

$$|F(u,v)|=[R^2(u,v)+I^2(u,v)]^{\frac{1}{2}} \tag{5.23}$$

数字图像二维离散傅里叶变换是将图像从空间域转换到频域的变换方法，将一个图像分解成若干个复平面波 $\mathrm{e}^{2\mathrm{i}\pi(ux+vy)}$ 之和。图像本质上是二维的数表或矩阵。将空间域（二维灰度数表）的图像转换到频域（频率数表）能够更直观地观察和处理图像，也更有利于进行频域滤波等操作。

二维傅里叶变换的性质如下：

① 可分离性：一个二维傅里叶变换，可以通过先后两次一维傅里叶变换来实现。

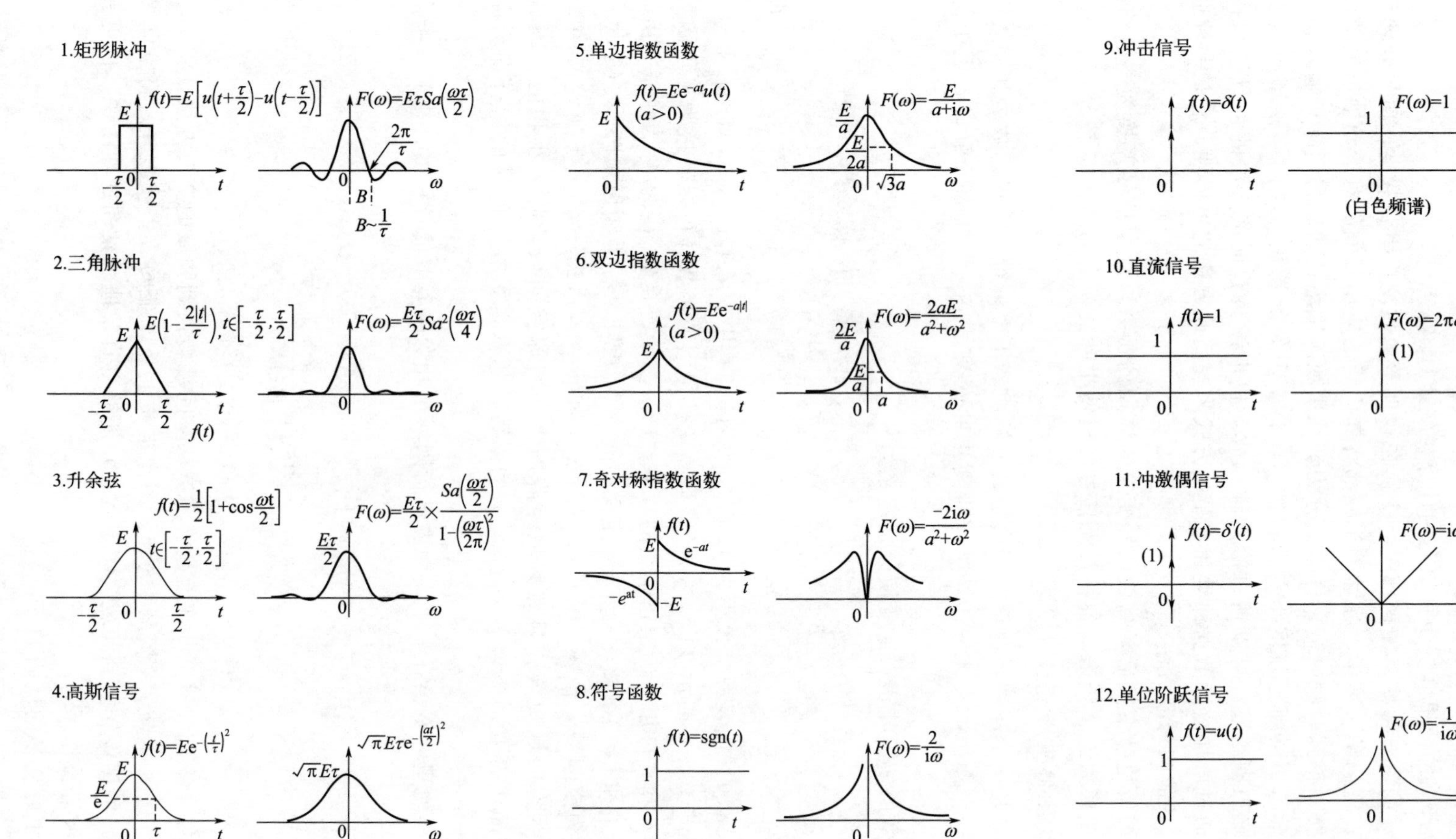


图 5.17 常见信号经过傅里叶变换后的图像

$$F(u,v)=\frac{1}{N^2}\sum_{x=0}^{N-1}\mathrm{e}^{-\frac{2\mathrm{i}\pi ux}{y}}\sum_{y=0}^{N-1}\mathrm{e}^{-\frac{2\mathrm{i}\pi uy}{x}} \tag{5.24}$$

$$F(x,y)=\sum_{u=0}^{N-1}\mathrm{e}^{-\frac{2\mathrm{i}\pi ux}{N}}\sum_{y=0}^{N-1}F(u,v)\mathrm{e}^{-\frac{2\mathrm{i}\pi uy}{N}} \tag{5.25}$$

$$F(u,v)=F_x\{F_y[f(x,y)]\}=F_y\{F_x[f(x,y)]\} \tag{5.26}$$

$$f(x,y)=F_u^{-1}\{F_v^{-1}[f(u,v)]\}=F_v^{-1}\{F_u^{-1}[f(u,v)]\} \tag{5.27}$$

② 平移性：$f(x,y)$ 乘以一个指数项，相当于其二维离散傅里叶变换 $F(u,v)$ 频率重新移动到新位置。

$$F(u-u_0,v-v_0)\leftrightarrow f(x,y)\mathrm{e}^{-\frac{2\mathrm{i}\pi(u_0x+v_0y)}{N}} \tag{5.28}$$

频谱图像中心化，即 $u_0=v_0=N/2$ 时，有

$$f(x,y)(-1)^{x+y}\leftrightarrow F\left(u-\frac{N}{2},v-\frac{N}{2}\right) \tag{5.29}$$

③ 周期性：若傅里叶变换均以 $T$ 为周期，则

$$F(u,v)=F(u+aT,v+bT) \tag{5.30}$$

$$f(x,y)=F(x+aT,y+bT) \tag{5.31}$$

④ 共轭对称性：

若 $$f^*(x,y)=f(x,y) \tag{5.32}$$

则存在 $$F^*(u,v)=F(-u,-v) \tag{5.33}$$

或 $$f^*(x,y)\leftrightarrow F^*(-u,-v) \tag{5.34}$$

图 5.18 形象地说明了共轭对称性。

⑤ 旋转不变性：

$$x=r\cos(\theta),y=r\sin(\theta)$$

$$u=\omega\cos(\varphi),v=\omega\sin(\varphi)$$

$$f(x,y)\rightarrow f(r,\theta),F(u,v)\rightarrow F(\omega,\varphi)$$

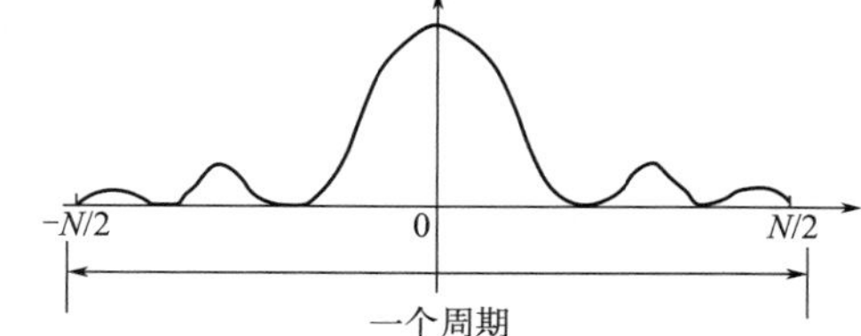


图 5.18　复变函数的共轭对称性

⑥ 分配和比例型：

傅里叶变换和傅里叶逆变换对于加法满足分配率，而对乘法不行。

$$F\{f_1(x,y)+f_2(x,y)\}=F\{f_1(x,y)\}+F\{f_2(x,y)\} \tag{5.35}$$

$$F\{f_1(x,y)f_2(x,y)\}\neq F\{f_1(x,y)\}F\{f_2(x,y)\} \tag{5.36}$$

比例性：

$$af(x,y)\leftrightarrow aF(u,v) \tag{5.37}$$

$$f(ax,by)\leftrightarrow\frac{1}{|ab|}F\left(\frac{u}{a},\frac{v}{b}\right) \tag{5.38}$$

其中，$a$、$b$ 为比例系数。图像信号在空间比例尺寸的延展相应于频域比例尺度的压缩，其幅值也减小为原来的 $\frac{1}{|ab|}$。

#### 5.3.2.3　卷积

卷积又称褶积（运算符为 *），是线性系统的基本运算，表示系统在激励作用下产生的响应。两个一维可积函数 $f(x)$ 和 $g(x)$ 卷积的数学式为

$$f(x)*g(x)=\int_{-\infty}^{+\infty}f(\tau)g(x-\tau)\mathrm{d}\tau \tag{5.39}$$

式中 $x$ 表示时间，$\tau$ 为积分变量，由卷积得到的函数 $f(x)*g(x)$ 一般要比 $f(x)$ 和 $g(x)$ 都光滑。对于带有紧致集的连续函数（光滑函数），当它们局部可积时，它们的卷积也是光滑函数。利用这一性质，对于任意的可积函数 $f(x)$，都可以简单地构造出一列逼近于该函数的光滑函数列，这种方法称为函数的光滑化或正则化。

卷积定理：函数卷积的傅里叶变换是函数傅里叶变换的乘积。具体分为时域卷积定理和频域卷积定理。时域卷积定理即时域内两信号卷积的傅里叶变换对应于对应信号在频域中的傅里叶变换的乘积；频域卷积定理即两信号在时域内乘积的傅里叶变换对应于这两个信号傅里叶变换的卷积除以 $2\pi$，两者具有对偶关系。用数学表达式为

时域卷积定理：

$$F[f(x)*g(x)]=F[f(x)]F[g(x)] \tag{5.40}$$

频域卷积定理：

$$F[f(x)g(x)]=\frac{1}{2\pi}\{F[f(x)]*F[g(x)]\} \tag{5.41}$$

式中 $F$ 表示傅里叶变换。利用卷积定理，可以将时域或空间域中的卷积运算等价为频域的相乘运算，从而利用 FFT（快速傅里叶变换）等快速算法，实现有效计算，提高运算效率。

离散卷积：是两个离散序列和之间按照一定的规则将它们的有关序列值分别两两相乘再相加的一种特殊的运算（加权求和）。其公式为

$$y(n)=\sum_{i=-\infty}^{+\infty}x(i)h(n-i) \tag{5.42}$$

其中 $y(n)$ 就是序列 $x(n)$ 和 $h(n)$ 经过卷积运算以后所得到的一个新的序列。根据上式，在运算过程中，要使序列 $x(n)$ 不动，并将自变量改为 $i$，以表示与卷积结果的自变量 $n$ 有所区别。将另外一个序列 $h(n)$ 的自变量改为 $i$ 以后，再取它对于纵坐标的镜像值（式中的减运算）。为求两者的卷积 $y(n)$，先将 $h(-i)$ 在相同的 $i$ 下与 $x(i)$ 的每一个值两两相乘再相加，就得到了 $n=0$ 时的卷积值 $y(0)$。接下来，将 $h(-i)$ 向右移动自变量的一个间隔，构成 $h(1-i)$，同样在相同的 $i$ 下与 $x(i)$ 的各个值两两相乘再相加，就得到卷积值 $y(1)$，如此反复，直到所有的序列值都算完为止。

#### 5.3.2.4 傅里叶变换在图像处理中的应用

傅里叶变换在图像处理中是一个最基本的数学工具。利用这个工具，可以对图像的频谱进行各种各样的处理，如滤波、降噪、增强等。

如图 5.19 所示为用傅里叶变换去除正弦波噪声的示例。

### 5.3.3 离散余弦变换

离散余弦变换（discrete cosine transform，DCT）是可分离的变换，它是一种与傅里叶变换紧密相关的数学运算。在傅里叶级数展开式中，如果被展开的函数是实偶函数，那么其傅里叶级数中只包含余弦项，再将其离散化可导出余弦变换。余弦变换的变换核为余弦函数。DCT 除了具有一般的正交变换性质外，它的变换阵的基向量能很好地描述人类语音信号和图像信号的相关特征。因此，在对语音信号、图像信号的变换中，DCT 变换被认为是一种准最佳变换。

#### 5.3.3.1 一维离散余弦变换

一维离散余弦变换的正变换核为

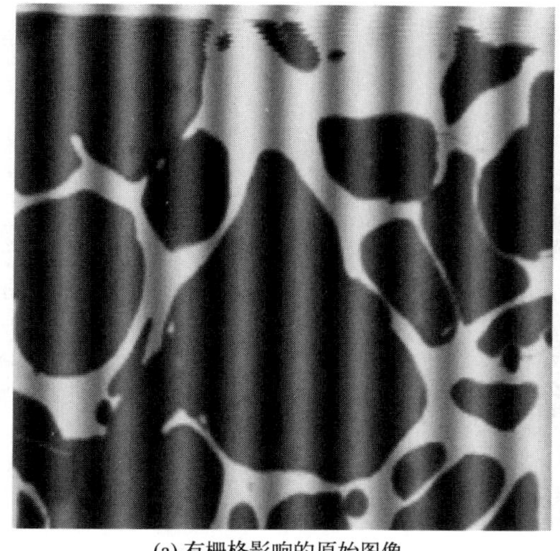

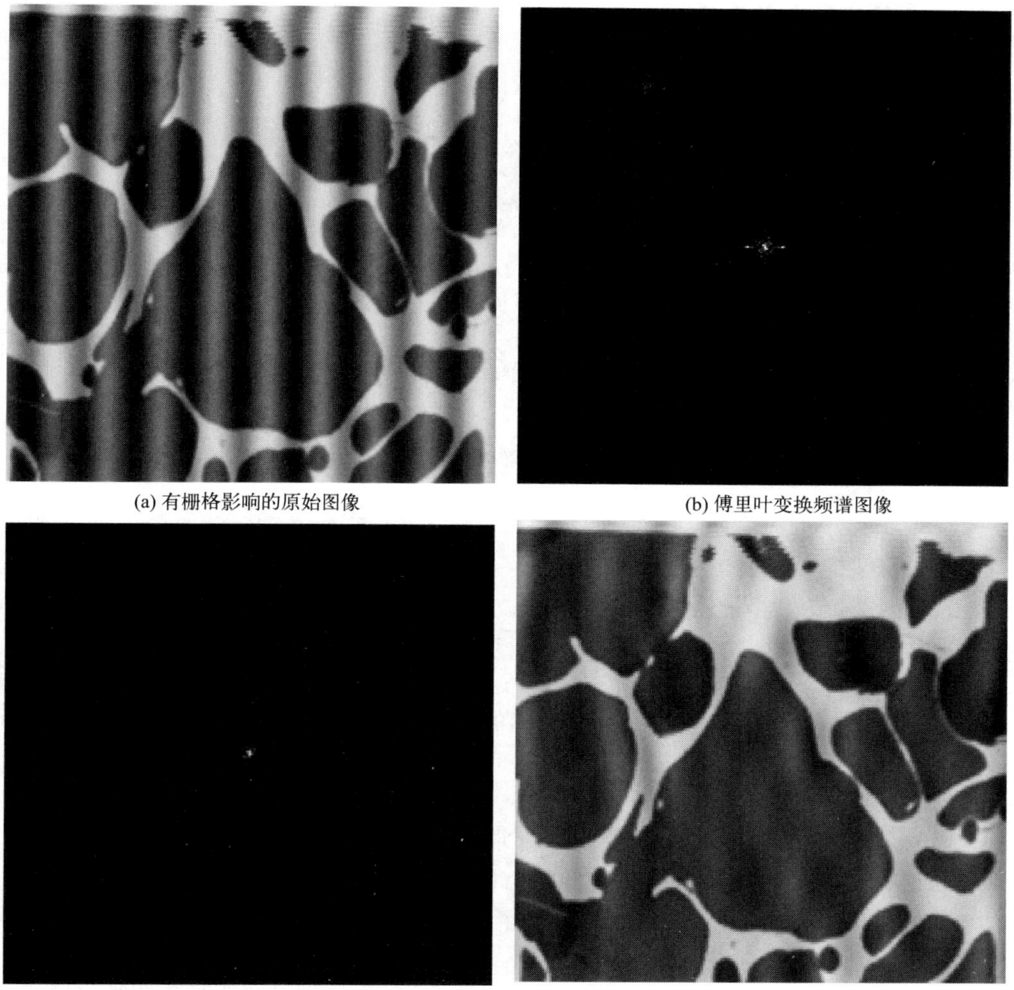

(a) 有栅格影响的原始图像

(b) 傅里叶变换频谱图像

(c) 降噪处理

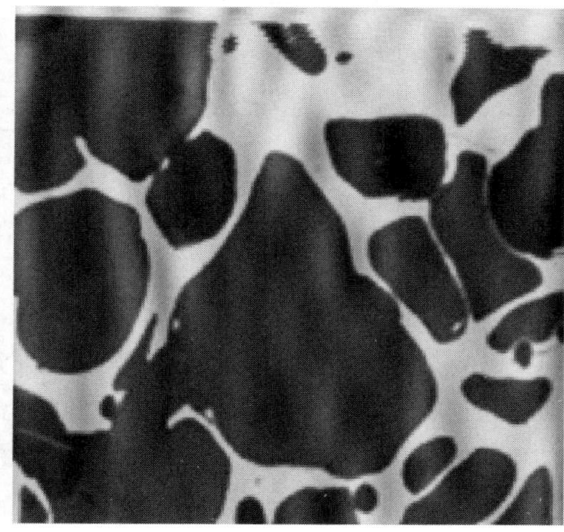

(d) 处理后的图像

图 5.19　用傅里叶变换去除正弦波噪声示例

$$\begin{cases} g(x,0)=\dfrac{1}{\sqrt{N}} \\ g(x,u)=\sqrt{\dfrac{2}{N}}\cos\dfrac{(2x+1)u\pi}{2N} \end{cases} \quad (x=0,1,\cdots,N-1;u=1,2,\cdots,N-1) \tag{5.43}$$

对应的离散余弦变换为

$$C(0)=\frac{1}{\sqrt{N}}\sum_{x=0}^{N-1}f(x) \tag{5.44}$$

$$C(u)=\sqrt{\frac{2}{N}}\sum_{x=0}^{N-1}f(x)\cos\frac{(2x+1)u\pi}{2N} \quad (u=1,2,\cdots,N-1) \tag{5.45}$$

一维离散余弦变换的反变换核与正变换核形式相同。一维离散余弦反变换为

$$f(x)=\frac{1}{\sqrt{N}}C(0)+\sqrt{\frac{2}{N}}\sum_{x=0}^{N-1}C(u)\cos\frac{(2x+1)u\pi}{2N} \quad (x=1,2,\cdots,N-1) \tag{5.46}$$

5.3.3.2 二维离散余弦变换

二维离散余弦变换的正变换核为

$$\begin{cases} g(x,y,0,0)=\dfrac{1}{\sqrt{N}} \\ g(x,y,u,v)=\dfrac{1}{2\sqrt{(MN)^2}}\cos[(2x+1)u\pi]\cos[(2y+1)v\pi] \end{cases}$$

$$(x,y=0,1,\cdots,N-1;u,v=1,2,\cdots,N-1) \tag{5.47}$$

对应的离散余弦变换为

$$C(0,0)=\frac{1}{\sqrt{MN}}\sum_{x=0}^{M-1}\sum_{y=0}^{N-1}f(x,y) \tag{5.48}$$

$$C(u,v)=\frac{1}{2\sqrt{(MN^2)}}\sum_{x=0}^{M-1}\sum_{y=0}^{N-1}f(x,y)\cos[(2x+1)u\pi]\cos[(2y+1)v\pi]$$

$$(u=1,\ 2,\ \cdots,\ N-1;\ v=1,\ 2,\ \cdots,\ N-1) \tag{5.49}$$

二维离散余弦变换的反变换核为

$$f(x,y)=\frac{1}{\sqrt{MN}}C(0,0)+\frac{1}{2\sqrt{(MN^2)}}\sum_{u=1}^{M-1}\sum_{v=1}^{N-1}C(u,v)\cos[(2x+1)u\pi]\cos[(2y+1)v\pi]$$

$$(x=0,1,2,\cdots,M-1;y=0,1,2,\cdots,N-1) \tag{5.50}$$

可看出，二维离散变换的变换核是可分离的，因而可通过两次一维变换实现二维变换。

离散余弦变换具有以下性质：

① 余弦变换是实数、正交的；

② 离散余弦变换可由傅里叶变换的实部求得；

③ 对高度相关数据，DCT 有非常好的能量紧凑性；

④ 对于具有一阶马尔可夫过程的随机信号，DCT 是 K-L 变换（Karhunen-Loeve 变换）的最好近似。

离散余弦变换在图像的变换编码中有着非常成功的应用。离散余弦变换是傅里叶变换的实数部分，比傅里叶变换有更强的信息集中能力。对于大多数自然图像，离散余弦变换能将大多数的信息和较少的系数相关联，进一步提高编码效率。

## 5.4 图像变换 OpenCV 实现

在 OpenCV 和 NumPy 中提供了多个函数用于实现图像空间和频域的变换，图像信号即二维数组，对数组的操作和运算即为对图像的操作和运算。

### 5.4.1 图像的几何变换实现

(1) 图像的缩放

resize () 函数的语法如下：

```
dst = cv2.resize(src,dsize,fx,fy,interpolation)
```

参数说明：

src：原始图像。

dsize：输出图像大小，单位为像素。

fx：可选参数，水平方向的缩放比例。

fy：可选参数，竖直方向的缩放比例。

interpolation：可选参数，缩放的插值方式。

dst：缩放后的图像。

**实例 5.1：** 使用 resize（）函数对图形进行比例缩放。

分别按输出图像大小和比例设置完成缩放功能的代码如下：

```
import cv2
img = cv2.imread("../image/demo.png")  # 读取图像,默认在 image 目录下
dst1 = cv2.resize(img,(100,100))  # 按照宽 100 像素、高 100 像素的大小进行缩放
dst2 = cv2.resize(img,(400,400))  # 按照宽 400 像素、高 400 像素的大小进行缩放
cv2.imshow("img",img)  # 显示原图
cv2.imshow("dst1",dst1)  # 显示缩放图像
cv2.imshow("dst2",dst2)
dst3 = cv2.resize(img,None,fx = 1/3,fy = 1/2)  # 将宽缩小到原来的 1/3,高缩小到原来的 1/2
cv2.imshow("dst3",dst3)  # 显示缩放图像
cv2.waitKey()  # 按下任意键盘按键后
cv2.destroyAllWindows()  # 释放所有窗体
```

程序执行结果如图 5.20 所示。

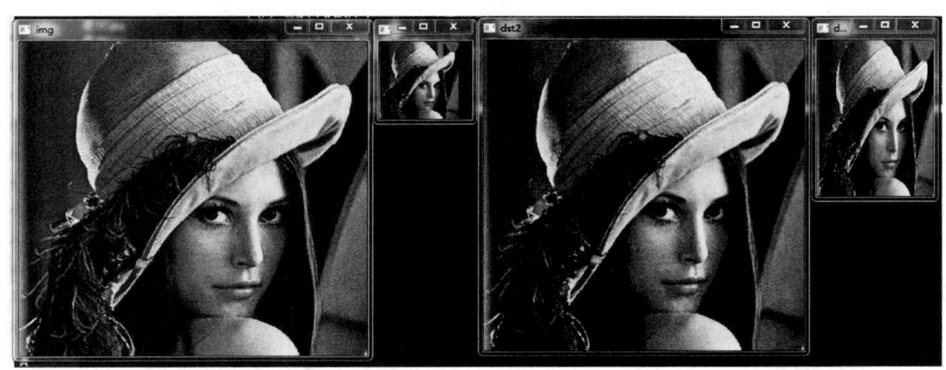


图 5.20　图像缩放效果

（2）图像的翻转

OpenCV 通过 cv2.flip（）方法实现翻转效果，其语法如下：

```
dst = cv2.flip(src,flipCode)
```

参数说明：

src：原始图像。

flipCode：翻转类型，其值如表 5.1 所示。

dst：翻转后的图像。

**表 5.1　flipCode 参数值及其含义**

| 参数值 | 含　义 |
|---|---|
| 0 | 沿着 $X$ 轴翻转 |
| 正数 | 沿着 $Y$ 轴翻转 |
| 负数 | 同时沿着 $X$ 轴、$Y$ 轴翻转 |

**实例 5.2**：完成图像翻转。

实现三种翻转效果的代码如下：

```
import cv2
img = cv2.imread("../image/3.1-01.png")  #读取图像
dst1 = cv2.flip(img,0)   # 沿X轴翻转
dst2 = cv2.flip(img,1)   # 沿Y轴翻转
dst3 = cv2.flip(img,-1)   # 同时沿X轴、Y轴翻转
cv2.imshow("img",img)   # 显示原图
cv2.imshow("dst1",dst1)   # 显示翻转之后的图像
cv2.imshow("dst2",dst2)
cv2.imshow("dst3",dst3)
cv2.waitKey()   # 按下任意键盘按键后
cv2.destroyAllWindows()   # 释放所有窗体
```

图像翻转效果如图 5.21 所示，其中 dst1 为沿 $X$ 轴旋转，dst2 为沿 $Y$ 轴翻转，dst3 为同时沿 $X$ 轴和 $Y$ 轴翻转。

图 5.21　图像翻转效果

(3) 图像的仿射变换

常见的仿射变换效果包含平移、旋转和倾斜，如图 5.22 所示。

OpenCV 通过 cv2.warpAffine () 方法实现仿射变换效果，其语法如下：

```
dst = cv2.warpAffine(src,M,dsize,flags,borderMode,borderValue)
```

参数说明：

src：原始图像。

M：一个 2 行 3 列的矩阵，根据此矩阵的值变换原图中的像素位置。

dsize：输出图像的尺寸大小。

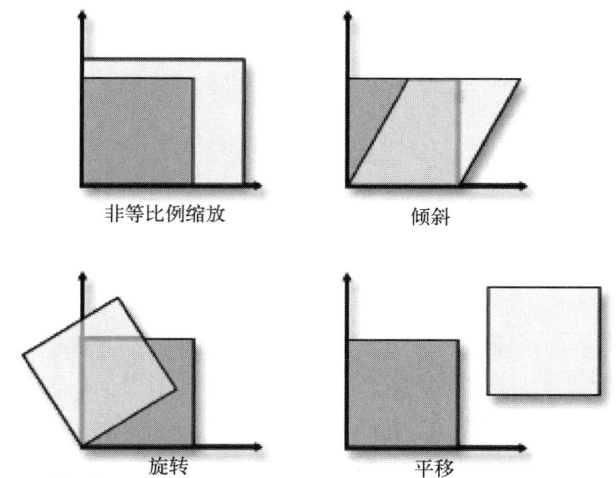

图 5.22　图像仿射变换类型

flags：可选参数，差值方式。

borderMode：可选参数，边界类型。

borderValue：可选参数，边界值。

dst：经过仿射变换后输出图像。

$M$ 也叫作仿射矩阵，实际上就是一个 2×3 的列表，其格式如下：

M = [[a,b,c],[d,e,f]]

图像作何种仿射变换完全取决于 $M$，仿射变换输出的图像会按照以下程序计算：

新 x = 原 x * a + 原 y * b + c

新 y = 原 x * d + 原 y * e + f

原 $x$ 和原 $y$ 表示原始图像中像素的横、纵坐标，新 $x$ 与新 $y$ 表示同一个像素经过仿射变换后在新图像中的横坐标和纵坐标。

**实例 5.3**：完成图像仿射变换。

实现图像平移、旋转和倾斜的代码如下：

```
import cv2
import numpy as np
img = cv2.imread("../image/3.1-01.png")  # 读取图像
rows = len(img)  # 图像像素行数
cols = len(img[0])  # 图像像素列数
M = np.float32([[1,0,50],[0,1,100]])  # 横坐标向右移动 50 像素，纵坐标向下移动 100 像素
dst = cv2.warpAffine(img,M,(cols,rows))
cv2.imshow("img",img)  # 显示原图
cv2.imshow("dst1",dst)  # 显示仿射变换效果
center = (rows / 2,cols / 2)  # 图像的中心点
M = cv2.getRotationMatrix2D(center,30,0.8)  # 以图像中心点为中心，逆时针旋转 30 度，缩放 0.8 倍
dst = cv2.warpAffine(img,M,(cols,rows))  # 按照M进行仿射
cv2.imshow('dst2',dst)  # 显示仿射变换效果
p1 = np.zeros((3,2),np.float32)  # 32 位浮点型空列表，原图三个点
p1[0] = [0,0]  # 左上角点坐标
```

```
p1[1] = [cols-1,0]   # 右上角点坐标
p1[2] = [0,rows-1]   # 左下角点坐标
p2 = np.zeros((3,2),np.float32)   # 32 位浮点型空列表,倾斜图三个点
p2[0] = [50,0]   # 左上角点坐标,向右挪 50 像素
p2[1] = [cols-1,0]   # 右上角点坐标,位置不变
p2[2] = [0,rows-1]   # 左下角点坐标,位置不变
M = cv2.getAffineTransform(p1,p2)   # 根据三个点的变化轨迹计算出M
dst = cv2.warpAffine(img,M,(cols,rows))   # 按照M进行仿射变换
cv2.imshow("dst3",dst)   # 显示仿射变换效果
cv2.waitKey()   # 按下任何键盘按键后
cv2.destroyAllWindows()   # 释放所有窗体
```

平移、旋转、倾斜之后的效果如图 5.23 所示。

图 5.23　图像仿射变换效果

### 5.4.2　图像的运算实现

（1）图像的加法运算

**实例 5.4**：完成图像的加法运算

可以通过“+”和 add（）方法完成图像加法运算，具体代码为：

```
import cv2
img = cv2.imread("../image/3.1-01.png",0)   # 读取原始图像
sum1 = img + img   # 使用运算符相加
sum2 = cv2.add(img,img)   # 使用方法相加
cv2.imshow("img",img)   # 展示原图
cv2.imshow("sum1",sum1)   # 展示运算符相加结果
cv2.imshow("sum2",sum2)   # 展示方法相加结果
cv2.waitKey()   # 按下任意键盘按键后
```

```
cv2.destroyAllWindows()   # 释放所有窗体
```

为了便于展示区别，首先将原始图像作为灰度图像读入内存，图像相加后的结果如图5.24所示，从结果可以看出“+”运算结果sum1如果像素值超出255，会取除以255的余数，也就是取模运算，像素值相加后反而变小，颜色变深。而使用add（）方法的运算结果sum2如果像素值超过255，就取值为255，很多浅色像素相加后变成了纯白色。

图5.24　图像加法运算结果

（2）图像的位运算

① 图像的按位取反运算。按位取反运算是一种单目运算，OpenCV提供bitwise_not（）方法来对图像作按位取反运算，语法如下：

```
dst = cv2.bitwise_not(src,mask)
```

参数说明：

src：参与运算的图像。

mask：可选参数，掩模。

dst：按位取反运算之后的结果图像。

**实例5.5：**图像的按位取反运算。对原图像进行按位取反运算，结果如图5.25所示，具体代码如下：

```
import cv2
lena = cv2.imread("../image/3.1-01.png",0)   # 读取图像
img = cv2.bitwise_not(lena)   # 按位取反运算
cv2.imshow("lena",lena)   # 展示原图像
cv2.imshow("img",-lena)   # 展示按位取反运算结果
cv2.waitKey()   # 按下任意键盘按键
cv2.destroyAllWindows()   # 释放所有窗体
```

图5.25　图像按位取反运算结果

② 图像的异或运算。OpenCV 提供 bitwise _ xor () 方法，语法和 bitwise _ not () 方法类似。

**实例 5.6**：图像的异或运算。

异或运算的程序代码如下：

```
import cv2
import numpy as np
lena = cv2. imread(". . /image/3. 1-01. png")  # 原始图像
m = np. zeros(lena. shape,np. uint8)  # 相等大小的零值图像
m[150:200,:,:] = 255  # 横着的白色区域
m[:,180:280,:] = 255  # 竖着的白色区域
img = cv2. bitwise_xor(lena,m)  # 两幅图像做异或运算
cv2. imshow("lena",lena)  # 展示原始图像
cv2. imshow("mask",m)  # 展示零值图像
cv2. imshow("img",img)  # 展示异或运算结果
cv2. waitKey()  # 按下任意键盘按键后
cv2. destroyAllWindows()  # 释放所有窗体
```

图像异或运算的结果如图 5.26 所示，异或运算执行一次可以得到一个结果，再执行第二次又会还原成最初值，利用这个特点可以进行图像加密。

图 5.26　图像异或运算操作结果

### 5.4.3　图像的频域变换实现

使用 NumPy 模块的 fft 方法可以实现图像的空间域和频域相互转换，其语法为：

```
dst = fft. fft2(a,s = None,axes = (-2,-1),norm = None)
```

参数说明：

a：array _ like，类数组，输入数组，可以很复杂。

s：整数序列。输出的形状（每个变换轴的长度）。

axes：可选参数，整数序列，FFT 计算的轴。

norm：可选参数，包括“backward”“ortho”“forward”，指示前向变换缩放方向、使用何种归一化因子以及后向变换缩放方向。

dst：返回数组。

**实例 5.7**：完成图像的频域变换操作。

① 使用 fft. fft2 完成频域变换。为了方便空间与频率对应，将原始图片处理成 800 像素×600 像素，生成 lena800600. png，完成空间域到频域的转换，所用代码如下：

```
import cv2
import numpy as np
from matplotlib import pyplot as plt    #绘图模块
img1 = cv2. imread('. . /image/lena800600. png',0)    #读入灰度
width = 800
height = 600
f = np. fft. fft2(img1)    #频域变换
print(f)
fshift = np. fft. fftshift(f)    #坐标转换
fimg = np. log(np. abs(fshift))    #像素值归一
plt. subplot(121),plt. imshow(img1,'gray'),plt. title('Original')
plt. axis('off')
plt. subplot(122),plt. imshow(fimg,'gray'),plt. title('Fourier')
plt. axis('off')
plt. show()
```

频域变换结果如图 5.27 所示。

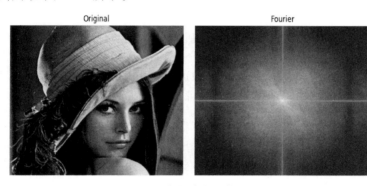


图 5.27　图像频域变换结果（一）

频域图像表示，图像主体集中在低频部分，边缘部分在频域中主要是高频分量，沿横轴和纵轴的两条亮线说明大多数灰度级别都存在边缘高频分量。

② 叠加固定频率图像观察频域结果。将原图像叠加定频噪声后，频域图像出现变化，执行代码如下：

```
import cv2
import numpy as np
from matplotlib import pyplot as plt    #绘图模块
img1 = cv2. imread('. . /image/lena800600. png',0)    #读入灰度
width = 800
height = 600
img0 = np. zeros((height,width),np. uint8)
for i in range(0,height,60):
img0[i:i + 20,:] = 255
img2 = cv2. add(img0,img1)
f = np. fft. fft2(img2)
fshift = np. fft. fftshift(f)
fimg = np. log(np. abs(fshift))
```

```
plt.subplot(121),plt.imshow(img2,'gray'),plt.title('Original')
plt.axis('off')
plt.subplot(122),plt.imshow(fimg,'gray'),plt.title('Fourier')
plt.axis('off')
plt.show()
```

执行的结果如图 5.28 所示。

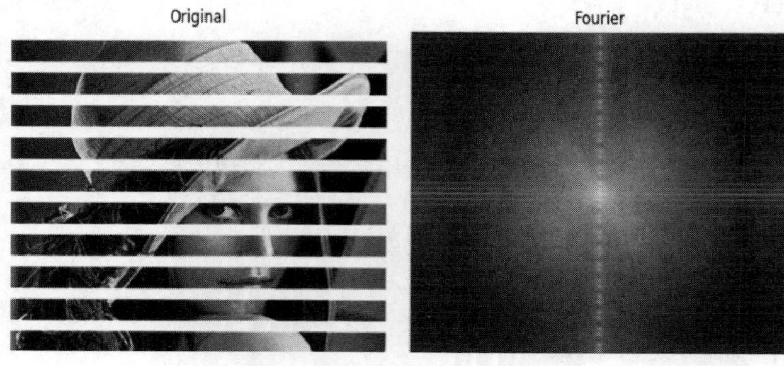


图 5.28 图像频域变换结果（二）

通过结果可以看出，叠加了定频图像之后，图像主体边缘在垂直方向不连续，频域图像在垂直方向出现间断的亮点。

③ 图像频域反变换。下面来解决反变换的问题，通过改变图像频域来反过来影响空间域图像。为频域图像人为添加两个定频高能量点，在空间域反变换后会出现与之对应的效果。在实例 5.7①的基础上，实现频域图像更改。代码如下：

```
import cv2
import numpy as np
from matplotlib import pyplot as plt    #绘图模块
img1 = cv2.imread('../image/3.1-01.png',0)    #读入灰度
width = 800
height = 600
f = np.fft.fft2(img1)    #频域变换
print(f)
fshift = np.fft.fftshift(f)    #坐标转换
fshift[200:202,150:152] = 5000000 + 5000000j
fimg = np.log(np.abs(fshift))    #像素值归一
ishift = np.fft.ifftshift(fshift)
iimg = np.fft.ifft2(ishift)
iimg = np.abs(iimg)
plt.subplot(131),plt.imshow(img1,'gray'),plt.title('Original')
plt.axis('off')
plt.subplot(132),plt.imshow(fimg,'gray'),plt.title('Fourier')
plt.axis('off')
plt.subplot(133),plt.imshow(iimg,'gray'),plt.title('Fourier')
plt.axis('off')
plt.show()
```

反变换后的结果如图 5.29 所示。

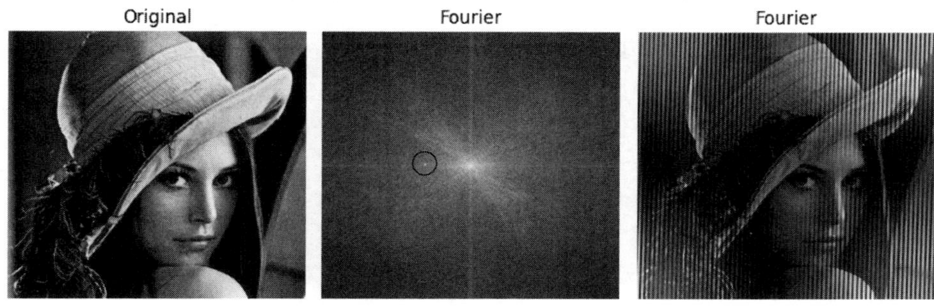


图 5.29　图像频域反变换结果

从图 5.29 中结果可以看出，在频域图像中增加了定频能量点之后，反变换回空间域图像，会出现定频条纹。

### 5.4.4　图像的卷积运算实现

图像卷积的 OpenCV 实现主要是为图像增强、滤波和分割提供理论基础。OpenCV 为常用滤波器提供了对应的方法；对于自定义的滤波器，可以使用 OpenCV 的滤波函数完成卷积操作。filter2D () 函数使用语法为（省去了参数类型）：

```
dst = cv.filter2D(src,ddepth,kernel[,dst[,anchor[,delta[,borderType]]]])
```

参数说明：

src：原图像。

dst：目标图像，值为－1 时与原图像尺寸和通道数相同。

ddepth：目标图像的所需深度。

kernel：卷积核（或相当于相关核），单通道浮点矩阵。如果要将不同的内核应用于不同的通道，请使用拆分将图像拆分为单独的颜色平面，然后单独处理它们。

anchor：内核的锚点，指示内核中过滤点的相对位置。锚应位于内核中，默认值（－1,－1）表示锚位于内核中心。

delta：在将卷积结果存储在 dst 中之前，将可选值添加到已过滤的像素中。类似于偏置。

borderType：边缘类型，选择示意图见图 5.30。

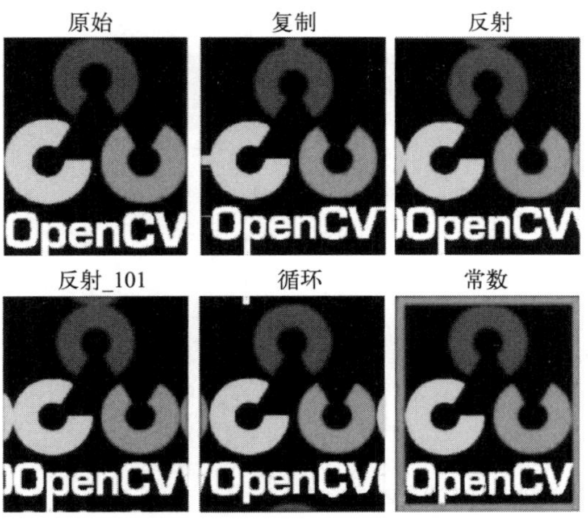


图 5.30　边缘类型选择示意图

**实例 5.8**：完成对应滤波核卷积运算。

所采用的滤波核为$\frac{1}{9}\begin{bmatrix}1 & 1 & 1\\1 & 1 & 1\\1 & 1 & 1\end{bmatrix}$均值滤波核，对原始图像进行卷积运算，程序代码为：

```
# 基本卷积操作
import cv2 as cv
import numpy as np
img = cv.imread('../image/img.png')
# 定义卷积核
kernel = np.ones((3,3),np.float32)/9
# 卷积操作,-1表示通道数与原图像相同
dst = cv.filter2D(img,-1,kernel)
# 两张图片横向合并,便于对比显示
result = np.hstack((img,dst))
cv.imshow('result',result)
cv.waitKey(0)
cv.destroyAllWindows()
```

所得到的结果如图 5.31 所示，右侧图像有明显的模糊效果。

图 5.31　图像卷积运算

# 第6章 图像增强与复原

图像增强（image enhancement）是数字图像处理技术中最基本的内容之一，是相对于图像识别、图像理解而言的一种前期处理，其主要目的是：将图像转化成一种更适合于人或计算机进行分析处理的形式；运用一系列技术手段改善图像的视觉效果，提高图像清晰度。因此，提高图像质量是图像增强的根本目的。图像复原（image restoration）与图像增强技术一样，也是一种提高图像质量的技术。在图像的获取和传输过程中，由于成像系统和传输介质等方面的原因，将不可避免地存在图像质量的下降（退化）。图像的复原就是根据事先建立起来的图像退化模型，将降质了的图像以最大的保真度进行恢复的图像处理技术。

## 6.1 图像增强与图像复原技术概述

### 6.1.1 图像增强的体系结构

在实际应用中，无论采用何种输入装置采集的图像，由于噪声、光照等原因，图像的质量往往不能令人满意。例如，检测对象物的边缘过于模糊；在一幅图像上发现多了不知来源的黑点或白点；图像存在失真、变形等。所以，图像增强处理的任务是突出预处理图像中的有用信息，按需要进行适当的变换，扩大图像中不同物体特征之间的差别，如对边缘、轮廓、对比度等进行强调或锐化，去除或削弱无用的信息如噪声、波纹等以便于显示、观察或进一步分析与处理。

图像增强处理方法根据图像增强处理所在的空间不同，可分为基于空间域的增强方法和基于频域的增强方法两类。空间域（spatial domain）处理方法是在图像像素组成的二维空间里直接对每一个像素的灰度值进行处理，它可以是一幅图像内像素点之间的运算处理，也可以是多幅图像相应像素点之间的运算处理。频域（frequency domain）处理方法是在图像的变换域对图像进行间接处理。其特点是先将图像进行变换，在空间域对图像做傅里叶变换得到它的频谱，按照某种变换模型完成图像由空间域到频域的转换，然后在频域内对图像进行低通或高通频域滤波处理。处理完之后，再将其反变换到空间域，如图6.1所示。其中低通滤波用于滤除噪声，高通滤波用于增强边缘和轮廓信息。

图像增强技术按所处理的对象不同还可分为灰度图像增强和彩色图像增强；按增强的目的还可分为光谱信息增强、空间纹理信息增强和时间信息增强。图像增强技术的体系结构如图6.2所示。

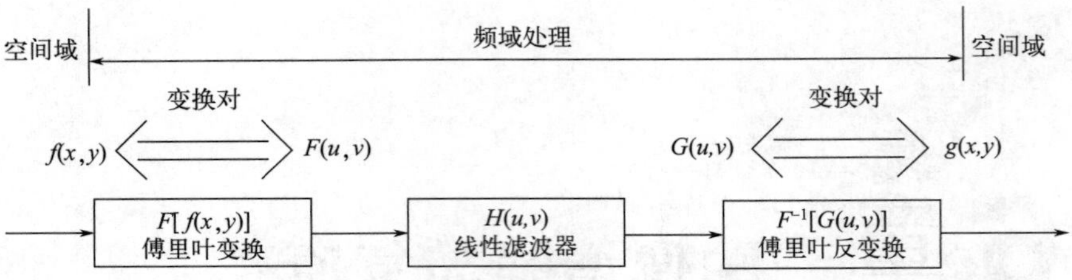


图 6.1　图像的空间域与频域变换处理流程框图

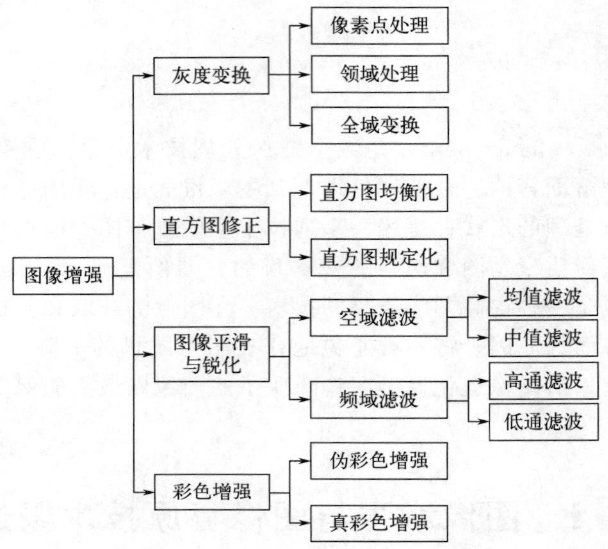


图 6.2　图像增强技术的体系结构

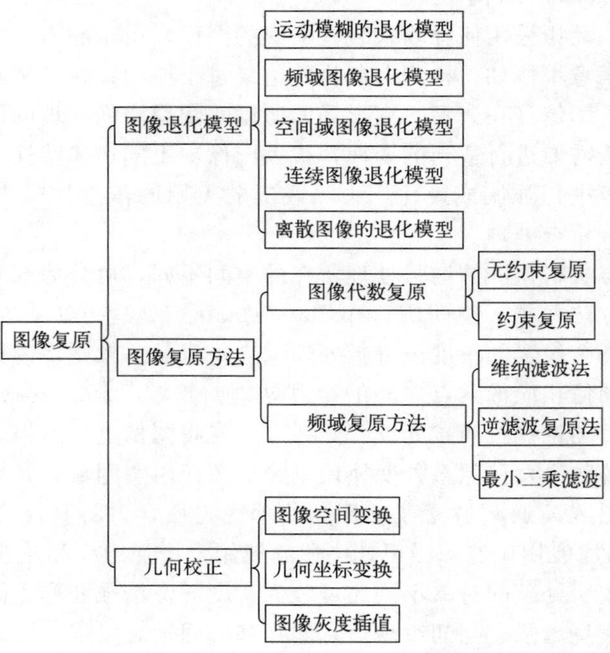


图 6.3　图像复原技术的体系结构

### 6.1.2 图像复原的体系结构

虽然图像复原和前面讨论的图像增强的目的都是提高图像质量，但提高的方法和评价的标准则不同。他们之间是有区别的，图像增强是突出图像中感兴趣的特征，衰减那些不需要的信息，因此它不考虑图像退化的真实物理过程，增强后的图像也不一定去逼近原始图像；而图像复原则是针对图像的退化原因设法进行补偿，这就需要对图像的退化过程有一定的先验知识，利用图像退化的逆过程去恢复原始图像，使复原后的图像尽可能地接近原图像。

图像复原技术的主要结构如图 6.3 所示。

## 6.2 灰度变换

在图像处理中，图像灰度变换和直方图修正属于点运算（point operation）范畴，点运算的概念是：当变换算子 $T$ 的作用域是以每一个单个像素为单位，图像的输出 $g(x,y)$ 只与位置 $(x,y)$ 处的输入 $f(x,y)$ 有关，实现的是像素点到点的处理时，称这种运算为点运算。点运算的表达式见式(6.1)：

$$\begin{cases} s=T(r) \\ g(x,y)=T[f(x,y)] \end{cases} \tag{6.1}$$

式中，$r$ 和 $s$ 分别为输入、输出像素的灰度值；$T$ 即灰度变换函数的映射关系。通过上述式子可将原图像 $(x,y)$ 处的灰度 $f(x,y)$ 变为 $T[f(x,y)]$，$T$ 算子描述了输入灰度值和输出灰度值之间的映射关系。点运算有时又被称为“灰度变换”“对比度拉伸”或“对比度增强”。

灰度变换是图像增强的一种重要手段，用于改善图像显示效果，属于空间域处理方法，它可使图像动态范围加大，使图像对比度扩展，图像更加清晰，特征更加明显。灰度变换的实质就是按一定的规则修改图像每一个像素的灰度，从而改变图像灰度的动态范围。灰度变换按映射函数不同可分为线性、非线性，以及其他类型等。常见的灰度变换就是直接修改灰度的输入输出映射关系，因此灰度变换函数的形式唯一地确定了点运算的效果。

### 6.2.1 灰度线性变换

(1) 图像反转

图像反转简单地说就是使黑变白，使白变黑，将原始图像的灰度值进行反转，使输出图像的灰度随输入图像的灰度增加而减少。这种处理对增强嵌入在暗背景中的白色或灰色细节特别有效，尤其在图像中黑色为主要部分时效果明显。图像反转数学原理如图 6.4。

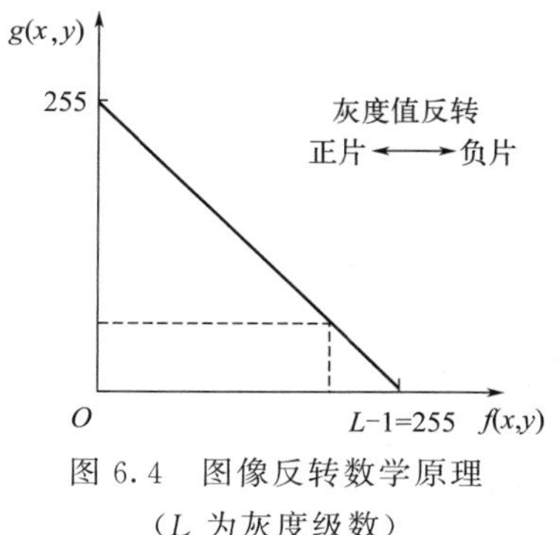


图 6.4 图像反转数学原理
（$L$ 为灰度级数）

根据图像反转的变换关系，由直线方程斜截式可知，当 $k=-1, b=L-1$ 时，表达式为

$$g(x,y)=kf(x,y)+b=-f(x,y)+(L-1) \tag{6.2}$$

式中，$[0,L-1]$ 为图像灰度范围。

(2) 比例线性灰度变换

比例线性灰度变换是在每个线性段逐个对像素进行处理，它可将原图像灰度值动态范

第6章 图像增强与复原

围按线性关系式扩展到指定范围或整个动态范围。

在实际运算中，假定给定的是两个灰度区间，如图 6.5(a) 所示，原图像 $f(x,y)$ 的灰度范围为 $[a,b]$，希望变换后的图像 $g(x,y)$ 的灰度范围扩展为 $[c,d]$，则采用如式(6.3) 线性变换来实现：

$$g(x,y)=\frac{d-c}{b-a}[f(x,y)-a]+c \tag{6.3}$$

即要把输入图像的某个灰度区间 $[a,b]$ 扩展为输出图像的灰度区间 $[c,d]$。比例线性灰度变换可对图像每一个像素灰度做线性拉伸，有效地改善图像视觉效果。

若图像灰度在 $0\sim M$ 范围内，其中大部分像素的灰度分布在区间 $[a,b]$ 内，很少一部分像素的灰度值超出此区间。为改善增强效果，可令

$$g(x,y)=\begin{cases} c & 0\leqslant f(x,y)<a \\ \dfrac{d-c}{b-a}[f(x,y)-a]+c & a\leqslant f(x,y)\leqslant b \\ d & b<f(x,y)\leqslant M \end{cases} \tag{6.4}$$

该式的映射关系可用图 6.5(b) 表示。

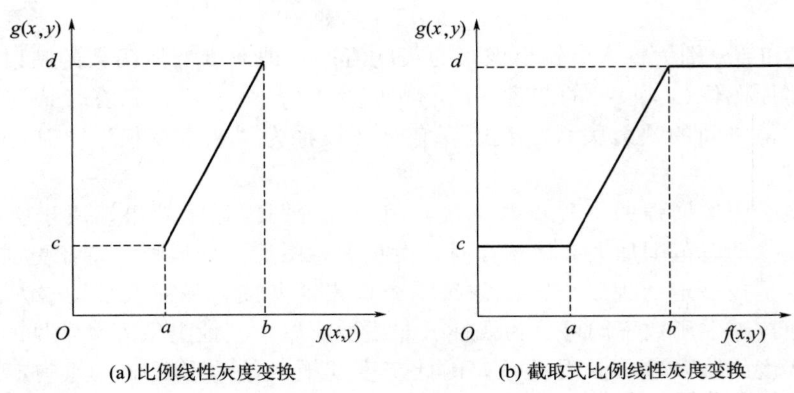


图 6.5　比例线性灰度变换关系

**注意**：这种变换扩展了 $[a,b]$ 区间的灰度，但是将小于 $a$ 和大于 $b$ 范围内的灰度分别压缩为 $c$ 和 $d$，这样使图像灰度级在上述两个范围内的像素都变成 $c$、$d$ 灰度值分布，从而截取这两部分信息。

(3) 分段线性灰度变换

为了突出图像中感兴趣的目标或者灰度区间，将图像灰度区间分成两段乃至多段分别做线性变换称为分段线性灰度变换。图 6.6 是分为三段的分段线性灰度变换。

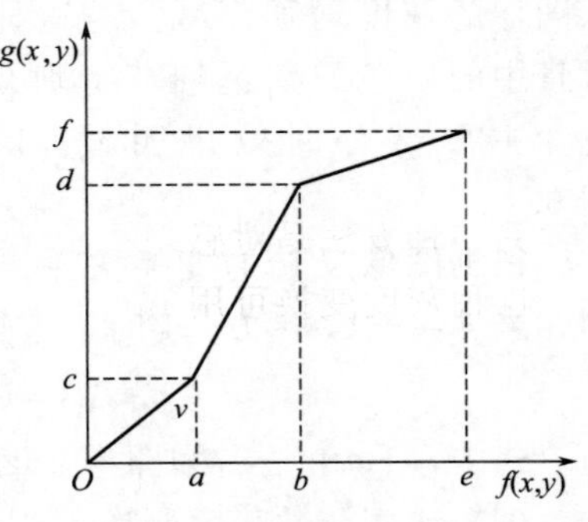


图 6.6　分段线性灰度变换

分段线性灰度变换的优点是可以根据用户的需要，拉伸特征物体的灰度细节，相对抑制不感兴趣的灰度值。采用分段线性法，可将需要的图像细节灰度值拉伸，增强对比度，将不需要的细节灰度值压缩。其数学表达式见式(6.5)：

$$g(x,y)=\begin{cases}\dfrac{c}{a}f(x,y) & 0\leqslant f(x,y)<a\\ \dfrac{d-c}{b-a}[f(x,y)-a]+c & a\leqslant f(x,y)\leqslant b\\ \dfrac{f-d}{e-b}[f(x,y)-b]+d & b<f(x,y)\leqslant e\end{cases}\tag{6.5}$$

(4) 灰级窗

灰级窗，实际上是通过一个映射关系，将灰度值落在一定范围内的目标进行对比度增强，这就好像开窗观察只落在窗内视野中的目标内容一样。其将原图中灰度值分布在 $[a,b]$ 范围内的像素值映射到 [0, 255] 范围内，由此使该范围内的景物对比度展宽而更加清晰，便于观察。灰级窗映射计算公式见式(6.6)：

$$g(x,y)=\begin{cases}\dfrac{255}{b-a}[f(x,y)-a] & a\leqslant f(x,y)<b\\ 0 & \text{其他}\end{cases}\tag{6.6}$$

其对应的示意图如图 6.7 所示。同理也可进行多层灰级窗处理。

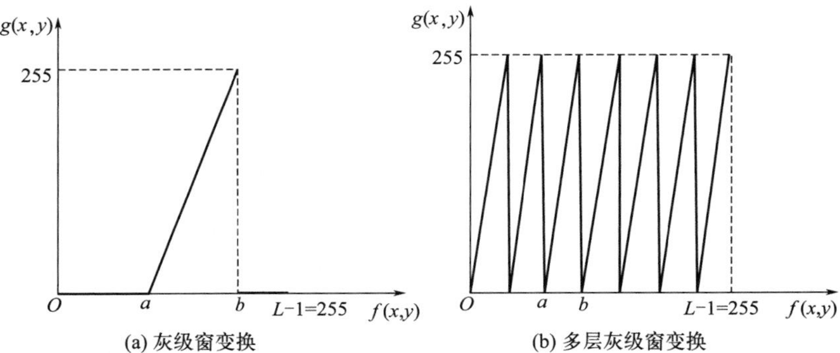


图 6.7　灰级窗函数映射关系图

(5) 灰度级的分层

为了突出图像的某些特定的灰度范围，可对灰度级进行分层处理，灰度级分层的目的与对比度增强的目的相似。

灰度级分层一般有两种，一种是对感兴趣区域以较大的灰度值 $d$ 进行显示，而对另外的区域则以较小的灰度值 $c$ 进行显示，从而突出了 $[a,b]$ 间的灰度，而将其余灰度值变为低灰度值 $c$。图 6.8(a) 所示是这种灰度级分层变换。该变换函数可用式(6.7)表述：

$$g(x,y)=\begin{cases}d & a\leqslant f(x,y)\leqslant b\\ c & \text{其他}\end{cases}\tag{6.7}$$

另一种方法是对感兴趣的区域以较大的灰度值 $d$ 进行显示，而其他的区域则保持不变。这种灰度变换可用下式来描述，其变换关系如图 6.8(b) 所示。

$$g(x,y)=\begin{cases}d & a\leqslant f(x,y)\leqslant b\\ f(x,y) & \text{其他}\end{cases}\tag{6.8}$$

### 6.2.2 灰度非线性变换

当用某些非线性函数，如平方、对数、指数函数等作为映射函数时，可实现图像灰度

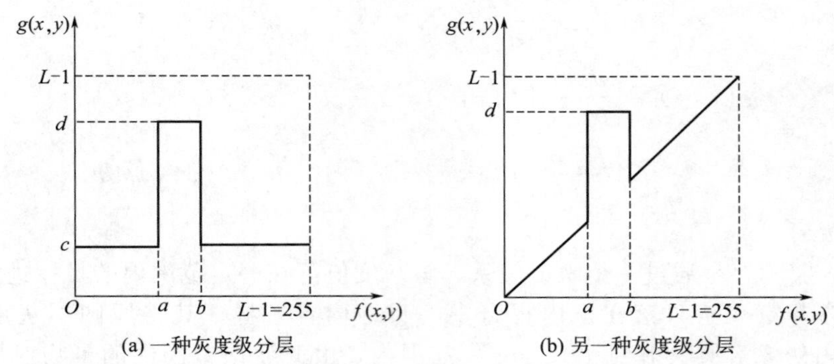


图 6.8　灰度级分层变换关系

的非线性变换，灰度的非线性变换简称非线性变换，是指由 $g(x,y)=T[f(x,y)]$ 这样一个非线性单值函数所确定的灰度变换。非线性变换映射函数示例如图 6.9 所示。

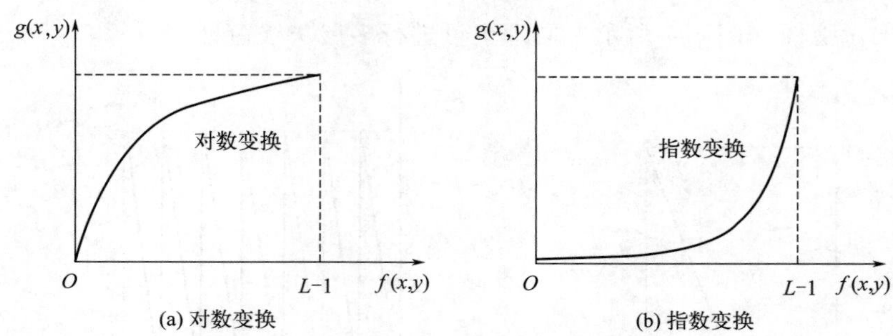


图 6.9　灰度非线性变换关系

（1）对数变换

对数变换常用来扩展低值灰度，压缩高值灰度，这样可以使低值灰度的图像细节更容易看清，从而达到图像增强的效果。

对数非线性变换曲线形式如图 6.9(a) 所示，其表达式见式(6.9)：

$$g(x,y)=C\lg(1+|f(x,y)|) \tag{6.9}$$

式中　　$C$——尺度比例常数；

$1+|f(x,y)|$——为了避免对零求对数。

（2）指数变换

指数变换的一般形式为式(6.10)：

$$g(x,y)=b^{c[f(x,y)-a]}-1 \tag{6.10}$$

这里的 $a$、$b$、$c$ 是为了调整曲线位置和形状的参数。指数变换与对数变换正好相反，它可用来压缩低值灰度区域，扩展高值灰度区域，但由于与人的视觉特性不太相同，因此不常采用。

## 6.3　直方图修正

在图像处理中，点运算包括图像灰度变换和直方图修正（histogram modification）。直方图修正是图像增强实用而有效的处理方法之一。本节将对直方图修正中直方图的定义与性质、直方图的计算、直方图的均衡化等内容做详细介绍。

### 6.3.1 直方图的定义与性质

(1) 直方图的定义

图像的直方图是图像的重要统计特征，如图 6.10 是表示数字图像中每一灰度值与该灰度值出现的频数（该灰度像素的数目）间的统计关系。灰度值相对频数计算可表示为式(6.11)：

$$p(r)=\frac{P(r)}{N}\ (r=0,1,2,\cdots,L-1) \tag{6.11}$$

式中 $N$——一幅图像的总像素数；

$P(r)$——灰度值为 $r$ 的像素数；

$r$——具体的灰度值，取值范围为 $[0,\ L-1]$；

$L$——灰度级数，此处为 8 位图像，即 $2^8=256$ 个灰度级；

$p(r)$——$r$ 灰度值出现的相对频数。

对每个灰度值，求出在图像中该灰度值的像素数的图形称为灰度直方图（gray level histogram），或简称直方图。直方图用横轴代表灰度值，纵轴代表该灰度值的像素数。

在图像直方图中 $r$ 代表图像中像素灰度值，若将其作归一化处理，$r$ 的值将限定在下述范围之内：

$$0\leqslant r\leqslant 1 \tag{6.12}$$

此时在灰度值中，$r=0$ 代表黑，$r=1$ 代表白。对于一幅给定的图像来说，每一个像素取得 $[0,1]$ 区间内的灰度值是随机的，也就是说，$r$ 是一个随机变量。假定该随机变量 $r$ 是连续的，那么，就可以用概率密度函数 $p(r)$ 来表示原始图像的灰度分布。如果用直角坐标系的横轴代表灰度值 $r$，用纵轴代表灰度值的概率密度函数 $p(r)$，这样就可以针对一幅图像在这个坐标系中作一曲线，这条曲线在概率论中就是分布密度曲线，如图 6.11 所示。

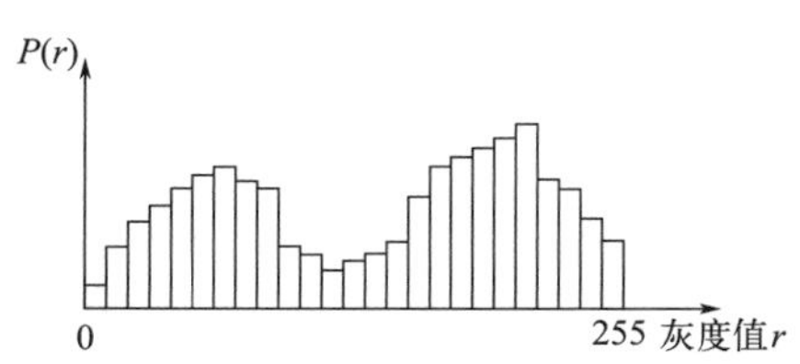


图 6.10 图像的直方图

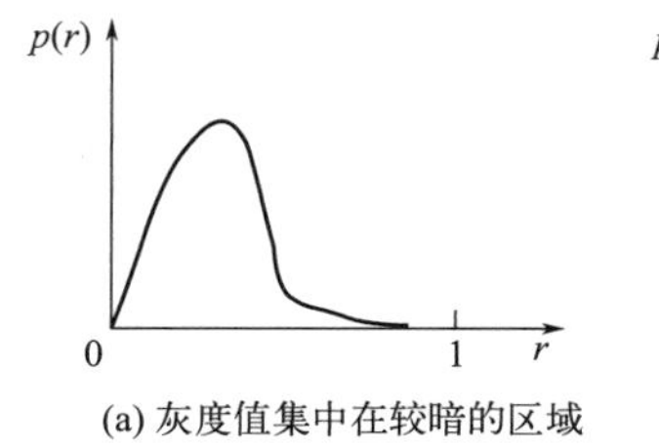


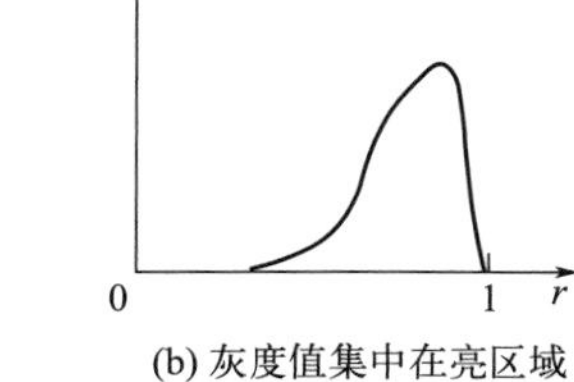


图 6.11 图像灰度分布密度曲线

从图 6.11(a) 和 (b) 的两个灰度分布密度曲线中可以看出，(a) 图像的大多数像素灰度值取在较暗的区域，所以这幅图像整体较暗，一般在摄影过程中曝光太弱就会造成这种结果；而 (b) 图像像素灰度值集中在亮区域，因此该图像将偏亮，一般在摄影中曝光过强将导致这种结果。当然，从两幅图像的灰度分布来看图像的质量均不理想。

(2) 直方图的性质

直方图具有以下三个重要的性质：

① 直方图是图像的一维信息描述。在直方图中，由于它只能反映图像的灰度范围、

灰度的分布、整幅图像的平均亮度等信息，而未能反映图像某一灰度值像素所在的位置，因而失去了图像的（二维特征）空间信息。虽然能知道具有某一灰度值的像素有多少，但这些像素在图像中处于什么样的位置不清楚。故仅从直方图中不能完整地描述一幅图像的全部信息。

② 直方图与图像的映射关系并不唯一（具有多对一的关系）。任意一幅图像都可以唯一地确定出与其对应的直方图，但不同的图像可能有相同的直方图，也就是说，图像与直方图之间是多对一的关系，即一幅图像对应于一个直方图，但是一个直方图不一定只对应一幅图像，几幅图像只要灰度分布密度相同，那么它们的直方图也是相同的。如图 6.12(a) 所示，有 4 幅图像，若有斜线的目标具有同样灰度且斜线面积相等，则完全不同的图像其直方图却是相同的，这就说明不同图像可能具有同样的直方图。

③ 整幅图像的直方图是其各子图像直方图之和（直方图具有可叠加性）。直方图是对具有相同灰度值的像素统计得到的，并且图像各像素的灰度值具有二维位置信息。如图 6.12(b) 所示，已知图像被分割成几个区域后得到各个区域的直方图，则把它们加起来，就可得到这个图像的直方图。因此，一幅图像各子图像的直方图之和就等于该图像全图的直方图。

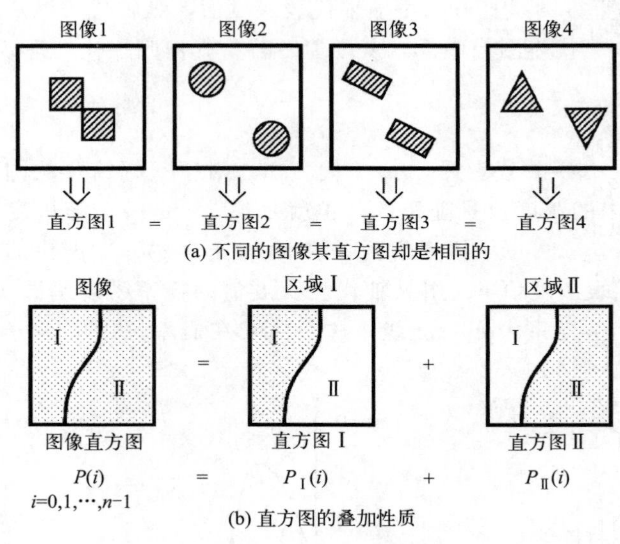


图 6.12 直方图的性质

（3）直方图的分析应用

下面通过观测图 6.13 所示直方图来分析原图像的整体性质。图 6.13(a) 所示直方图表示这幅原图像总体偏暗；图 6.13(b) 所示直方图的原图像总体偏亮；图 6.13(c) 所示直方图表示原图像的动态范围太小，$p$、$q$ 部分的灰度未能被有效地利用，可能导致许多细节分辨不清楚；图 6.13(d) 所示图中各种灰度分布均匀，通常此类图像给人以清晰、明快的感觉。

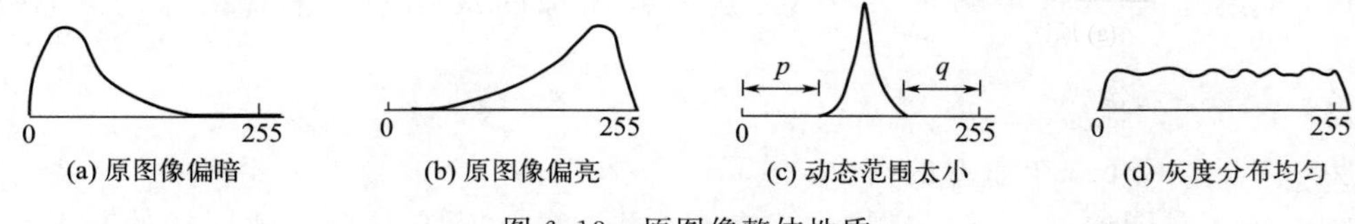


图 6.13 原图像整体性质

图 6.14 表示了图像动态范围的选择与直方图的关系。

由图 6.14(a) 可以看出，256（0～255）个灰度级均被有效地利用了；图 6.14(b) 是图像对比度低的情况，此时，并没有用到 256 个灰度级的全部，带来了实质上的灰度级数降低；图 6.14(c) 是输入图像的灰度分布超过了动态范围的情况，虽然使用了灰度级范围的全体，但由于把图中暗的像素和亮的像素值强制性地置 0，因此，由于限幅作用，灰度改变部分的亮度差别（浓淡变化）消失。

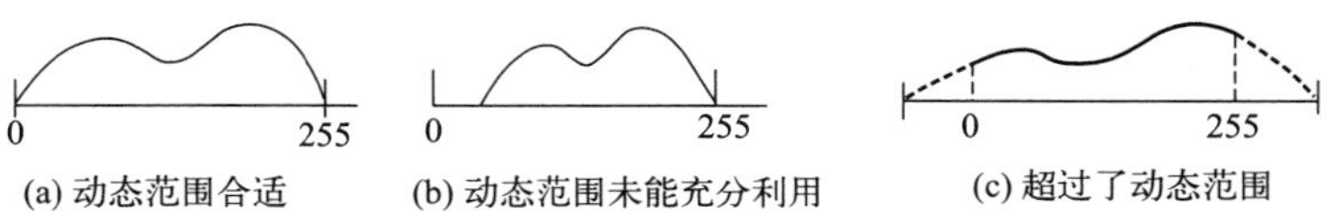


图 6.14 直方图与图像动态范围的选择

由此可知，尽管直方图不能表示出某灰度级的像素在什么位置，也不能直接反映出图像内容，只是对图像给出大致的描述，但是具有统计特性的直方图却能描述该图像的灰度分布特性，使人们从中得到诸如图像的明亮程度、对比度、对象物的可分性等与图像质量有关的灰度分布概貌，从而成为一些图像处理方法的重要依据。同时，对直方图进行分析可以得出一些能反映出图像特点的有用特征。例如，当图像的对比度较小时，它的直方图只在灰度轴上较小的一段区间内非零；较暗的图像由于较多像素的灰度值低，因此直方图的主体出现在低值灰度区间上，在高值灰度区间上的幅度较小或为零，而较亮的图像情况正好相反；看起来清晰柔和的图像，它的直方图分布比较均匀。通常，一幅均匀量化的自然图像如果其直方图分布集中在较窄的低值灰度区间，引起图像的细节看不清楚，则为使图像变得清晰，可以通过变换使图像的灰度范围拉开或使灰度分布在动态范围内趋于均衡化，从而增加反差，使图像的细节清晰，达到图像增强的目的。通过图像直方图修正进行对比度扩展是一种有效的图像增强处理方法。

### 6.3.2 直方图的计算

（1）直方图计算的案例分析

前面已经知道了直方图的定义和性质，以及通过图像直方图的灰度分布来获取原图像相关特征信息的方法。下面通过一个简单的例子来认识一下图像的直方图是如何进行定量计算的。

假设一个图像由一个 4×4 大小的二维数值矩阵构成，如图 6.15(a) 所示，试根据条件写出图像的灰度分布并画出图像的直方图［图 6.15(b)］。

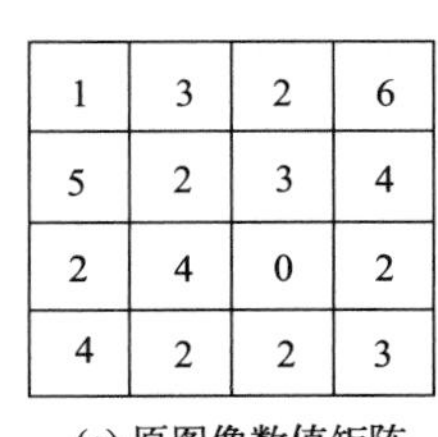

| 1 | 3 | 2 | 6 |
|---|---|---|---|
| 5 | 2 | 3 | 4 |
| 2 | 4 | 0 | 2 |
| 4 | 2 | 2 | 3 |

(a) 原图像数值矩阵

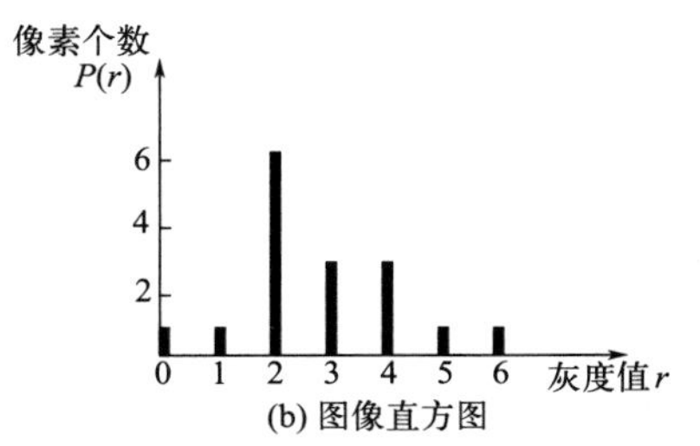


(b) 图像直方图

图 6.15 直方图计算示意图

经过统计，图像中灰度值为 0 的像素有 1 个，灰度值为 1 的像素有 1 个……灰度值为 6 的像素有 1 个。由此得到表 6.1，绘制图像直方图如图 6.15 所示。

**表 6.1　图像的灰度分布**

| 灰度值 $r$ | 0 | 1 | 2 | 3 | 4 | 5 | 6 |
|---|---|---|---|---|---|---|---|
| 像素个数 $P(r)$ | 1 | 1 | 6 | 3 | 3 | 1 | 1 |
| 像素分布 $p(r)$ | 1/16 | 1/16 | 6/16 | 3/16 | 3/16 | 1/16 | 1/16 |

(2) 直方图修正技术的基础

如上所述，一幅给定图像的灰度级经归一化处理后，分布在 $0\leqslant r\leqslant 1$ 范围内。这时可以对 [0,1] 区间内的任一个 $r$ 值进行如下变换：

$$s=T(r) \tag{6.13}$$

也就是说，通过上述变换，每个原始图像的像素灰度值 $r$ 都对应产生一个 $s$ 值。变换函数 $T(r)$应满足下列条件：

① 在 $0\leqslant r\leqslant 1$ 区间内，$T(r)$是单值单调增加；

② 对于 $0\leqslant r\leqslant 1$，有 $0\leqslant T(r)\leqslant 1$。

这里的第一个条件保证了图像的灰度从白到黑的次序不变和反变换函数 $T^{-1}(r)$的存在，第二个条件则保证了映射变换后的像素灰度值在允许的范围内。满足上面两个条件的变换函数关系如图 6.16 所示。

从 $s$ 到 $r$ 的反变换（如图 6.17 所示）可用式(6.14) 表示，同样也满足上述两个条件。

$$r=T^{-1}(s) \tag{6.14}$$

由概率论理论可知，若已知随机变量 $\xi$ 的概率密度为 $p_r(r)$，而随机变量 $\eta$ 是 $\xi$ 的函数，即 $\eta=T'(\xi)$，$\eta$ 的概率密度为 $p_s(s)$，则可以由 $p_r(r)$求出 $p_s(s)$。

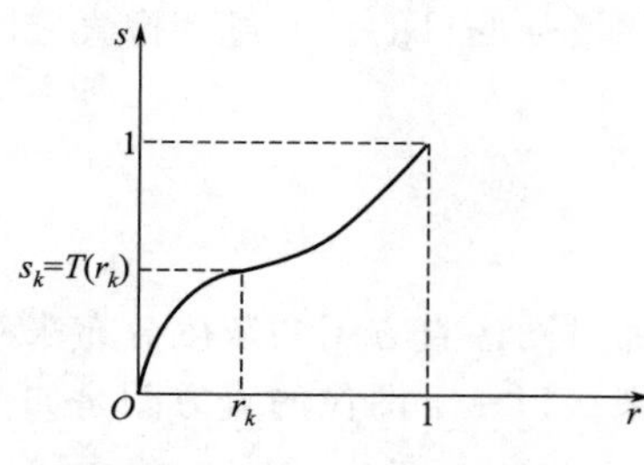


图 6.16　灰度变换函数关系

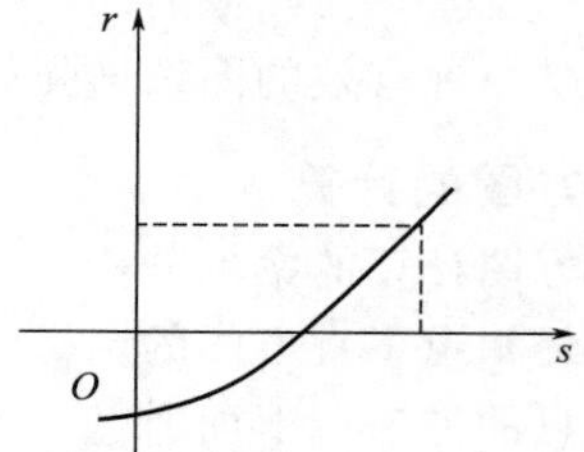


图 6.17　$r$ 和 $s$ 的变换函数关系

因为 $s=T(r)$是单调增加的，由数学分析可知，它的反函数 $r=T^{-1}(s)$也是单调函数。在这种情况下，对于连续情况，设 $p_r(r)$和 $p_s(s)$分别表示原图像和变换后图像的灰度概率密度函数。根据概率论的知识，在已知 $p_r(r)$和变换函数 $s=T(r)$时，反变换函数 $r=T^{-1}(s)$也是单调增长的，则 $p_s(s)$可由下式求出：

$$p_s(s)=p_r(r)\frac{\mathrm{d}r}{\mathrm{d}s}=p_r(r)\frac{\mathrm{d}}{\mathrm{d}s}[T^{-1}(s)]=\left[p_r(r)\frac{\mathrm{d}r}{\mathrm{d}s}\right]_{r=T^{-1}(s)} \tag{6.15}$$

综上所述，通过变换函数 $s=T(r)$可以改变图像灰度的概率密度分布，从而改变图像的灰度层次。这就是直方图修正的理论基础。

### 6.3.3　直方图的均衡化

直方图均衡化（histogram equalization）就是把一已知灰度概率密度分布的图像进行一种变换，使之变成一幅具有均匀灰度概率密度分布的新图像。它是以累积分布函数变换法为基础的直方图修正法。

在前面的讨论中已经知道，清晰柔和的图像的直方图灰度分布比较均匀。为使图像变得清晰，通常可以通过变换使图像的灰度动态范围变大，且让频率较小的灰度级经变换后，其频率变得大一些，使变换后的图像直方图在较大的动态范围内趋于均衡化。直方图均衡化处理是一种修正图像直方图的方法，它通过对直方图进行均衡化修正，可使图像的灰度距离增大或灰度分布均匀、增大反差，使图像的细节变得清晰。

对于连续图像，设 $r$ 和 $s$ 分别表示被增强图像和变换后图像的灰度。为了简单，在下面的讨论中，假定所有像素的灰度都已被归一化了。就是说，当 $r$ 或 $s=0$ 时，表示黑色；当 $r$ 或 $s=1$ 时，表示白色；变换函数 $T(r)$ 与原图像概率密度函数 $p_r(r)$ 之间的关系如下：

$$s=T(r)=\int_0^r p_r(r)\mathrm{d}r \quad (0\leqslant r\leqslant 1) \tag{6.16}$$

式中，$r$ 为积分变量。式(6.16) 的等号右边可以看作是 $r$ 的累积分布函数（CDF），因为 CDF 是 $r$ 的函数，并单调地从 0 增加到 1，所以这一变换函数满足了前面所述的关于 $T(r)$ 在 $0\leqslant r\leqslant 1$ 内单值单调增加，及对于 $0\leqslant r\leqslant 1$，有 $0\leqslant T(r)\leqslant 1$ 这两个条件。

由于累积分布函数是 $r$ 的函数，并且单调地从 0 增加到 1，所以这个变换函数满足对式中的 $r$ 求导，则得到表达式如下：

$$\frac{\mathrm{d}s}{\mathrm{d}r}=p_r(r) \tag{6.17}$$

再把结果代入式(6.15) 中，则得到式(6.18)：

$$p_s(s)=\left[p_r(r)\frac{\mathrm{d}r}{\mathrm{d}s}\right]_{r=T^{-1}(s)}=p_r(r)\left[\frac{1}{\frac{\mathrm{d}s}{\mathrm{d}r}}\right]_{r=T^{-1}(s)}=p_r(r)\frac{1}{p_r(r)}=1 \tag{6.18}$$

由以上推导可见，变换后的变量 $s$ 的定义域内的概率密度是均匀分布的。由此可见，用 $r$ 的累积分布函数作为变换函数可产生一幅均匀分布的灰度概率密度的图像。其结果扩展了像素取值的动态范围。

上面的修正方法是以连续随机变量为基础进行讨论的。为了对图像进行数字处理，必须引入离散形式的公式。

通常把为得到均匀直方图的图像增强技术叫作直方图均衡化处理或直方图线性化处理。式(6.16) 的直方图均衡化累积分布函数的离散形式可由式(6.19) 表示：

$$s_k=T(r_k)=\sum_{i=0}^{k}\frac{n_j}{N}=\sum_{i=0}^{k}p_r(r_j) \quad (0\leqslant r_j\leqslant 1, k=0,1,2,\cdots,L-1) \tag{6.19}$$

其反变换如式(6.20)：

$$r_k=T^{-1}(s_k) \tag{6.20}$$

## 6.4 图像平滑

图像平滑（image smoothing）的主要目的是减少图像噪声。实际获得的图像部分因受到干扰而含有噪声，噪声产生的原因决定了噪声分布的特性及与图像信号的关系。减少噪声的方法可以在空间域或在频域进行。在空间域中进行时，基本方法就是求像素的均值或中值；在频域中则运用低通滤波技术。

一般图像处理技术中常见的噪声有：

① 加性噪声，如图像传输过程中引进的信道噪声、电视或摄像机扫描图像的噪声等。

② 乘性噪声，乘性噪声和图像信号相关，噪声和信号成正比。

③ 量化噪声，这是数字图像的主要噪声源，其大小显示出数字图像和原始图像的差异。减少这种噪声的最好方法就是采用按灰度概率密度函数选择量化级的最优量化措施。

④“盐和胡椒”噪声，如图像切割引起的黑图像上的白点噪声，白图像上的黑点噪声，以及在变换域引入的误差，使图像反变换后造成的变换噪声等。

图像中的噪声往往是和信号交织在一起的，尤其是乘性噪声，如果平滑不当，就会使图像本身的细节如边缘轮廓、线条等模糊不清，从而使图像降质。图像平滑总是要以一定的细节模糊为代价，因此如何尽量平滑掉图像的噪声，又尽量保持图像细节，是图像平滑研究的主要问题之一。

### 6.4.1 滤波原理与分类

（1）空域滤波

空域（空间域）滤波是在图像空间借助模板进行邻域操作完成的，空域滤波器按线性和非线性的特点有：

① 基于傅里叶变换分析的线性空域滤波器；

② 直接对邻域进行操作的非线性空域滤波器。

空域滤波器根据功能主要分成平滑滤波器和锐化滤波器。平滑滤波可用低通滤波实现。图像平滑滤波的目的主要有：

① 消除噪声；

② 去除太小的细节或将目标内的小间断连接起来实现模糊。

锐化滤波可用高通滤波，实现锐化的目的是增强被模糊的细节。

图 6.18(a) 给出原点对称的二维平滑滤波器在空域里的波形示意图，可见平滑滤波器是低通滤波器，在空域中全为正。图 6.18(b) 给出原点对称的二维锐化滤波器在空域里的波形示意图，可见锐化滤波器是高通滤波器，在空域中接近原点处为正，而在远离原点处为负。图 6.18(c) 所示是带通滤波器波形示意图。

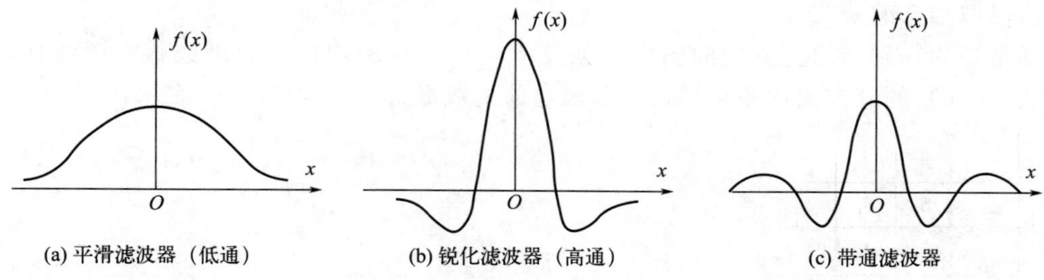


图 6.18 空间域的三种滤波器波形示意图

（2）频域滤波

对空间滤波器工作原理的研究同样也可借助频域来进行分析。它们的基本特点都是让图像在傅里叶空间某个范围内的分量受到抑制而让其他分量不受影响，从而改变输出图像的频率分布，进而达到图像增强的目的，在图像增强中用到的频域滤波器主要有平滑滤波器、锐化滤波器和带通滤波器，如图 6.19 所示。

①平滑滤波器（低通）。它能减弱或消除傅里叶空间的高频分量，但不影响低频分量。

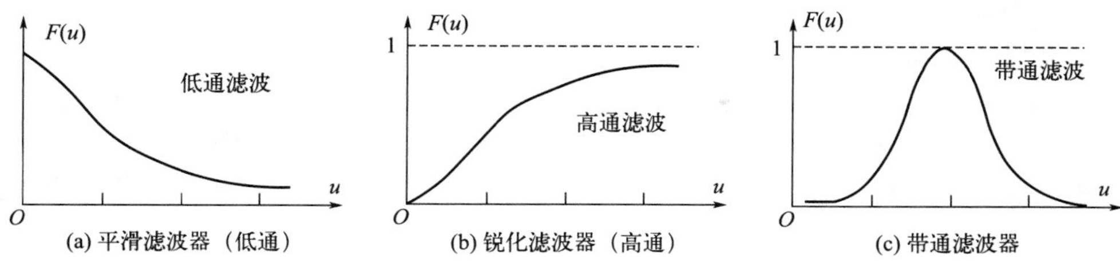


图 6.19　频域平滑、锐化及带通三种滤波器波形示意图

因为为高频分量对应图像中的区域边缘等灰度值较快变化的部分。滤波器将这些分量滤去可使图像平滑。

② 锐化滤波器（高通）。它能减弱或消除傅里叶空间的低频分量，但不影响高频分量。因为低频分量对应图像中灰度值缓慢变化的区域，因而与图像的整体特性，如整体对比度和平均灰度值等有关，高通滤波器将这些分量滤去可使图像锐化。

③ 带通滤波器：它能够减弱或消除傅里叶空间的特定频率分量，高通滤波＋低通滤波可组成带通滤波。

（3）空间域的邻域操作

在图 6.18 中，空间域的各滤波器虽然波形示意图形状不同，但在空间域实现图像滤波的方法是相似的，都是利用模板卷积，即将图像模板下的像素与模板系数乘积求和。主要步骤为：

① 在待处理的图像中逐点移动模板，使模板在图中遍历漫游几乎全部像素（除达不到的边界之外），并将模板中心与图像中某个像素位置重合；

② 将模板上系数与模板下对应像素相乘；

③ 将所有乘积相加；

④ 加权求和后的数值赋给图像中对应模板中心位置的像素。

图 6.20(a) 给出一幅图像的一部分。$s_0, s_1, \cdots, s_8$ 是这些像素的灰度值。现设有 1 个 3×3 的模板如图 6.20(b) 所示，模板内所标为模板系数。如将 $k_0$ 所在位置与图 6.20(a) 中灰度值 $s_0$ 的像素重合（即将模板中心放在图中 $s_0$ 位置），模板的输出响应 $R$ 如式 (6.21)：

$$R = \sum_{i=0}^{N} k_i s_i = k_0 s_0 + k_1 s_1 + \cdots + k_8 s_8 \tag{6.21}$$

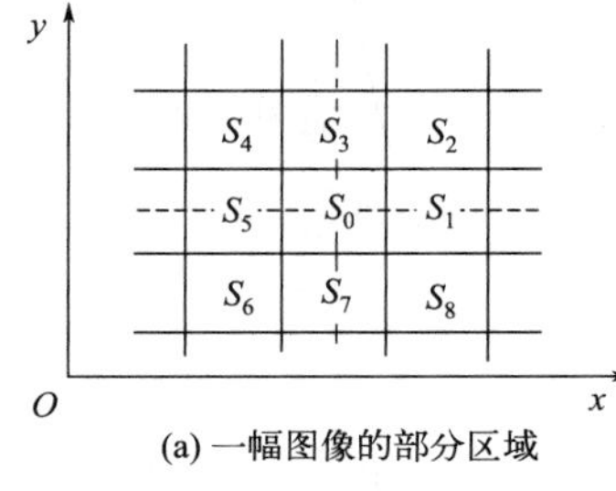


(a) 一幅图像的部分区域

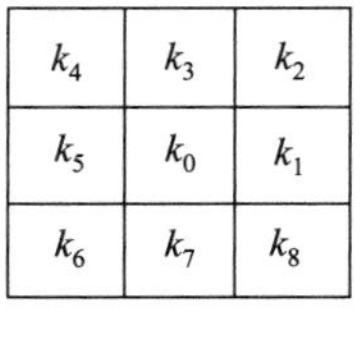


(b) 3×3模板

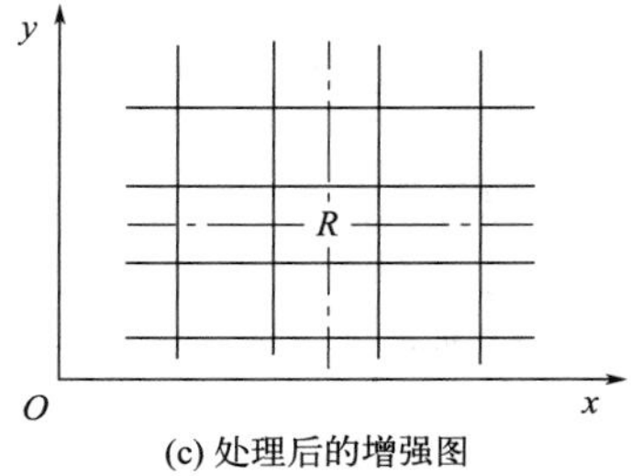


(c) 处理后的增强图

图 6.20　滤波数学原理

将 $R$ 赋给经过卷积增强处理后的增强图，作为在（$x$，$y$）位置的灰度值，如图 6.20(c) 所示。如果对原图像每个像素都如此操作，就可得到空间域增强图像所有位置的新灰度值。在滤波器设计中也是如此，如果给滤波器各个系数 $k_i$ 赋不同的值，就可得到不同

的高通和低通效果。

### 6.4.2 空域低通滤波

将空间域模板用于图像处理，通常称为空域滤波，而空间域模板称为空域滤波器。空间域低通滤波按线性和非线性特点有：线性平滑滤波器、非线性平滑滤波器。

线性平滑滤波器包括均值滤波器（邻域平均法，即均值滤波法），非线性平滑滤波器有中值滤波器（中值滤波法）。

（1）邻域平均法

邻域平均法是一种局部空间域的简单处理算法。这种方法的基本思想是，在图像空间，假定有一幅 $M \times N$ 个像素的原始图像 $f(x,y)$，用邻域内几个像素的平均值去代替图像中的每一个像素点值，经过平滑处理后得到一幅图像 $g(x,y)$。

$g(x,y)$ 由式(6.22) 决定：

$$g(x,y)=\frac{1}{M}\sum_{(m,n)\in S} f(m,n) \quad (x,y=0,1,2,\cdots,N-1) \tag{6.22}$$

式中，$S$ 为 $(x,y)$ 点邻域中点的坐标的集合；$M$ 为集合内坐标点的总数。

图 6.21 给出了两种从图像阵列中选取邻域的方法。图 6.21(a) 的方法是将一个点的邻域定义为以该点为中心的一个圆的内部或边界上的点的集合。图中像素间的距离为 $\Delta x$，选择 $\Delta x$ 为半径作圆，那么，点 $R$ 的灰度值就是圆周上 4 个像素灰度值的平均值。图 6.21(b) 是选$\sqrt{2}\Delta x$ 为半径的情况下构成的点 $R$ 的邻域，选择在圆的边界上的点和在圆内的点 $S(x,y)$ 的集合。

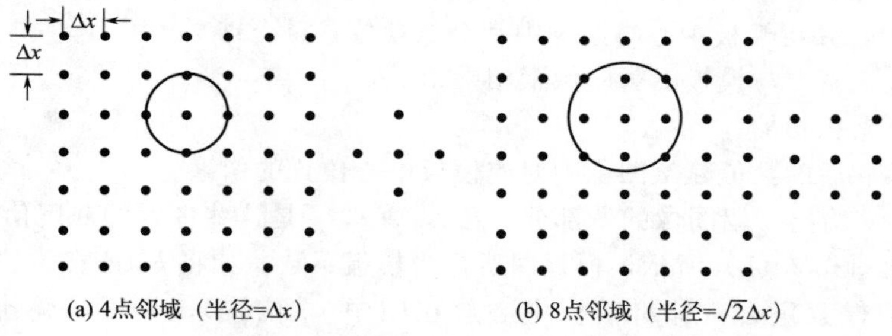


图 6.21 图像阵列中选取邻域的方法

处理结果表明，上述选择邻域的方法对抑制噪声是有效的，但是随着邻域的增大，图像的模糊程度也愈加严重。

（2）中值滤波法

中值滤波（median filtering）法是一种常用的去除噪声的非线性平滑滤波处理方法，其滤波原理与均值滤波方法类似，二者的不同之处在于：中值滤波法的输出像素是由邻域像素的中间值而不是平均值决定的。中值滤波法更适合于消除图像的孤立噪声点。中值滤波的算法原理是，首先确定一个奇数像素的窗口 $W$，窗口内各像素按灰度大小排队后，用其中间位置的灰度值代替原 $f(x,y)$ 灰度值成为窗口中心的灰度值 $g(x,y)$。

$$g(x,y)=\mathrm{Med}\{f(x-k,y-l),(k,l\in W)\} \tag{6.23}$$

式中，$W$ 为选定窗口大小；$f(x-k,y-l)$为窗口 $W$ 的像素灰度值。通常窗内像素为奇数，以便于有唯一中间像素。若窗内像素为偶数时，则中值取中间两像素灰度值的平均值。中值滤波的主要工作步骤为：

① 将模板在图中漫游，并将模板中心与图中的某个像素位置重合；

② 读取模板下各对应像素的灰度值；

③ 将模板对应的像素灰度值进行从小到大排序；

④ 选取灰度序列里排在中间的一个像素的灰度值；

⑤ 将这个灰度值赋值给对应模板中心位置的像素作为像素的灰度值。

举例说明中值滤波与均值滤波的计算。

例如，有一个序列为 {0,3,4,0,7}，窗口是 5，则中值滤波重新排序后的序列是 {0,0,3,4,7}，中值滤波的中间值为 3。此例若用平均滤波，窗口也是 5，那么均值滤波输出为 (0+3+4+0+7)/5=2.8。又比如，若一个窗口内各像素的灰度是 {5,6,5,10,15}，它们的灰度中值是 6，中心像素点原灰度值是 5，滤波后变为 6。如果 5 是一个脉冲干扰，中值滤波后其将被有效抑制。相反 5 若是有用的信号，则滤波后也会受到抑制。

中值滤波比低通滤波消除噪声更有效。因为噪声多为尖峰状干扰，若用低通滤波，虽能去除噪声但陡峭的边缘将被模糊。中值滤波能去除点状尖峰干扰而边缘不会减弱。

### 6.4.3 频域低通滤波

在分析图像信号的频率特性时，对于一幅图像，直流分量表示了图像的平均灰度，大面积的背景区域和缓慢变化部分则代表图像的低频分量，而它的边缘、细节、跳跃部分以及颗粒噪声都代表图像的高频分量。因此，在频域中对图像采用滤波器函数衰减高频信息而使低频信息畅通无阻的过程称为低通滤波。低通滤波可除去高频分量，消除噪声，起到平滑图像的图像增强作用，但同时也可能滤除某些边界对应的频率分量，而使图像边界变得模糊。

对空间域表达式利用卷积定理，得

$$g(x,y)=h(x,y)*f(x,y) \tag{6.24}$$

即可得到频域线性低通滤波器输出的表达式为

$$G(u,v)=H(u,v)F(u,v) \tag{6.25}$$

式中，$F(u,v)=F[f(x,y)]$，为含有噪声原始图像 $f(x,y)$的傅里叶变换；$G(u,v)$为频域线性低通滤波器传递函数 $H(u,v)$（即频谱响应）的输出，也是低通滤波平滑处理后图像 $G(x,y)$的傅里叶变换。得到 $G(u,v)$后，再经过傅里叶逆变换就得到所希望的图像 $g(x,y)$。频域中的图像滤波处理流程框图如图 6.22 所示。

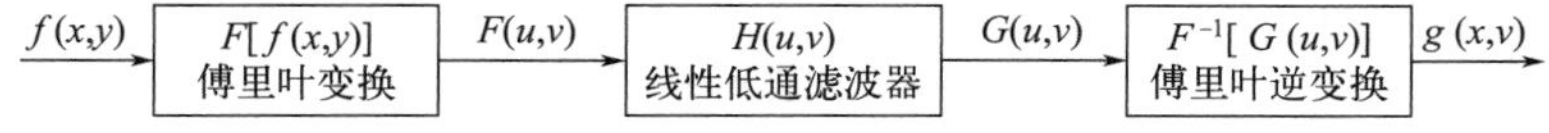


图 6.22 频域中图像滤波处理流程框图

根据前面的分析，显然 $H(u,v)$应该具有低通滤波特性。选择不同的 $H(u,v)$，可产生不同的低通滤波平滑效果。常用的低通滤波器有 4 种，它们都是零相位的，即它们对信号傅里叶变换的实部和虚部系数有着相同的影响，其传递函数以连续形式给出，各种滤波器的特性曲线如图 6.23 所示。

由于高斯函数的傅里叶变换仍是高斯函数，因此高斯函数能构成一个在频域具有平滑性能的低通滤波器。均值滤波是对信号进行局部平均，以平均值来代表该像素点的灰度值。矩形滤波器（averaging box filter）对这个二维矢量的每一个分量进行独立的平滑处理。通过计算和转化，得到一幅单位矢量图。这个 512 像素×512 像素的矢量图被划分成一个个 8 像素×8 像素的小区域，再在每一个小区域中，统计这个区域内的主要方向，亦

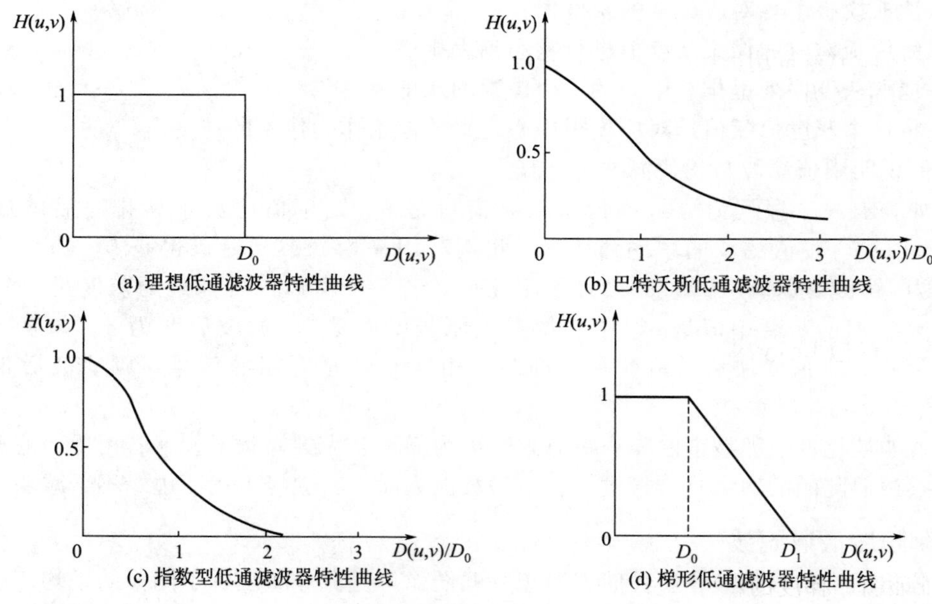


图 6.23　各种滤波器特性曲线

即对该区域内点方向数进行统计，最多的方向作为区域的主方向。于是就得到了一个新的 64 像素×64 像素的矢量图。这个新的矢量图还可以采用一个 3×3 模板进行进一步的平滑处理。

## 6.5　图像锐化

在图像识别中，需要有边缘鲜明的图像，即图像锐化。图像锐化的目的是突出图像的边缘信息，加强图像的轮廓特征，以便于人眼的观察和机器的识别。然而边缘模糊是图像中常出现的质量问题，由此会造成轮廓不清晰，线条不鲜明，使图像特征提取、识别和理解难以进行，增强图像边缘和线条，使图像边缘变得清晰的处理过程称为图像锐化。

图像锐化从图像增强的目的看，是与图像平滑相反的一类处理。通常图像边缘和轮廓都位于灰度突变的地方，由此人们很自然地想起用灰度差分突出其变换。然而，由于边缘和轮廓在一幅图像中常常具有任意的方向，而一般的差分运算是有方向性的，因此和差分方向一致的边缘、轮廓便检测不出来。为此，人们希望找到一些各向同性的检测算子，它们对任意方向的边缘、轮廓都有相同的检测能力。具有这种性质的锐化算子有梯度、拉普拉斯和其他一些相关运算。如果从数学的观点看，图像模糊的实质就是图像受到平均或者积分运算的影响，因此对其进行逆运算（如微分运算），就可以使图像清晰。下面介绍常用的图像锐化运算。

### 6.5.1　空域高通滤波

实现图像的锐化可使图像的边缘或线条变得清晰，高通滤波可用空域高通滤波法来实现。本节讨论图像锐化中常用的运算及方法，其中有梯度运算拉普拉斯（Laplacian）算子、空间高通滤波法和掩模法等图像锐化技术。

### 6.5.2 频域高通滤波

图像锐化中最常用的方法是梯度法。图像 $f(x,y)$ 在其点 $(x,y)$ 上的梯度是一个二维列向量，可定义为

$$\boldsymbol{G}[f(x,y)]=\begin{bmatrix}\dfrac{\partial f}{\partial x}\\ \dfrac{\partial f}{\partial y}\end{bmatrix}=[G_x \quad G_y]^{\mathrm{T}}=\begin{bmatrix}\dfrac{\partial f}{\partial x} & \dfrac{\partial f}{\partial y}\end{bmatrix}^{\mathrm{T}} \tag{6.26}$$

梯度的幅度（模值）$|\boldsymbol{G}[f(x,y)]|$ 为

$$|\boldsymbol{G}[f(x,y)]|=\sqrt{G_x^2+G_y^2}=\sqrt{\left(\frac{\partial f}{\partial x}\right)^2+\left(\frac{\partial f}{\partial y}\right)^2}=\left[\left(\frac{\partial f}{\partial x}\right)^2+\left(\frac{\partial f}{\partial y}\right)^2\right]^{\frac{1}{2}} \tag{6.27}$$

函数 $f(x,y)$ 沿梯度的方向在最大变化率方向上的方向角 $\theta$ 为

$$\theta=\arctan\frac{G_y}{G_x}=\arctan\left(\frac{\dfrac{\partial f}{\partial y}}{\dfrac{\partial f}{\partial x}}\right) \tag{6.28}$$

不难证明，梯度的幅度 $|\boldsymbol{G}[f(x,y)]|$ 是一个各向同性的算子，并且是 $f(x,y)$ 沿 $\boldsymbol{G}$ 向量方向上的最大变化率。梯度幅度是一个标量，它用到了平方和开方运算，具有非线性，并且总是正的。为了方便起见，以后把梯度幅度简称为梯度。梯度表达式为

$$\begin{gathered}|\boldsymbol{G}[f(x,y)]|=\sqrt{G_x^2+G_y^2}\approx|G_x|+|G_y|=\left|\frac{\partial f}{\partial x}\right|+\left|\frac{\partial f}{\partial y}\right|\\ |\boldsymbol{G}[f(x,y)]|=\sqrt{G_x^2+G_y^2}\approx\max\{|G_x|,|G_y|\}\end{gathered} \tag{6.29}$$

对于数字图像处理，有两种二维离散梯度的计算方法，一种是典型梯度算法，它把微分 $\left|\dfrac{\partial f}{\partial x}\right|$ 和 $\left|\dfrac{\partial f}{\partial y}\right|$ 近似用差分 $\Delta f_x(i,j)$ 和 $\Delta f_y(i,j)$ 代替，沿 $x$ 和 $y$ 方向的一阶差分可写成式(6.30)，如图 6.24 所示。

$$\begin{cases}G_x=\Delta f_x(i,j)=f(i+1,j)-f(i,j)\\ G_y=\Delta f_y(i,j)=f(i,j+1)-f(i,j)\end{cases} \tag{6.30}$$

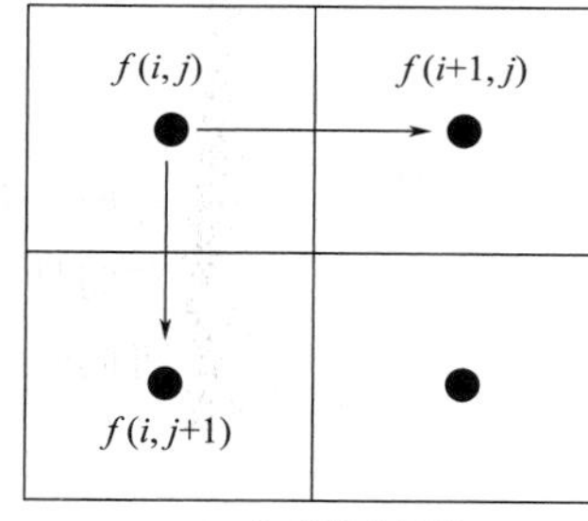

(a) 典型梯度算法
（直接沿x和y方向的一阶差分方法）

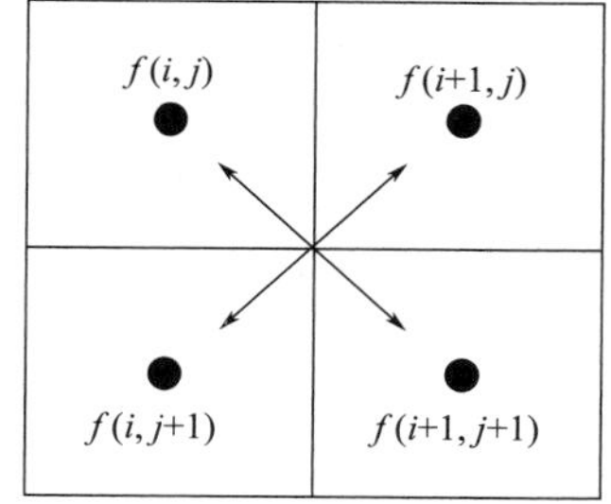

(b) Roberts梯度算法
（交叉差分方法）

图 6.24 典型算法

由此得到典型梯度算法：

$$|\boldsymbol{G}[f(i,j)]|\approx|G_x|+|G_y|=|f(i+1,j)-f(i,j)|+|f(i,j+1)-f(i,j)| \tag{6.31}$$

或者如下：

$$|\boldsymbol{G}[f(i,j)]| \approx \max\{|G_x|+|G_y|\}=\max\{|f(i+1,j)-f(i,j)|,|f(i,j+1)-f(i,j)|\} \tag{6.32}$$

另一种称为 Roberts 梯度的差分算法，如图 6.24(b) 所示，采用交叉差分表示为

$$\begin{cases} G_x=f(i+1,j+1)-f(i,j) \\ G_y=f(i,j+1)-f(i+1,j) \end{cases} \tag{6.33}$$

可得 Roberts 梯度如下：

$$|\boldsymbol{G}[f(i,j)]|=\nabla f(i,j)\approx|f(i+1,j+1)-f(i,j)|+|f(i,j+1)-f(i+1,j)| \tag{6.34}$$

或者

$$|\boldsymbol{G}[f(i,j)]|=\nabla f(i,j)\approx\max\{|f(i+1,j+1)-f(i,j)|,|f(i,j+1)-f(i+1,j)|\} \tag{6.35}$$

值得注意的是，对于 $M\times N$ 的图像，处在最后一行或最后一列的像素是无法直接求得梯度的，对于这个区域的像素来说，一种处理方法是：当 $x=M$ 或 $y=N$ 时，用前一行或前一列的各点梯度值代替。

从梯度公式中可以看出，其值是与相邻像素的灰度差值成正比的。在图像轮廓上，像素的灰度有陡然变化，梯度值很大；在图像灰度变化相对平缓的区域梯度值较小；而在等灰度区域，梯度值为零。由此可见，图像经过梯度运算后，留下灰度值急剧变化的边沿处的点，这就是图像经过梯度运算后可使其细节清晰从而达到锐化目的的实质。

在实际应用中，常利用卷积运算来近似表示梯度，这时 $\boldsymbol{G}_x$ 和 $\boldsymbol{G}_y$ 是各自使用的一个模板（算子）。对模板的基本要求是，模板中心的系数为正，其余相邻系数为负，且所有的系数之和为零。例如，上述的 Roberts 算子，其 $\boldsymbol{G}_x$ 和 $\boldsymbol{G}_y$ 模板如下所示：

$$\boldsymbol{G}_x=\begin{bmatrix}1 & 0\\ 0 & -1\end{bmatrix}\ \boldsymbol{G}_y=\begin{bmatrix}0 & 1\\ -1 & 0\end{bmatrix} \tag{6.36}$$

### 6.5.3 同态滤波器图像增强的方法

一幅图像 $f(x,y)$能够用它的入射光分量 $i(x,y)$和反射光分量 $r(x,y)$来表示，其关系式如式(6.37)：

$$f(x,y)=i(x,y)r(x,y) \tag{6.37}$$

另外，入射光分量 $i(x,y)$由照明源决定，即它和光源有关，通常用来表示图像中变化缓慢的背景信息，可直接决定一幅图像中像素能达到的动态范围。而反射光分量 $r(x,y)$则是由物体本身特性决定的，它表示灰度的急剧变化部分，如两个不同物体的交界部分、边缘部分等。入射光分量同傅里叶平面上的低频分量相关，而反射光分量则同其高频分量相关。因为两个函数乘积的傅里叶变换是不可分的，所以不能直接用来对照明光和反射频率分量进行变换，即如式(6.38)：

$$F[f(x,y)]\neq F[i(x,y)]F[r(x,y)] \tag{6.38}$$

如果令

$$z(x,y)=\ln[f(x,y)]=\ln[i(x,y)]+\ln[r(x,y)] \tag{6.39}$$

再对式(6.39) 取傅里叶变换，由此可得式(6.40)：

$$\begin{gathered} F\{z(x,y)\}=F\{\ln[f(x,y)]\}=F\{\ln[i(x,y)]\}+F\{\ln[r(x,y)]\} \\ Z(u,v)=I(u,v)+R(u,v) \end{gathered} \tag{6.40}$$

式中，$I(u,v)$和 $R(u,v)$分别为 $\ln[i(x,y)]$和 $\ln[r(x,y)]$的傅里叶变换。如果选用

一个滤波函数 $H(u,v)$ 来处理 $Z(u,v)$，则有式(6.41)：

$$S(u,v)=Z(u,v)H(u,v)=I(u,v)H(u,v)+R(u,v)H(u,v) \tag{6.41}$$

式中，$S(u,v)$ 为滤波后的傅里叶变换。它的逆变换为式(6.42)：

$$s(x,y)=F^{-1}\{S(u,v)\}=F^{-1}[I(u,v)H(u,v)]+F^{-1}[R(u,v)H(u,v)] \tag{6.42}$$

如果令

$$i'(x,y)=F^{-1}[I(u,v)H(u,v)] \tag{6.43}$$

$$r'(x,y)=F^{-1}[R(u,v)H(u,v)] \tag{6.44}$$

则式(6.42) 可表示为

$$s(x,y)=i'(x,y)+r'(x,y) \tag{6.45}$$

式中，$i'(x,y)$ 和 $r'(x,y)$ 分别是入射光和反射光取对数后的值，$s(x,y)$ 为滤波后的傅里叶逆变换值，$Z(u,v)$ 是原始图像 $f(x,y)$ 取对数后傅里叶变换而形成的。为了得到所要求的增强图像 $g(x,y)$，必须进行逆运算，即

$$\begin{aligned} g(x,y)&=\exp\{s(x,y)\}=\exp\{i'(x,y)+r'(x,y)\} \\ &=\exp\{i'(x,y)\}\exp\{r'(x,y)\}=i_0(x,y)r_0(x,y) \\ i_0(x,y)&=\exp\{i'(x,y)\} \\ r_0(x,y)&=\exp\{r'(x,y)\} \end{aligned} \tag{6.46}$$

式中，$i_0(x,y)$ 和 $r_0(x,y)$ 分别为输出图像的照明光和反射光分量。

图像增强方法要用同一个滤波器来实现对入射分量和反射分量的理想控制，其关键是选择合适的 $H(u,v)$。因 $H(u,v)$ 要对图像中的低频和高频分量有不同的影响，因此，把它称为同态滤波。同态滤波器图像增强的方法流程如图 6.25 所示。

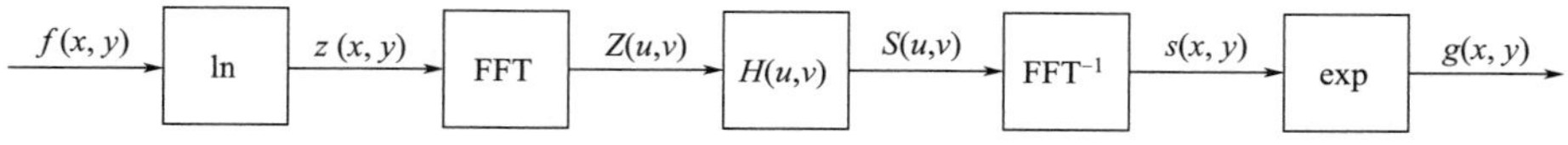


图 6.25　同态滤波器图像增强的方法流程

必须指出，在傅里叶平面上用增强高频成分突出边缘和线的同时，也降低了低频成分，从而使平滑的灰度变化区域出现模糊。因此，为了保存低频分量，通常在高通滤波器上加一个常量，但这样做又会增加高频成分，结果也不佳。这时，经常用后滤波处理来补偿它，就是在高频处理之后，对一幅图像再进行直方图平坦化，使灰度值重新分配。这样处理，会使图像得到很大的改善。

## 6.6　伪彩色增强

人的生理视觉系统特性对微小的灰度变化不敏感，而对彩色的微小差别极为敏感。人眼一般能够区分的灰度级只有 20 多个，而对不同亮度和色调的彩色图像分辨能力却可达到灰度分辨能力的百倍以上。利用这个特性，就可以把人眼不敏感的灰度信号映射为人眼灵敏的彩色信号，以增强人对图像中细微变化的分辨力。彩色增强就是根据人的这个特点，将彩色用于图像增强之中。在图像处理技术中，彩色增强的应用十分广泛且效果显著。常见的彩色增强技术主要有假彩色增强及伪彩色增强两大类。

假彩色（false color）增强是将一幅彩色图像映射为另一幅彩色图像，从而达到增强

彩色对比，使某些图像更加醒目的目的。假彩色增强技术也可以用于线性或者非线性彩色的坐标变换，由原图像基色转变为另一组基色。

伪彩色（pseudo color）增强是把一幅黑白域图像的不同灰度级按照线性或非线性映射为一幅彩色图像的技术手段。真彩色（true color）图像中的每个像素值都分成R、G、B三个基色分量，每个基色分量直接决定其基色的强度。真彩色图像分光系统的分光过程：一般可用红、绿、蓝三种滤色片把一幅真彩色图像分离为红、绿、蓝三幅图像。色光合成过程是把三幅红、绿、蓝图像合成恢复为原来真彩色图像。图像的真彩色是真实物体的可见光谱段，它既可以分成红、绿、蓝三个谱段，也可以再度合成为真彩色景物的物体图像描述。

由于人类视觉分辨不同彩色的能力特别强，而分辨灰度的能力相比之下较弱，因此，把人眼无法区别的灰度变化，施以不同的彩色，人眼便可以区别它们了，这便是伪彩色增强的基本依据。伪彩色处理技术常用于遥感图片、气象云图等领域。伪彩色处理技术可以用计算机来完成，也可以用专用硬件设备来实现，还可以在空间域或频域中实现。本节将主要讨论伪彩色增强的三种常用方法。

### 6.6.1 灰度分层法伪彩色处理

灰度分层法又称为灰度分割法或密度分层法，是伪彩色处理技术中最基本、最简单的方法。设一幅灰度图像 $f(x,y)$，可以看成是坐标（$x$，$y$）的一个密度函数。把此图像的灰度分成若干等级，即相当于用一些和坐标平面（即 $x-y$ 平面）平行的平面在相交的区域中切割此密度函数。例如，分成 $L_1,L_2,\cdots,L_N$ 共 $N$ 个区域，每个区域分配一种颜色，即每个灰度区间指定一种颜色 $C_i(i=1,2,\cdots,N)$，从而将灰度图像变为有 $N$ 种颜色的伪彩色图像。灰度分层的原理如图6.26所示。

图6.27给出了灰度分层法的阶梯映射。灰度分层法伪彩色处理简单易行，仅用硬件就可以实现，但所得伪彩色图像色彩生硬，且量化噪声大。

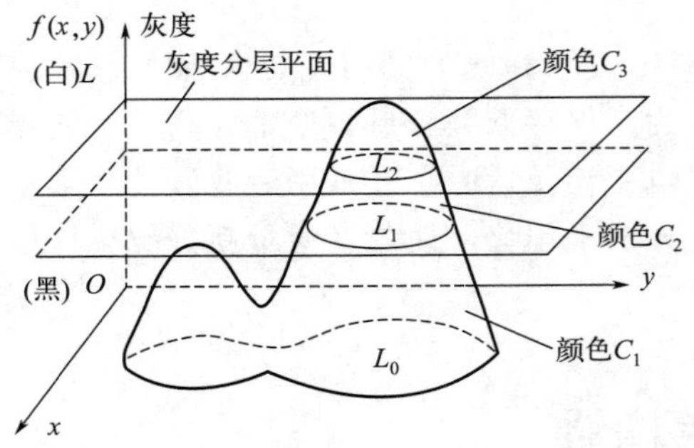

图6.26　灰度分层的原理示意图

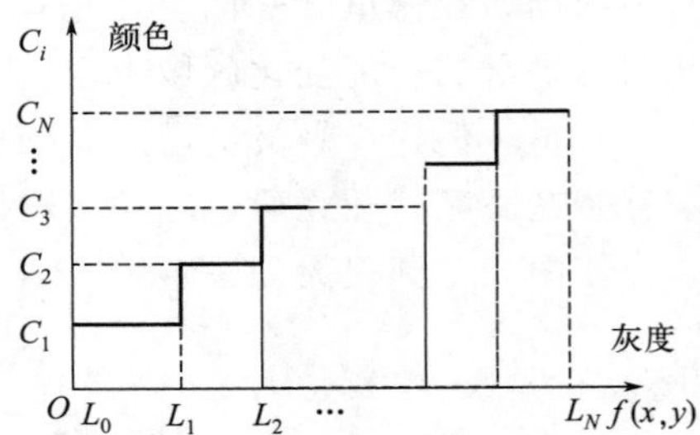

图6.27　灰度分层法伪彩色处理的阶梯映射示意图

### 6.6.2 灰度变换法伪彩色处理

这种伪彩色变换的方法是先将 $f(x,y)$ 灰度图像送入具有不同变换特性的红、绿、蓝三个变换器，然后再将三个变换器的不同输出分别送到显示器彩色显像管的红、绿、蓝电子枪。灰度变换法伪彩色处理是伪彩色处理中比较有代表性的一种方法，根据色度学原理，任何一种彩色均可由红、绿、蓝三基色按适当比例合成。所以伪彩色处理一般可描述成式(6.47)：

$$R(x,y)=T_R[f(x,y)]$$
$$G(x,y)=T_G[f(x,y)] \qquad (6.47)$$
$$B(x,y)=T_B[f(x,y)]$$

式中，$f(x,y)$为原始图像的灰度值；$T_R[f(x,y)]$、$T_G[f(x,y)]$、$T_B[f(x,y)]$分别代表三基色值与灰度值之间的映射关系；$R(x,y)$、$G(x,y)$、$B(x,y)$分别代表了伪彩色图像红、绿、蓝三种分量的数值。

式(6.47) 说明灰度变换法是对输入图像的灰度值实现三种独立的变换，先按灰度值的不同映射成不同大小的红、绿、蓝三基色值，然后，用它们去分别控制彩色显示器的红、绿、蓝电子枪，以产生相应的彩色显示。映射关系 $T_R[f(x,y)]$、$T_G[f(x,y)]$、$T_B[f(x,y)]$可以是线性的，也可以是非线性的。

灰度变换法伪彩色处理案例分析如下：

灰度至伪彩色变换的传递函数如图 6.28(a)、(b)、(c) 所示，为一组典型的红色、绿色、蓝色的传递函数，图 6.28(d) 是三种变换函数共同合成的三基色变换特性。在图 6.28(a) 中，红色变换将任何低于 $L/2$ 的灰度映射成最暗的红色；灰度在 $L/2\sim 3L/4$ 之间，红色输入线性增加；灰度在 $3L/4\sim L$ 区域内映射保持不变，等于最亮的红色调。用类似的方法可以解释其他的彩色映射。从图 6.28 可以看出，只在灰度轴的两端和正中心才映射为纯粹的基色。

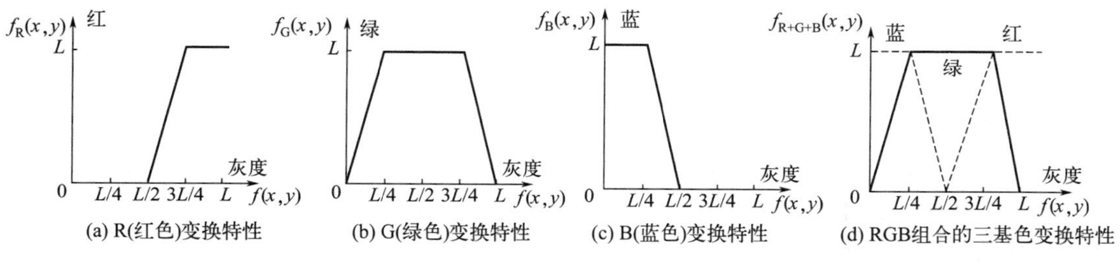

(a) R(红色)变换特性　(b) G(绿色)变换特性　(c) B(蓝色)变换特性　(d) RGB组合的三基色变换特性

图 6.28　颜色变换特性

同样，从彩色变换函数特性可知道，若 $f(x,y)=0$，则 $f_R(x,y)=f_G(x,y)=0, f_B(x,y)=L$，从而显示蓝色；若 $f(x,y)=L/2$，则 $f_R(x,y)=f_B(x,y)=0, f_G(x,y)=L$，从而显示绿色；若 $f(x,y)=L$，则 $f_R(x,y)=L, f_B(x,y)=f_G(x,y)=0$，从而显示红色。

### 6.6.3　频域伪彩色处理

在频域伪彩色增强时，先把灰度图像 $f(x,y)$中的不同频率成分经 FFT（快速傅里叶变换）到频域。在频域内，经过三个不同传递特性的滤波器，$f(x,y)$被分离成三个独立分量，然后对它们进行 IFFT（傅里叶逆变换），便得到三幅代表不同频率分量的单色图像。接着对这三幅图像作进一步的附加处理（如直方图均衡化等），最后将它们作为三基色分量分别加到彩色显示器的红、绿、蓝显示通道，从而实现频域分段的伪彩色增强。频域滤波的伪彩色处理原理框图如图 6.29 所示。

频域伪彩色处理案例分析如下：

在频域的滤波可借助前面章节介绍的各种频域滤波器的知识，根据需要来实现对图像中的不同频率成分进行彩色增强。灰度图像通过频域滤波器能够抽取不同的频率信息，各频率成分被编成不同的彩色。典型的处理方法是采用低通、带通和高通三种滤波器，把图

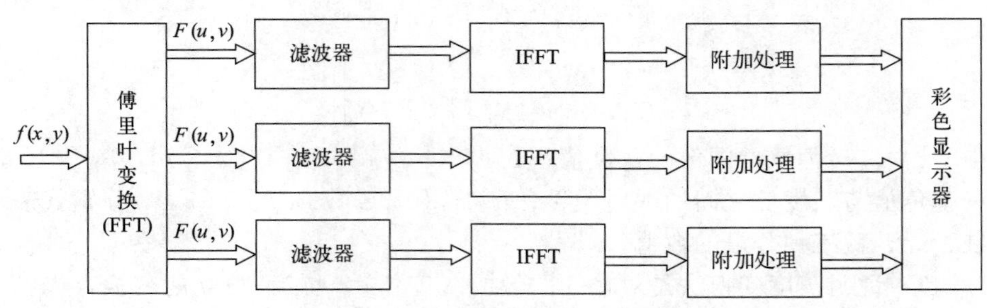


图 6.29　频域滤波的伪彩色处理原理

像分成低频、中频和高频三个频域分量，然后分别给予不同比例成分的三基色，从而得到对频率敏感的伪彩色图像。

## 6.7　图像复原

(1) 图像退化的原因

在图像的获取（数字化过程）、处理与传输过程中，每一个环节都有可能引起图像质量的下降，这种导致图像质量的下降现象，称为图像退化（image degradation）。造成图像退化的原因很多，最为典型的图像退化表现为光学系统的像差、光学成像系统的衍射、成像系统的非线性畸变、摄影胶片感光的非线性、成像过程中物体与摄像设备之间的相对运动、大气的湍流效应、图像传感器的工作情况受环境随机噪声的干扰、成像光源或射线的散射、处理方法的缺陷，以及所用的传输信道受到噪声污染等。这些因素都会使成像的分辨率和对比度以至图像质量下降。由于引起图像退化的因素众多而且性质不同，因此，图像复原的方法、技术也各不相同。

(2) 图像复原的方法

图像复原（image restoration）是通过逆图像退化将图像恢复为原始图像状态的过程，即图像复原的过程是沿着图像退化的逆向过程进行的。具体过程是：首先根据先验知识分析退化原因，了解图像变质的机理，在此基础上建立一个退化模型，然后用相反的过程对图像进行处理，使图形质量得到提高。

对于图像复原，一般可采用两种方法。一种方法是对于图像缺乏先验知识的情况下的复原，此时可对退化过程如模糊和噪声建立数学模型进行描述，并进而寻找一种去除或削弱其影响的方法；另一种方法是已经知道是哪些退化因素引起的图像质量下降时，针对性地建立数学模型，并依据它对图像退化的影响进行拟合，进而复原图像。

### 6.7.1　图像退化模型

图像复原的关键问题在于建立退化模型。假设输入图像 $f(x,y)$经过某个退化系统 $h(x,y)$后产生退化图像 $g(x,y)$。在退化过程中，引进的随机噪声为加性噪声 $n(x,y)$（若不是加性噪声而是乘性噪声，可以用对数转换方式转化为相加形式），则图像退化过程空间域模型如图 6.30(a) 所示。

其一般表达式为

$$\begin{gathered} g(x,y)=h(x,y)*f(x,y)+n(x,y) \\ g(x,y)=H[f(x,y)]+n(x,y) \end{gathered} \tag{6.48}$$

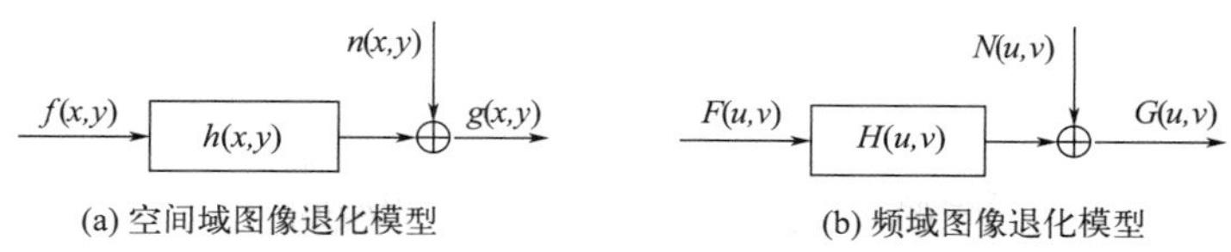


图 6.30 空间域或频域图像退化模型

式中，“*”表示空间卷积。这是连续形式下的表达。$h(x,y)$是退化函数的空间描述，它综合了所有退化因素，$h(x,y)$也称为成像系统的点冲击响应函数。式(6.48) 中的$H[f(x,y)]$表示对输入图像 $f(x,y)$的退化算子。

对于频域上的图像退化模型如图 6.30(b) 所示，由于空间域上的卷积等同于频域上的乘积，因此可以把退化模型写成如下的频域表示：

$$G(u,v)=H(u,v)F(u,v)+N(u,v) \tag{6.49}$$

式中，$G(u,v)$、$H(u,v)$、$F(u,v)$、$N(u,v)$分别是 $g(x,y)$、$h(x,y)$、$f(x,y)$、$n(x,y)$的傅里叶变换。$H(u,v)$是系统的点冲击响应函数 $h(u,v)$的傅里叶变换，称为系统在频率上的传递函数。

### 6.7.2 图像复原的基本方法

图像的代数复原法是利用线性代数的知识，假定 $g$、$H$、$n$ 符合相关条件的前提下，估计出原始图像 $f$ 的某些方法。这种估计应在某种预先选定的最佳准则下（如在均方误差最小条件下），求对原始图像 $f$ 的最佳估计。这种方法简单易行，由它可以导出许多实用的复原方法。

代数复原是以离散退化系统模型为基础，即

$$\boldsymbol{g}=\boldsymbol{H}\boldsymbol{f}+\boldsymbol{n} \tag{6.50}$$

式中，$\boldsymbol{g}$、$\boldsymbol{f}$ 和 $\boldsymbol{n}$ 都是 $N$ 维列向量，$\boldsymbol{H}$ 为 $N\times N$ 维矩阵。

### 6.7.3 运动模糊图像的复原

图像复原的主要目的是在给定退化图像 $g(x,y)$以及退化函数 $H$、噪声的某种形式或假设时，估计出原始图像 $f(x,y)$。现在的问题是退化函数 $H$ 一般是未知的，因此，必须在进行图像复原前对退化函数 $H$ 进行估计。

一般确定图像复原模型的一个主要方法是从其物理特性的基本原理来推导数学模型。

例如，运动模糊图像的复原，当成像传感器与被摄景物之间存在足够快的相对运动时，所摄取的图像就会出现运动模糊，即图像获取时图像被图像与传感器之间的均匀线性运动模糊了。这种模糊具有普遍性，采用数学推导其退化函数的过程如下：

假设图像 $f(x,y)$进行平面运动，$x_0(t)$和 $y_0(t)$分别是在 $x$ 和 $y$ 方向上随时间相应变化的运动参数。那么，记录介质（如胶片或数字存储器）任意点的总曝光量是通过对时间间隔内瞬时曝光数的积分得到的。假设快门的开启和关闭所用时间极短，设 $T$ 为曝光时间长度，并忽略成像过程其他因素干扰，则由于运动造成的模糊图像 $g(x,y)$的表达式如式(6.51)，得到式(6.52)：

$$g(x,y)=\int_0^T f[x-x_0(t),y-y_0(t)]\,\mathrm{d}t \tag{6.51}$$

$$\begin{aligned}G(u,v)&=\int_{-\infty}^{\infty}\int_{-\infty}^{\infty} g(x,y)\mathrm{e}^{-2\pi\mathrm{j}(ux+vy)}\,\mathrm{d}x\,\mathrm{d}y\\&=\int_{-\infty}^{\infty}\int_{-\infty}^{\infty}\left\{\int_0^T f[x-x_0(t),y-y_0(t)]\,\mathrm{d}t\right\}\mathrm{e}^{-2\pi\mathrm{j}(ux+vy)}\,\mathrm{d}x\,\mathrm{d}y\end{aligned} \tag{6.52}$$

对上式进行傅里叶变换，对积分项函数 $f[x-x_0(t),y-y_0(t)]$ 利用傅里叶变换的位移性进行置换，得式(6.53)：

$$G(u,v)=\int_0^T F(u,v)\mathrm{e}^{-2\pi j[ux_0(t)+vy_0(t)]}\mathrm{d}t=F(u,v)\int_0^T \mathrm{e}^{-2\pi j[ux_0(t)+vy_0(t)]}\mathrm{d}t \tag{6.53}$$

使得：

$$H(u,v)=\int_0^T \mathrm{e}^{-2\pi j[ux_0(t)+vy_0(t)]}\mathrm{d}t \tag{6.54}$$

则可得表达式：

$$G(u,v)=H(u,v)F(u,v) \tag{6.55}$$

当运动变量 $x_0(t)$ 和 $y_0(t)$ 为已知时，传递函数 $H(u,v)$ 可直接由式(6.54) 得到。

在实际中，经常会遇到运动模糊图像的复原问题。例如，在飞机、宇宙飞行器等运动物体上所拍摄的照片，摄取镜头在曝光瞬间的偏移会产生匀速直线运动的模糊。一般采用维纳滤波复原来解决。

## 6.8 图像增强 OpenCV 实现

图像增强包括对比度扩展、边缘增强、噪声抑制等基本技术，这些技术在 OpenCV 中通过对应的方法都能够方便地实现。

### 6.8.1 直方图修正实现

OpenCV 中使用 matplot 模块中的 hist 函数可以方便地绘制直方图，定义如下：

```
plt.hist(x,bins = None,range = None,density = None,weights = None,cumulative = False,
bottom = None,histtype = 'bar',align = 'mid',orientation = 'vertical',rwidth = None,log = False,
color = None,label = None,stacked = False,normed = None
```

参数说明：

x：作直方图所要用的数据，必须是一维数组，多维数组可以先进行扁平化再作图，为必选参数。

bins：直方图的柱数，即要分的组数，默认为 10。

range：元组（tuple）或无（None）。剔除较大和较小的离群值，给出全局范围。如果为 None，则默认为（x.min ()，x.max () ），即 $x$ 轴的范围。

density：布尔值。如果为 True，则返回的元组的第一个参数 n 将为频率而非默认的频数。

weights：与 x 形状相同的权重数组，将 x 中的每个元素乘以对应权重值再计数。如果 normed 或 density 参数取值为 True，则会对权重进行归一化处理。这个参数可用于绘制已合并的数据的直方图。

cumulative：布尔值。如果为 True，则计算累计频数；如果 normed 或 density 参数取值为 True，则计算累计频率。

bottom：数组，为标量值或 None。每个柱子底部相当于 $y=0$ 的位置。如果是标量值，则每个柱子相对于 $y=0$ 向上/向下的偏移量相同。如果是数组，则根据数组元素取值移动对应的柱子，即直方图上下偏离距离。

histtype：可在｛'bar'，'barstacked'，'step'，'stepfilled'｝范围内选取。'bar'是传统的条形直方图；'barstacked'是堆叠的条形直方图；'step'是未填充的条形直方图，只有外边框；'stepfilled'是有填充的直方图。当 histtype 取值为'step'或'stepfilled'时，rwidth 参数设置失

效，即不能指定柱子之间的间隔，默认连接在一起；

align：可在｛'left'，'mid'，'right'｝范围内选取。'left'是柱子的中心位于区间的左边缘；'mid'是柱子中心位于区间左右边缘之间；'right'是柱子的中心位于区间的右边缘。

orientation：可在｛'horizontal'，'vertical'｝范围内选取。如果取值为'horizontal'，则条形图将以 $y$ 轴为基线水平排列，简单理解为类似 bar（）转换成 barh（），旋转 90°。

rwidth：标量值或 None。柱子的宽度占区间宽的比例。

log：布尔值。如果取值为 True，则坐标轴的刻度为对数刻度；如果取值为 True 且 x 是一维数组，则计数为 0 的取值将被剔除。

color：具体颜色，数组（元素为颜色）或 None。

label：字符串（序列）或 None。有多个数据集时，用 label 参数作标注区分。

stacked：布尔值。如果取值为 True，则输出的图为多个数据集堆叠累计的结果；如果取值为 False 且 histtype='bar'或'step'，则多个数据集的柱子并排排列。

normed：是否将得到的直方图向量归一化，即显示占比，默认为 0（不归一化）。不推荐使用，建议改用 density 参数。

**实例 6.1：** 对 lena 图像进行直方图绘制，代码如下：

```
import cv2
import matplotlib.pyplot as plt
image0 = cv2.imread("../image/3.1-01.png",0)
plt.hist(image0.ravel(),256,[0,256],facecolor = 'blue')
# 设置 y 轴的文本,用于描述 y 轴代表的是什么
font2 = {'family':'Calibri','weight':'normal','size':15,}
plt.xlabel("Gray Scale",font2)
plt.ylabel("Pixels Quantity",font2)
plt.show()
```

代码执行后绘制的直方图如图 6.31 所示，其中横坐标代表 0～255 灰阶，纵坐标代表在该灰阶的像素个数。

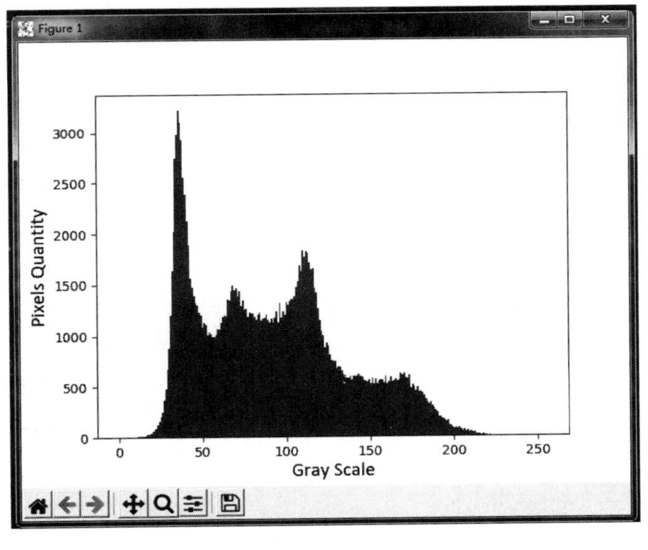


图 6.31　图像直方图

（1）图像全域变换

① 线性灰度变换。在 6.2.1 节介绍了线性灰度变换方法，其中参数如图 6.32 所示。

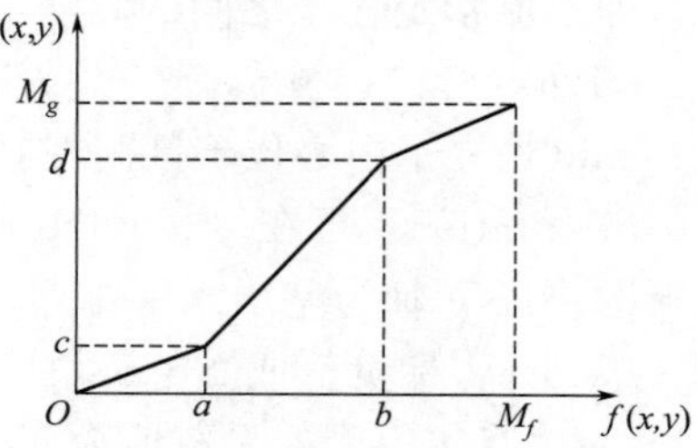

图 6.32　线性灰度变换参数

**实例 6.2**：对现有图片 flower01 进行全域线性灰度变换，代码如下：

```
import cv2
import matplotlib.pyplot as plt
def global_linear_transmation(img): # 线性变换
    maxV = img.max()
    minV = img.min()
    for i in range(img.shape[0]):
        for j in range(img.shape[1]):
            img[i,j] = ((img[i,j]-minV) * 255)/(maxV-minV)
    return img
image0 = cv2.imread("../image/flower01.jpg",0)          #使用了绝对路径
plt.figure()
font2 = {'family':'Calibri','weight':'normal','size':15}
plt.subplot(2,2,1)
plt.xlabel("Position X",font2)
plt.ylabel("Position Y",font2)
plt.imshow(image0,vmin = 0,vmax = 255,cmap = plt.cm.gray)
plt.subplot(2,2,2)
plt.xlabel("Gray Scale",font2)
plt.ylabel("Pixels Quantity",font2)
plt.hist(image0.ravel(),256,[0,256],facecolor = 'blue')
image1 = global_linear_transmation(image0)
plt.subplot(2,2,3)
plt.imshow(image1,vmin = 0,vmax = 255,cmap = plt.cm.gray)
plt.xlabel("Position X",font2)
plt.ylabel("Position Y",font2)
plt.subplot(2,2,4)
plt.hist(image0.ravel(),256,[0,256],facecolor = 'blue')
plt.xlabel("Gray Scale",font2)
plt.ylabel("Pixels Quantity",font2)
plt.show()
```

代码中，设定了函数“global _ linear _ transmation”以便于快速实现全域线性灰度变换功能。其变换结果如图 6.33 所示。通过变换，对比度明显增强。

② 灰度非线性变换。除了线性变换，还能够通过自定义函数进行变换，比如使用指数变换可以对低阶灰度（较暗）部分进行抑制，高阶灰度（较亮）部分进行扩展。

**实例 6.3**：使用多种自定义函数对 flower01 图片进行变换，函数代码如下。

幂变换函数：

```
def square_transmation(img):
    for i in range(img.shape[0]):
        for j in range(img.shape[1]):
```

```
            img[i,j] = pow(img[i,j],2)/255
    return img
```

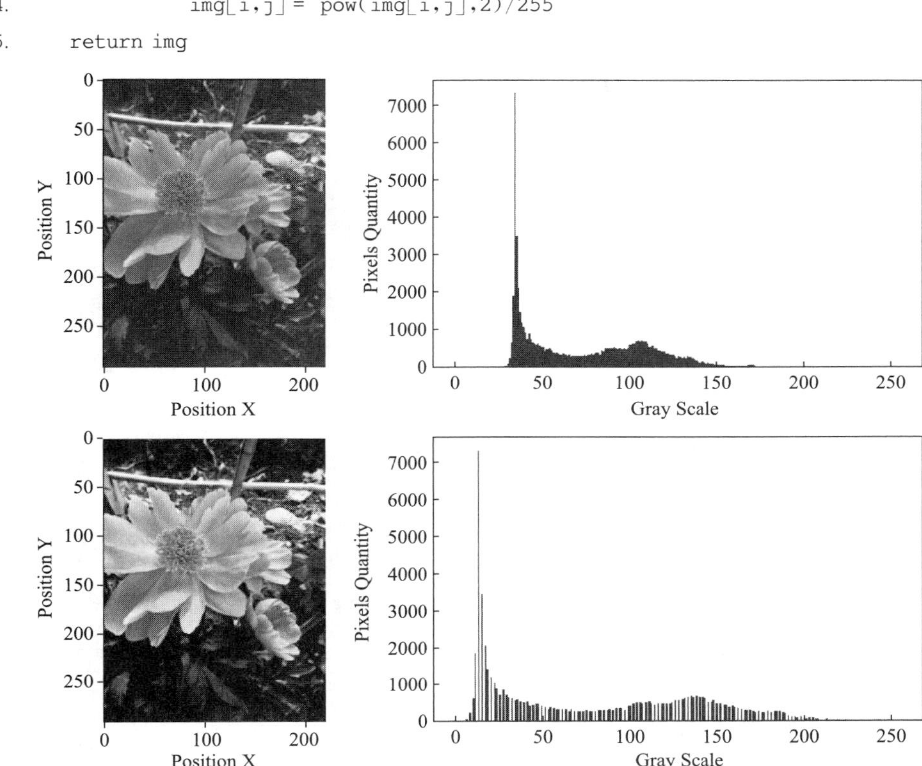


图 6.33 线性灰度变换结果

指数变换函数：

```
def ex_transmation(img):
    for i in range(img.shape[0]):
        for j in range(img.shape[1]):
            img[i,j] = 30 * math.exp((img[i,j])/100)
```

对数变换函数：

```
def log_transmation(img):
    imgx = img.copy()
    for i in range(img.shape[0]):
        for j in range(img.shape[1]):
            img[i,j] = 8 * math.log((1 + img[i,j]))
            #img[i,j]=np.uint8(np.log(img[i,j]+0.5)*20)
return img
```

主调函数部分：

```
image0 = cv2.imread("../image/flower01.jpg",0)
font2 = {'family':'Calibri','weight':'normal','size':15}
plt.figure()
plt.subplot(2,2,1)
plt.imshow(image0,vmin = 0,vmax = 255,cmap = plt.cm.gray)
plt.xlabel("Position X",font2)
plt.ylabel("Position Y",font2)
```

```
plt.subplot(2,2,2)
plt.hist(image0.ravel(),256,[0,256],facecolor = 'blue')
plt.xlabel("Gray Scale",font2)
plt.ylabel("Pixels Quantity",font2)
image1 = ex_transmation(image0)
plt.subplot(2,2,3)
plt.imshow(image1,vmin = 0,vmax = 255,cmap = plt.cm.gray)
plt.xlabel("Position X",font2)
plt.ylabel("Position Y",font2)
plt.subplot(2,2,4)
plt.xlabel("Gray Scale",font2)
plt.ylabel("Pixels Quantity",font2)
plt.hist(image0.ravel(),256,[0,256],facecolor = 'blue')
plt.show()
```

主调函数中使用的“ex _ transmation”是灰度指数变换函数，变换后的效果如图6.34所示。从结果可以看出，使用指数变换后，对低阶灰度（较暗）和高阶灰度（较亮）部分有不同的变换效果，改变自定义函数参数，也会对变换产生相应的影响。

图 6.34　灰度指数变换效果

（2）直方图均衡化

在绘制直方图的基础上可以通过直方图的均衡化更好地完成对比度的扩展。直方图均衡化是一种常用的图像预处理方法。OpenCV 内置了 equalizeHist 方法，其语法结构如下：

```
dst = equalizeHist(InputArray src)
```

参数说明：

src：8 位单通道输入图像。

dst：目标图像，与原图像有相同的尺寸和类型。

**实例 6.4：** 完成对 flower01.jpg 的直方图均衡化。

完成直方图均衡化的代码如下：

```
import cv2
import numpy as np
import matplotlib.pyplot as plt
img = cv2.imread('../image/flower01.jpg',0)
font2 = {'family':'Calibri','weight':'normal','size':15}
equ = cv2.equalizeHist(img)
plt.subplot(2,2,1)
plt.imshow(img,vmin = 0,vmax = 255,cmap = plt.cm.gray)
plt.xlabel("Position X",font2)
plt.ylabel("Position Y",font2)
plt.subplot(2,2,2)
plt.hist(img.ravel(),256,[0,256],facecolor = 'blue')
plt.xlabel("Gray Scale",font2)
plt.ylabel("Pixels Quantity",font2)
plt.subplot(2,2,3)
plt.imshow(equ,vmin = 0,vmax = 255,cmap = plt.cm.gray)
plt.xlabel("Position X",font2)
plt.ylabel("Position Y",font2)
plt.subplot(2,2,4)
plt.hist(equ.ravel(),256,[0,256],facecolor = 'blue')
plt.xlabel("Gray Scale",font2)
plt.ylabel("Pixels Quantity",font2)
plt.show()
```

均衡化后的对比度提升效果如图 6.35 所示。

### 6.8.2 图像平滑与锐化实现

通过滤波器设计和卷积可以实现图像的平滑与锐化。5.4.4 节已经介绍了自定义滤波核卷积运算的方法，本节使用 OpenCV 自带的滤波方法完成图像处理。

（1）均值滤波

其中均值滤波函数的定义为：

```
dst = cv2.blur(src,ksize,anchor,borderType)
```

参数说明：

src：被处理的图像。

ksize：滤波核边长。

anchor：可选参数，滤波器的锚点。

boderType：可选参数，边界样式。

返回值说明：

dst：经过均值滤波处理的图像。

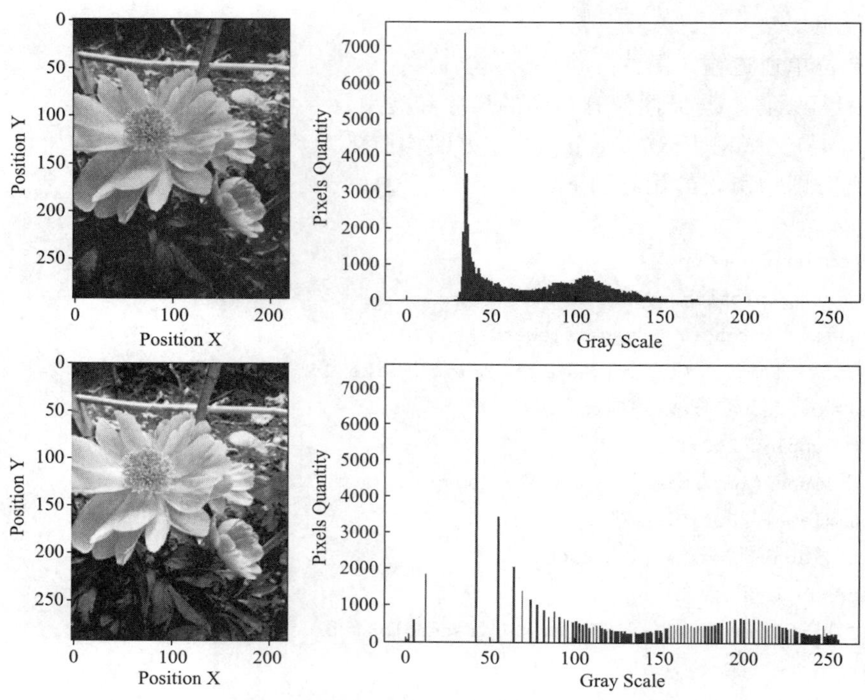


图 6.35　直方图均衡化效果

**实例 6.5**：对原始图像完成均值滤波。

使用 OpenCV 的 blur 函数完成 lena _ small 图像的均值滤波操作，代码如下：

```
import cv2
img = cv2.imread("../image/lena_small.jpg") #读取原图
dst1 = cv2.blur(img,(3,3)) # 使用大小为 3*3 的滤波核进行均值滤波
dst2 = cv2.blur(img,(5,5)) # 使用大小为 5*5 的滤波核进行均值滤波
dst3 = cv2.blur(img,(9,9)) # 使用大小为 9*9 的滤波核进行均值滤波
cv2.imshow("img",img) # 显示原图
cv2.imshow("3*3",dst1) # 显示滤波效果
cv2.imshow("5*5",dst2)
cv2.imshow("9*9",dst3)
cv2.waitKey() # 按下任意键盘按键后
cv2.destroyAllWindows()
```

分别使用 3×3、5×5、9×9 滤波核均值滤波后，滤波效果如图 6.36 所示。由结果可以看出，随着滤波核阶数的增加，模糊效果会增强。

图 6.36　均值滤波效果

（2）中值滤波

OpenCV 将中值滤波器封装成了 medianBlur（）方法，其语法如下：

```
dst = cv2.medianBlur(src.ksize)
```

参数说明：

src：被处理的图像。

ksize：滤波核的边长。

返回值说明：

dst：经过中值滤波后的图像。

**实例 6.6：**对原始图像完成中值滤波。

为了看出中值滤波的效果，为图像叠加了随机噪声，然后进行中值滤波，代码如下：

```
import cv2
import numpy as np
from matplotlib import pyplot as plt
lena = cv2.imread("../image/lena_small.jpg",0)#读图
rows,cols = lena.shape
for i in range(1800):
    x = np.random.randint(0,rows)#随机生成指定范围整数
    y = np.random.randint(0,cols)
    lena[x,y] = 255
cv2.imwrite('../image/lenawithnoise.jpg',lena);
img = cv2.imread("../image/lenawithnoise.jpg")
dst1 = cv2.medianBlur(img,3) # 使用边长为 3 的滤波核
dst2 = cv2.medianBlur(img,5) # 使用边长为 5 的滤波核
dst3 = cv2.medianBlur(img,9) # 使用边长为 9 的滤波核
cv2.imshow("img",img) # 显示原图
cv2.imshow("3",dst1) # 显示滤波效果
cv2.imshow("5",dst2)
cv2.imshow("9",dst3)
cv2.waitKey() # 按下任意键盘按键后
cv2.destroyAllWindows() # 释放所有窗体窗
```

使用中值滤波的结果如图 6.37 所示。从结果可以看出，中值滤波对随机噪声有很好的去除效果，而且随着滤波核的增加，图像模糊程度加深。

图 6.37　中值滤波结果

（3）高斯滤波

高斯滤波也称为高斯模糊，是目前应用最广泛的降噪平滑处理方法。高斯滤波像素权

重不是平均值，采用“离谁更近，和谁更像”的原则。高斯滤波的封装函数为 GuassianBlur（），其语法为：

```
dst = cv2.GaussianBlur(src,ksize,sigmaX,sigmaY,borderType)
```

参数说明：

src：原图像。

ksize：滤波核边长。

sigmaX：卷积核水平方向的标准差。

sigmaY：卷积核垂直方向的标准差。

boderType：可选参数，边界样式。

**实例 6.7**：对 lena _ small.jpg 图像完成高斯滤波。

使用 GaussianBlur（）方法完成对图像的高斯滤波，具体代码为：

```
import cv2
import numpy as np
from matplotlib import pyplot as plt
img = cv2.imread("../image/lena_small.jpg",0) # 读取原图
dst1 = cv2.GaussianBlur(img,(5,5),0,0) # 使用大小为 5*5 的滤波核进行高斯滤波
dst2 = cv2.GaussianBlur(img,(9,9),0,0) # 使用大小为 9*9 的滤波核进行高斯滤波
dst3 = cv2.GaussianBlur(img,(15,15),0,0) # 使用大小为 15*15 的滤波核进行高斯滤波
cv2.imshow("img",img) # 显示原图
cv2.imshow("5",dst1) # 显示滤波效果
cv2.imshow("9",dst2)
cv2.imshow("15",dst3)
cv2.waitKey() # 按下任意键盘按键后
cv2.destroyAllWindows() # 释放所有窗体
```

使用高斯滤波的结果如图 6.38 所示，可以看出，高斯滤波相对中值和均值滤波，有较好的平滑效果，其图像失真率较低。

图 6.38　高斯滤波结果

# 第7章 图像分割

## 7.1 图像分割概述

图像分割是计算机视觉领域的重要研究方向，随着深度学习的逐步深入，图像分割技术在多个视觉研究领域都有着广泛的应用。在对图像的研究和应用中，人们往往只对图像中的某一部分感兴趣，这些部分通常称为目标或者前景，其他不感兴趣的部分称为背景。为了分析和辨识目标，需要将它们从背景中提取出来。从图像中提取目标的技术和过程就称为图像分割。图像分割是由图像处理到图像分析以及其他操作的关键步骤，是图像处理中一类重要的研究内容，其目的是把图像分成一些有意义、互不重叠的区域，图像分割结果的优劣将直接影响图像的后续处理。

### 7.1.1 图像分割的概念

图像分割就是根据灰度、形状、纹理信息和结构等特性将图像分割成特定的多个具有固定特性区域的过程，从数学角度来说，图像分割就是将图像分割成若干个互不相交的区域的过程，再将图像中有意义的特征部分提取出来，例如：①按幅度不同来分割各个区域——阈值分割；②按边缘不同来分割各个区域——边缘检测；③按形状不同来分割各个区域——区域分割。即通过特征部分的提取将图像分成若干个特定的、具有独特性质的区域，有选择性地定位感兴趣的对象在图像中的位置和范围，并提取出感兴趣的目标。

### 7.1.2 图像分割的基本思路

对于图像的处理一般有两大目的：①改变图像的质量（如图像增强与恢复）；②进行图像的分析，即从图像中提取有用的测量数据，对图像内容做出描述，进行图像识别。

图像处理过程如图 7.1 所示，首先进行图像输入，主要是把一幅图像转换成适合输入计算机或数字设备的数字信号，这一过程主要包括摄取图像、光电转换及数字化等几个步骤。然后对图像进行预处理，包括图像增强、图像复原和图像编码。图像增强用于提高图像视觉质量；图像复原是尽可能地恢复图像本来面目；图像编码是在保证图像质量的前提下压缩数据，使图像便于存储和传输。之后进行图像分割。可以采用阈值分割、边缘检测或区域分割，完成后进行特征提取和图像识别，最后对图像进行分析、描述与解释。

图像分割就是要将图像中有意义的特征或需要应用的特征提取出来，基本思路为：①由简到难，逐级分割；②控制背景环境，降低分割难度；③把焦点放在增强感兴趣对象、缩小不相干图像成分的干扰上。

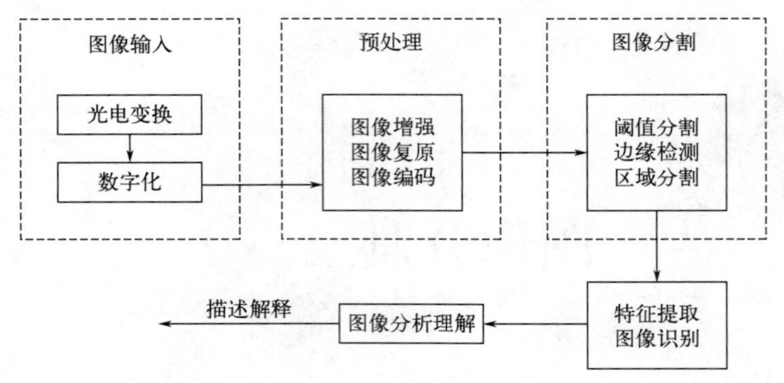


图 7.1 图像处理过程

### 7.1.3 图像分割技术的特征

图像分割的任务是把图像分离成互不交叠的有意义的区域，以便于进一步分析。它一般是图像分析的第一步，完成图像分割的区域一般是图像中人们感兴趣的目标。图像分割是图像处理中重要的基础环节，一般也是比较困难的环节，后续图像分析过程经常依赖于图像分割的结果和质量，分割的结果会影响甚至决定其他部分分析的准确程度。图像分割问题的困难在于图像数据的模糊和噪声的干扰，至今，还没有一个准则能判断分割是否完全正确，也没有一种标准的方法能够解决所有的分割问题，只有一些针对具体问题或要求满足一定条件的方法。在实际应用中情况各异，需要具体问题具体分析，根据实际情况选择适合的方法。分割的好坏也要从分割的效果来判断。图像中最基本的特征是图像的灰度值，彩色图像就是其颜色分量，图像的边缘和纹理特征也是进行图像分割时常用的特征。

边缘检测：检测出边缘，再将边缘像素连接，构成边界形成分割，找出目标物体的轮廓，进行目标的分析、识别、测量等；

阈值分割：最常用的方法，包括直方图门限选择法、半阈值选择图像分割法、迭代阈值法等；

边界分割：直接确定区域边界，实现分割，有边界跟踪法、轮廓提取法；

区域分割：将各像素划分到相应物体或区域的像素聚类方法，有区域生长法、水域分割法等。

## 7.2 阈值分割

### 7.2.1 阈值分割的原理

阈值分割是图像分割中的经典方法，它利用图像的灰度直方图，得到一个或多个图像分割阈值，将图像中每个像素的灰度值与阈值作比较，把像素分类，从而实现目标与背景的分离。其关键点在于最优阈值的获取，需要按照某个函数准则来求解。阈值的选取十分重要，直接影响图像分割的合理性和准确性。

图像阈值分割具有直观和操作简单的特点，在图像分割应用中占有重要地位。其一般流程为：通过判断图像中每一个像素点的特征属性是否满足阈值的要求，来确定图像中的该像素点是属于目标区域还是背景区域，从而将一幅灰度图像转换成二值图像。通常情况，一幅图下功能包含目标、背景和噪声，多数情况下，图像 $f(x, y)$ 是由暗区和亮区这两类具有不同灰度级的区域组成。这种图像的亮暗部分可以在直方图中清楚地分辨出来，故可选择一个阈值用于分开亮暗区域。实际操作过程中，可用阈值 $T$ 将图像数据分为两个部分：大于阈值 $T$ 部分的像素群和小于 $T$ 的像素群。例如原始输入图像为 $f(x,y)$，输出图像为 $f'(x,y)$，则

$$f'(x,y)=\begin{cases}1,f(x,y)\geqslant T\\0,f(x,y)<T\end{cases} \tag{7.1}$$

或

$$f'(x,y)=\begin{cases}1,f(x,y)\leqslant T\\0,f(x,y)>T\end{cases} \tag{7.2}$$

阈值分割法计算简单，实现起来容易，而且总能用封闭且连通的边界定义不交叠的区域，对目标与背景有较强对比的图像可以得到较好的分割效果。

当灰度直方图呈现出较为典型的双峰特性时，选取两峰之间的谷底所对应的灰度值作为阈值，可以得到较好的图像分割效果。1996年，Prewitt 等人提出的直方图双峰法（也称 mode 法）是典型的全局单阈值分割方法。该方法的基本思想是：假设图像中有明显的目标和背景，则其灰度直方图呈明显的双峰分布，如图 7.2 所示。

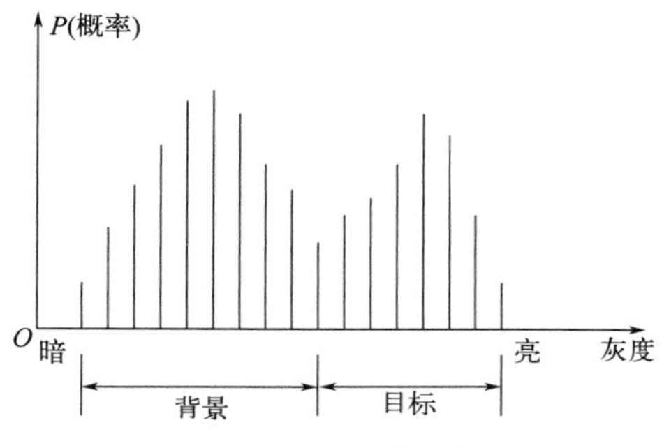

图 7.2　图像灰度直方图

直方图双峰法适用于灰度直方图具有典型双峰特征的图像，图像的目标和背景对比度比较大，根据直方图来判断阈值，一旦双峰的峰值差距较大或谷底太宽，或直方图为单峰，或直方图存在多峰，都可能导致图像分割失败。

### 7.2.2　阈值的选取

图像阈值分割是一种传统的图像分割方法，因其实现简单、计算量小、性能较稳定而成为图像分割中最基本和应用最广泛的分割技术。它特别适用于目标和背景占据不同灰度范围的图像。其应用难点在于如何选择一个合适的阈值实现较好的分割。

在图像分割的过程中，阈值不宜选得过大或者过小，两者都会大大影响分割的效果，所以，在使用阈值分割的过程中，阈值的选择很重要，但是使用直方图的方法不容易确定出合适的阈值。

（1）直方图法

直方图阈值选择：阈值 $T$ 可以通过分析边缘检测输出的直方图来确定。假设，一幅图像只由物体和背景两部分组成，其灰度直方图有明显的双峰值；一个图像中至少有两个景物——一个前景，一个背景。如果前景和背景灰度不同，那么灰度范围就不一样，所以在两个景物之间有个波谷，可以将波谷作为阈值完成图像分割。使用该方法的前提是图像只有前景和背景两部分。

利用直方图进行分析，并根据直方图的波峰和波谷之间的关系，选择出一个合适的阈值。这样的方法准确性较高，但是通常只适用于存在一个目标和一个背景，且两者对比明显的图像。

（2）最小误差阈值选取法

最小误差阈值分割法是根据图像中背景和目标像素的概率分布密度来实现的，整个密

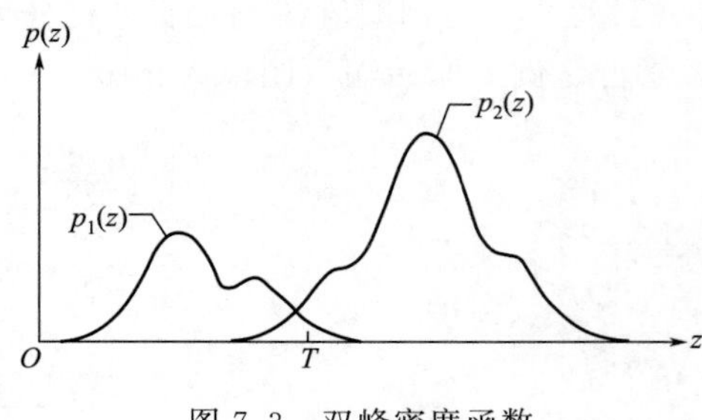

图 7.3　双峰密度函数

度函数可看成是两个单峰密度函数的混合，即双峰密度函数，如图 7.3 所示。其方法是找到一个阈值，并根据该阈值进行划分，计算出目标点错误分类为背景点的概率和背景点错误分类为目标点的概率，得出总的误差划分概率。当总的误差划分概率最小时，便得到所需要的最佳阈值。

假设图像中目标及背景的灰度为正态分布，其灰度分布概率密度函数分别 $p_1(z)$、$p_2(z)$。设目标像素占整体图像的比例为 $P_1$，背景像素占图像的比例为 $P_2$，则

$$P_1+P_2=1 \tag{7.3}$$

此时整体图像的灰度概率密度由下式决定：

$$p(z)=P_1p_1(z)+P_2p_2(z) \tag{7.4}$$

设定一个阈值 $T$，按照 $T$ 将像素分为背景和目标：当 $z>T$ 时为背景，反之则是目标。由此产生的错误分类的概率如下。

把背景误认为目标的概率：

$$E_1(T)=\int_{-\infty}^{T}p_2(z)\,\mathrm{d}z \tag{7.5}$$

把目标误认为背景的概率：

$$E_2(T)=\int_{T}^{\infty}p_1(z)\,\mathrm{d}z \tag{7.6}$$

总体错误区分的概率：

$$E(T)=P_2E_1(T)+P_1E_2(T) \tag{7.7}$$

上式对 $T$ 求极小值时，便是阈值。即对上式求微分，获得 $T$ 的极小值。

该方法必须用两个已知正态分布的曲线合成来近似直方图的分布，还要给定两个正态分布合成的比例参数 $t$，实现起来比较复杂。

(3) 最大方差阈值选取法

最大方差阈值选取法是由日本学者大津（Otsu）于 1979 年提出，是一种基于全局阈值的自适应方法。方法假设图像像素能够根据全局阈值被分成背景和目标两部分，然后，计算该最佳阈值来区分这两类像素，使得两类像素区分度最大。最大方差阈值的基本思想是：把直方图在某一阈值处分割成两组，当被分成的两组之间方差最大时，即为最佳阈值。

设一幅图像的灰度值为 1～$m$ 级，灰度值 $i$ 的像素数为 $n_i$，则得到像素总数为

$$N=\sum_{i=1}^{m}n_i \tag{7.8}$$

各值的概率为

$$p_i=\frac{n_i}{N} \tag{7.9}$$

用 $T$ 将其分为两组：

$$\begin{aligned}C_0&=\{1\sim T\}\\C_1&=\{(T+1)\sim m\}\end{aligned} \tag{7.10}$$

其中，$C_0$ 为灰度值小于等于阈值 $T$ 的像素点集合，$C_1$ 为灰度值大于阈值 $T$ 的像素点集合。

各组产生的概率如下：

C0 产生的概率为
$$w_0=\sum_{i=1}^{T}p_i=w(T) \tag{7.11}$$

C1 产生的概率为
$$w_1=\sum_{i=T+1}^{T}p_i=1-w_0 \tag{7.12}$$

C0 的平均值为
$$\mu_0=\sum_{i=1}^{T}\frac{ip_i}{w_0}=\frac{\mu(T)}{w(T)} \tag{7.13}$$

C1 的平均值为
$$\mu_1=\sum_{i=T+1}^{m}\frac{ip_i}{w_1}=\frac{\mu-\mu(T)}{1-w(T)} \tag{7.14}$$

其中，$\mu$ 是整体图像的灰度平均值，为
$$\mu=\sum_{i=1}^{m}ip_i=w_0\mu_0+w_1\mu_1 \tag{7.15}$$

则两组间的方差为
$$\delta^2(T)=w_0(\mu_0-\mu)^2+w_1(\mu_1-\mu)^2=w_0w_1(\mu_1-\mu_0)^2 \tag{7.16}$$

实现的过程为从 1～$m$ 之间改变 $T$，求上式为最大值时的 $T$，此时 $T$ 即是所需要的最大方差阈值。

此方法可操作性强，无论图像有无双峰都可得到较满意结果，最大方差阈值选取法比局部图像二值化效果更好，可推广到双阈值图像分割领域。

## 7.3 边缘检测

图像边缘，即表示图像中一个区域的终结和另一个区域的开始，图像中相邻区域之间的像素集合构成了图像的边缘。所以，图像边缘可以理解为图像灰度发生空间突变的像素的集合。图像边缘有两个要素，即：方向和幅度。沿着边缘走向的像素变化比较平缓；而沿着垂直于边缘的走向，像素则变化得比较大。因此，根据这一变化特点，通常会采用一阶导数和二阶导数来描述和检测边缘。

边缘是图像上灰度变化最剧烈的地方。传统的边缘检测就是利用了这个特点，对图像各个像素点进行微分或求二阶微分来确定边缘像素点。根据边缘灰度的变化特点，边缘类型大致可以分为阶跃状、脉冲状、屋顶状边缘（图 7.4）。阶跃状边缘，边缘两边像素的灰度值明显不同；脉冲状边缘，图像存在细条状灰度值突变区域；屋顶状边缘，边缘处于灰度值由小到大再到小的变化转折点处。

对于阶跃状边缘，其一阶导数在图像由暗变明的位置处有一个向上的阶跃，而其他位置都是零，这表明可以用一阶导数的峰值来检测边缘的存在，即峰值的位置对应边缘的位置。其二阶导数在一阶导数的阶跃上升区有一个向上的脉冲，而在一阶导数阶跃下降区有一个向下的脉冲，在这两个脉冲之间有一个过零点处，它的位置正对应于原图像中边缘的位置，所以可用二阶导数的过零点位置检测边缘位置，而用二阶导数在零点左右的符号确定在边缘左右的像素为图像的暗区还是明区。另外两种类型边缘的分析类似，可总结为一阶微分图像的峰值处对应着图像的边缘点，二阶微分图像的过零点处对应着图像的边

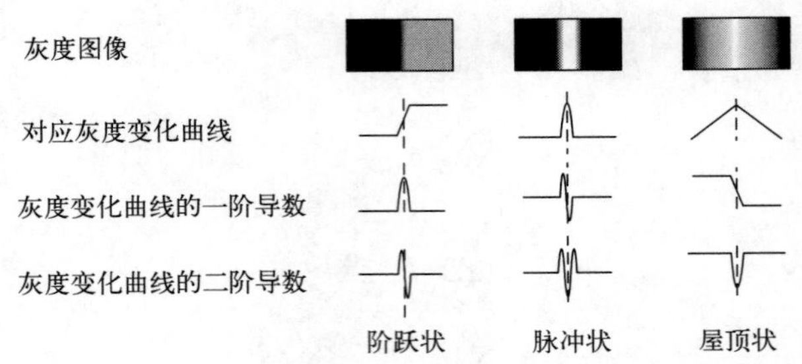


图 7.4　三种不同类型的边缘和对应的曲线

缘点。

综上，图像中的边缘检测可以通过对灰度值求导数来确定，而导数可以通过微分算子计算来实现。在数字图像处理中，通常是利用差分计算来近似代替微分运算。

从数学上看，图像的模糊相当于图像被平均或积分，为实现图像的锐化，必须用它的反运算"微分"来加强高频分量作用，使轮廓清晰。边缘检测是检测图像特性发生变化的位置，比如图像在边界处会有明显的不同，边缘分割技术就是检测出不同区域的边界来进行分割。

一个边缘检测算子需要满足三个准则：

① 低错误率：边缘检测算子应该只对边缘响应，并能找到所有的边，而对于非边缘应能舍弃。

② 定位精度：被边缘检测算子找到的边缘像素与真正的边缘像素间的距离应尽可能小。

③ 单边响应：在单边存在的地方，检测结果不应出现多边。

常见的边缘检测方法包括梯度算子、拉普拉斯算子和 Canny 算子等。

### 7.3.1　梯度算子

对于图像的简单一阶导数运算，由于具有固定的方向性，只能检测特定方向的边缘，所以不具有普遍性。为了克服一阶导数的缺点，选择使用梯度计算，定义为梯度算子。它是图像处理中最常用的一阶微分算法，图像梯度的最重要性质是梯度的方向是在图像灰度最大变化率上，它恰好可以反映出图像边缘上的灰度变化。

梯度算子是一阶导数算子。梯度向量包括模和方向。

梯度：

$$\nabla f(x,y)=[G_x\ G_y]^{\mathrm{T}}=\left[\frac{\partial f}{\partial x}\ \frac{\partial f}{\partial y}\right]^{\mathrm{T}} \tag{7.17}$$

梯度的模：

$$|\nabla f(x,y)|=\mathrm{mag}[\nabla f(x,y)]=\sqrt{G_x^2+G_y^2} \tag{7.18}$$

梯度的方向：

$$\varphi(x,y)=\arctan\left(\frac{G_y}{G_x}\right) \tag{7.19}$$

梯度的差分形式简化为

$$\nabla f(x,y)=|f(x,y)-f(x+1,y+1)|+|f(x+1,y)-f(x,y+1)| \tag{7.20}$$

若用模板（掩模）显示：

$$g(x,y)=\sum_i\sum_j f(i,j)h(i-m,j-n)=f(i,j)*h(m,n) \tag{7.21}$$

在图像分割实践操作中对于微分算法，一般要采用差分或相关技术进行离散化，最后演变为形式极为简单的模板运算。

Roberts 算子是一种简单的微分算子，是利用局部差分寻找边缘的算子，它采用对角线方向相邻两像素之差近似梯度幅值检测边缘。检测垂直边缘的效果好于检测斜向边缘，定位精度高，缺点是对噪声敏感，无法抑制噪声的影响。Roberts 算子是一个 2×2 的模板，从图像处理的实际效果来看，适用于边缘明显且噪声较少的图像分割。Robert 算子图像处理后边缘不是很平滑。由于 Robert 算子通常会在图像边缘附近的区域内产生较宽的响应，故采用检测的边缘图像常需做细化处理，边缘定位的精度不是很高。

Roberts 算子的常见形式如下：

$$g(i,j)=\sqrt{[f(i,j)-f(i+1,j+1)]^2+[f(i+1,j)-f(i,j+1)]^2} \tag{7.22}$$

或

$$g(i,j)=|f(i,j)-f(i+1,j+1)|+|f(i+1,j)-f(i,j+1)| \tag{7.23}$$

Roberts 算子一般采用如图 7.5 所示模板。

Sobel 算子是离散型的差分算子，是一种中心差分，但对中间水平线和垂直线上的四个邻近点赋予略高的权重。用来运算图像亮度（灰度）函数的梯度的近似值，Sobel 算子是典型的基于一阶导数的边缘检测算子，由于该算子中引入了类似局部平均的运算，因此对噪声具有平滑作用，能很好地消除噪声的影响。Sobel 算子对于像素位置的影响做了加权，与 Prewitt 算子、Roberts 算子相比效果更好，因此在实践中被广泛使用。

Sobel 算子包含两组 3×3 的矩阵，分别为横向及纵向模板，将其与图像作平面卷积，即可分别得出横向及纵向的亮度差分近似值。实际使用中，常用如图 7.6 所示两个模板来检测图像边缘。

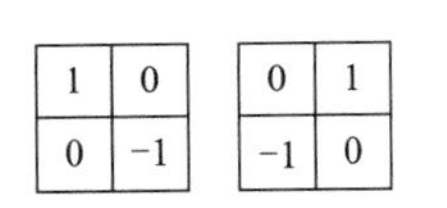

| 1 | 0 |
|---|---|
| 0 | -1 |

| 0 | 1 |
|---|---|
| -1 | 0 |

图 7.5　Roberts 算子模板

| -1 | 0 | 1 |
|---|---|---|
| -2 | 0 | 2 |
| -1 | 0 | 1 |

| 1 | 2 | 1 |
|---|---|---|
| 0 | 0 | 0 |
| -1 | -2 | -1 |

图 7.6　Sobel 算子模板

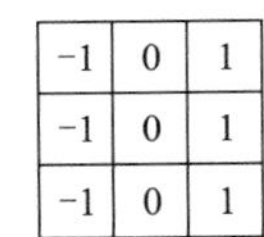

| -1 | 0 | 1 |
|---|---|---|
| -1 | 0 | 1 |
| -1 | 0 | 1 |

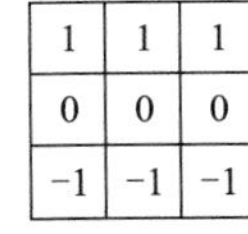

| 1 | 1 | 1 |
|---|---|---|
| 0 | 0 | 0 |
| -1 | -1 | -1 |

图 7.7　Prewitt 算子模板

Prewitt 算子是一种一阶微分算子的边缘检测，利用像素点上下、左右邻点的灰度差，在边缘处达到极值检测边缘，去掉部分伪边缘，对噪声具有平滑作用。其原理是在图像空间利用两个方向模板与图像进行邻域卷积来完成的，这两个方向模板一个检测水平边缘，一个检测垂直边缘，如图 7.7 所示。

Prewitt 算子也属于中心差分类型，但没有给最邻近点较高的权重。Prewitt 算子对噪声有抑制作用，抑制噪声的原理是通过像素平均，相当于对图像低通滤波，所以 Prewitt 算子对边缘的定位不如 Roberts 算子。平均能减少或消除噪声，Prewitt 算子法就是先求平均、再求差分来求梯度。Prewitt 算子和 Sobel 算子类似，只是权值有所变化，Prewitt 算子比 Sobel 算子实现起来更简单，但 Sobel 算子有能较好地抑制噪声的特性。在实际处理中，噪声抑制是个很重要的问题，通常情况下 Sobel 算子要比 Prewitt 算子更能准确检测图像边缘。

### 7.3.2　拉普拉斯算子

由前文可知阶跃状边缘的二阶导数在边缘处出现了零点，出现了“零交叉”，可用二阶导数寻找边界。二维函数 $f(x, y)$ 的拉普拉斯算子是个二阶的微分算子，定义为

$$\nabla^2 f(x,y)=\frac{\partial^2 f(x,y)}{\partial x^2}+\frac{\partial^2 f(x,y)}{\partial y^2}$$
$$=f(x+1,y)+f(x-1,y)+f(x,y-1)+4f(x,y) \tag{7.24}$$

在式(7.24) 近似情况下，拉普拉斯算子可以通过多种方式表达为数字形式，对于一个 3×3 的区域，通常使用两种形式：4 邻域或 8 邻域的算子模板。见图 7.8。

| | | |
|---|---|---|
| 0 | −1 | 0 |
| −1 | 4 | −1 |
| 0 | −1 | 0 |

(a) 4邻域

| | | |
|---|---|---|
| −1 | −1 | −1 |
| −1 | 8 | −1 |
| −1 | −1 | −1 |

(b) 8邻域

图 7.8　4 邻域和 8 邻域算子模板

定义离散拉普拉斯算子的基本要求是，作用于中心像素的系数是一个正数，而且其周围像素的系数为负数，系数 $\omega_i$ 之和必为 0，即 $\sum_{i=1}^{9}\omega_i=0$

拉普拉斯算子是不依赖于边缘方向的二阶微分算子，对阶跃型边缘定位准确；不过对噪声敏感，抗噪声的能力差，容易丢失一部分边缘方向信息，不能检测出边的方向，经常产生双像素宽的边缘。拉普拉斯算子不直接用于边的检测，通常只起第二位的角色。在应用拉普拉斯算子之前，先对图像进行低通滤波。通常选用高斯低通滤波器与拉普拉斯算子合并，形成一个单一的高斯拉普拉斯算子（LOG）。

### 7.3.3　Canny 算子

Canny 算子是计算机科学家 John F. Canny 于 1986 年开发出来的一个多级边缘检测算法，其目标是找到一个最优的边缘，其最优边缘的定义是：①良好的检测效果。算法能够尽可能多地标识出图像中的实际边缘。②准确的定位。标识出的边缘要与实际图像中的实际边缘尽可能接近。③最小的响应。图像中的边缘只能标识一次，并且可能存在的图像噪声不应该标识为边缘。

Canny 算子只能对单通道灰度图像进行处理，因此在进行边缘检测之前，若图像为彩色，需要将原图像进行灰度转换。以 OpenCV 为例，可利用其封装的函数 cvtColor() 来实现图像彩色到灰度的转换。

现实中采集设备、环境干扰等多方面的原因会导致采集到的图像信息都是含有大量噪声信息的，所以要利用高斯函数对图像进行滤波降噪处理。高斯滤波可以将图像中的噪声部分过滤出来，避免后面进行边缘检测时，将错误的噪声信息误识别为边缘。

用高斯函数对图像 $f(x, y)$ 进行滤波得到平滑数据阵列：

$$\boldsymbol{S}(x,y)=\boldsymbol{f}(x,y)*\boldsymbol{G}(x,y,\sigma)=\boldsymbol{f}(x,y)*\frac{1}{2\pi\sigma^2}\mathrm{e}^{-\frac{x^2+y^2}{2\sigma^2}} \tag{7.25}$$

其中 $\sigma$ 是高斯函数的散布函数，它反映了平滑程度。

接下来进行梯度计算，将得到的 $\boldsymbol{S}(x, y)$ 矩阵用一阶有限差分式进行计算，得到图像在 $x$ 和 $y$ 方向上偏导数的两个矩阵 $\boldsymbol{P}(x, y)$ 和 $\boldsymbol{Q}(x, y)$。

$$\boldsymbol{P}(x,y)\approx\frac{\boldsymbol{S}(x,y+1)-\boldsymbol{S}(x,y)+\boldsymbol{S}(x+1,y+1)-\boldsymbol{S}(x+1,y)}{2} \tag{7.26}$$

$$\boldsymbol{Q}(x,y)\approx\frac{\boldsymbol{S}(x,y)-\boldsymbol{S}(x+1,y)+\boldsymbol{S}(x,y+1)-\boldsymbol{S}(x+1,y+1)}{2} \tag{7.27}$$

计算梯度幅值和梯度方向如下：

$$\boldsymbol{M}(x,y)=\sqrt{\boldsymbol{P}(x,y)^2+\boldsymbol{Q}(x,y)^2} \tag{7.28}$$

$$\boldsymbol{\theta}(x,y)=\arctan\frac{\boldsymbol{Q}(x,y)}{\boldsymbol{P}(x,y)} \tag{7.29}$$

然后进行非极大值抑制，也可以理解成对非极大值数据排除其是边缘的可能性。非极大值抑制的判别流程：当前位置的梯度值与梯度方向上两侧的梯度值进行比较；梯度方向是垂直于边缘方向。对图像$\boldsymbol{M}(x, y)$上的每一个像素计算像素梯度方向上相邻两个像素的梯度幅值。若当前像素上的梯度幅值不小于这两个幅值，则当前像素可能为边缘像素点，反之，该像素点为非边缘像素点。

完成非极大值抑制后，会得到一个二值图像，将图像边缘细化为一个像素宽度，非边缘的点灰度值均为0，可能为边缘的点灰度值为255。这样的一个检测结果还是包含了很多由噪声及其他原因造成的假边缘，最后还需要双阈值筛选处理，通过选取合适的高低阈值范围得出最为接近图像真实边缘的边缘图像。

具体实现方法为：根据高阈值得到一个边缘图像，这样一个图像含有很少的假边缘，但是由于阈值较高，产生的图像边缘可能不闭合，解决该问题就采用了另外一个低阈值。在高阈值图像中把边缘连接成轮廓，当到达轮廓的端点时，该算法会在端点的8邻域点中寻找满足低阈值的点，再根据此点收集新的边缘，不断搜索跟踪，直到整个图像边缘闭合。

Canny算子的去噪声能力通常比梯度算子要强，而且能在噪声和边缘检测中取得较好的平衡，能够检测到真正的弱边缘，但也容易平滑掉一些边缘信息。

图7.9列出了一些用算子处理后的图像。

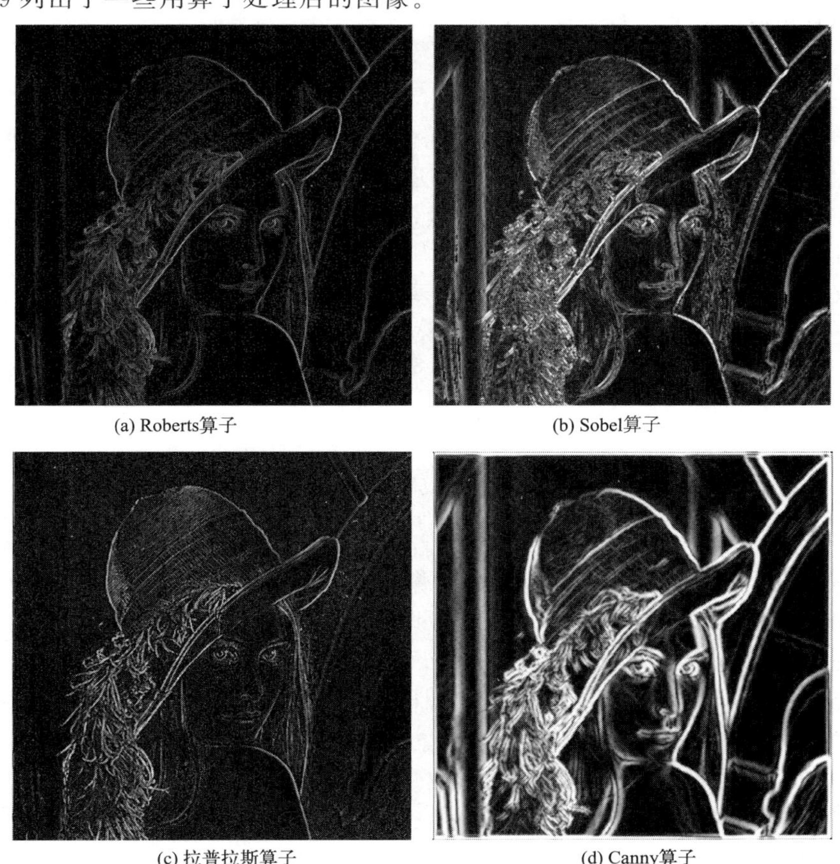

(a) Roberts算子　(b) Sobel算子

(c) 拉普拉斯算子　(d) Canny算子

图7.9　图像处理结果

## 7.4 区域分割

分割的目的是将图像划分为多个区域，并提取感兴趣的目标。7.2 节介绍的阈值分割的方法是以图像像素特性分布为基础的，对噪声敏感、对于灰度差异不明显以及不同目标灰度值有重叠的图像分割不明显，不能得到较好的区域结构。7.3 节介绍的边缘检测，在检测时存在抗噪性和检测精度之间的矛盾，要提高精度，则会牺牲抗噪性，所以需要与其他方法进行结合。

区域分割利用的是图像的空间性质，通常认为被分割出来的属于同一区域的像素应具有相似的性质。这种方法能有效地克服其他方法存在的图像分割空间不连续的缺点，有较好的区域特征。

### 7.4.1 区域生长

（1）区域生长原理

区域生长是根据事先定义的准则将像素或者子区域聚合成更大区域的过程。其基本思想是从一组生长点开始（生长点可以是单个像素，也可以为某个小区域），将与该生长点性质相似的相邻像素或者区域与生长点合并，形成新的生长点，重复此过程直到不能生长为止。生长点和相邻区域的相似性判据可以是灰度值、纹理、颜色等多种图像信息。区域生长即将具有相似性质的像素集合起来构成区域。

实现过程为：

① 找一个种子像素作为生长的起点；

② 将种子像素周围邻域中与种子像素有相同或相似性质的像素（根据某种事先确定的生长或相似准则来判定）合并到种子像素所在的区域中；

③ 将这些新像素当作新的种子像素继续进行前 2 个过程，直到再没有满足条件的像素可被合并进来为止。

考虑区域生长算法的整个实现过程，需要解决三个问题：

① 选择或确定一组能正确代表所需区域的种子像素；

② 确定在生长过程中能将相邻像素合并进来的准则；

③ 制定让生长过程停止的条件或规则。

（2）区域生长准则

区域生长准则主要包括以下几类。

① 基于区域灰度差。

a. 对像素进行扫描，找出尚没有归属的像素；

b. 以该像素为中心检查它的邻域像素，即将邻域中的像素逐个与它比较，如果灰度差小于预先确定的阈值，将它们合并；

c. 以新合并的像素为中心，返回到步骤 b，检查新像素的邻域，直到区域不能进一步扩张；

d. 返回到步骤 a，继续扫描直到所有像素都有归属，则结束整个生长过程。

② 基于区域内灰度分布统计性质。考虑以灰度分布相似性作为生长准则来决定区域合并。

a. 把像素分成互不重叠的小区域；

b. 比较邻接区域的累积灰度直方图，根据灰度分布的相似性进行区域合并；

c. 设定终止准则，通过反复进行步骤 b 中的操作将各个区域依次合并，直到满足终止准则。

③ 基于区域形状。

a. 把图像分割成灰度固定的区域，设两相邻区域的周长为 $P_1$ 和 $P_2$，把两区域共同边界线两侧灰度差小于给定值的那部分设为 $L$，如果满足（$T_1$ 为预定的阈值）

$$\frac{L}{\min\{P_1, P_2\}} > T_1 \tag{7.30}$$

则合并两区域。

b. 把图像分割成灰度固定的区域，设两邻接区域的共同边界长度为 $B$，把两区域共同边界线两侧灰度差小于给定值的那部分长度设为 $L$，如果满足（$T_2$ 为预定阈值）

$$\frac{L}{B} > T_2 \tag{7.31}$$

则合并两区域。

这两种方法存在区别：第一种方法是合并两邻接区域的共同边界中，对比度较低部分占整个区域边界份额较大的区域；第二种方法则是合并两邻接区域的共同边界中，对比度较低部分比较多的区域。

### 7.4.2 区域分裂与合并

7.4.1 节介绍的区域生长是从一组生长点开始逐步生长到整个分割区域，另一种区域分割方法是在开始时将图像分割为一系列任意不相交的区域，然后将它们合并或者拆分以满足限制条件，这就是区域分裂与合并。通过分裂，可以将不同特征的区域分离开，而通过合并，可以将相同特征的区域合并起来。

令 $R$ 表示整幅图像区域，选择一个属性 $Q$（如区域的灰度值），对 $R$ 进行分割，依次将它细分为越来越小的四象限区域。首先从整个区域开始，若 $Q(R)$ 不同，那么将该图像分割为四个象限区域。如果分割完的象限区域 $Q$ 仍不相同，则将不同 $Q$ 的象限区域再次细分为四个子象限区域，以此类推。这种分裂方法可以用四叉树形式表示，如图 7.10 所示。直到不可能进一步分裂的时候，对满足 $Q$ 的任意两个相邻的区域进行合并。无法进一步合并的时候，就结束整个过程。区域的分裂和合并过程如图 7.11 所示。

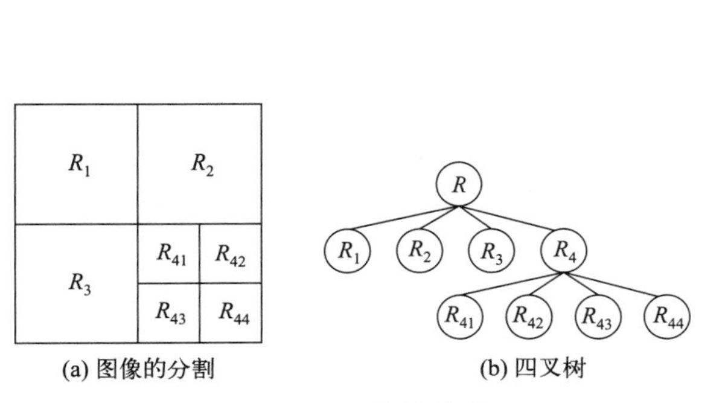


图 7.10 区域的分裂

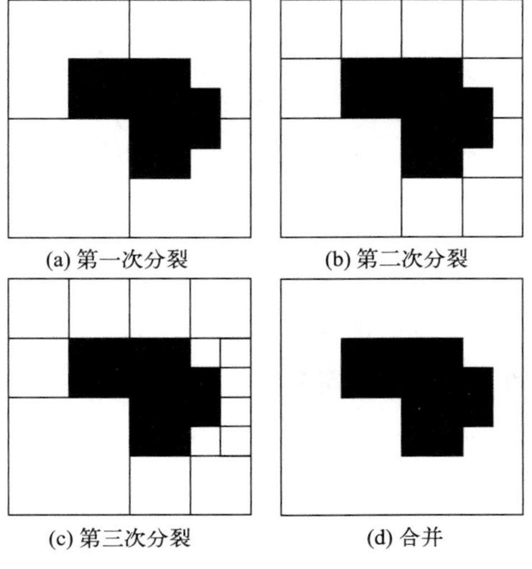


图 7.11 区域分裂和合并

一般情况下区域分裂过程还要规定一个不能再继续执行分裂的最小四象限区的尺寸。

### 7.4.3 水域分割

水域分割又称 Watershed（分水岭）变换，是模仿地形浸没过程的一种形态学分割算法，其本质是利用图像的区域特性来分割图像，它将边缘检测与区域生长的优点结合起来，能够得到单像素宽、连通、封闭位置准确的轮廓，因此是应用比较广泛的形态学图像分割方法。

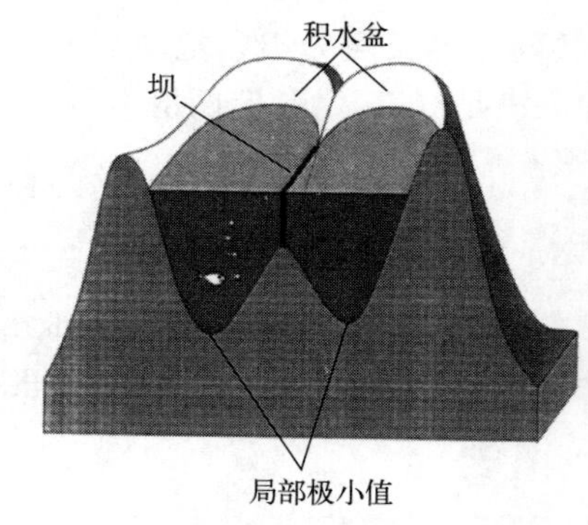

图 7.12　水域分割

其基本思想是局部极小值和积水盆（catchment basin）概念。积水盆是地形中山谷（局部极小值）的影响区（influence zones），水平面从这些局部极小值处上涨，在水平面浸没地形的过程中，每一个积水盆都会被筑起的坝所包围，这些坝用来防止不同积水盆里的水混合到一起。在地形完全浸没到水中之后，这些筑起的坝就构成了分水岭。如图 7.12 所示。

图像的灰度空间很像地球表面的整个地理结构，每个像素的灰度值代表高度。其中的灰度值较大的像素连成的线可以看作山脊，也就是分水岭；其中的水就是用于二值化的灰度阈值，二值化阈值可以理解为水平面，比水平面低的区域会被淹没。初始时用水填充每个孤立的山谷（局部最小值），当水平面上升到一定高度时，水就会溢出当前山谷，可以通过在分水岭上修大坝，避免两个山谷的水汇集。依据这个原理图像就被分成 2 个像素集，一个是山谷像素集，一个是分水岭线像素集。最终水域分割形成的线就对整个图像进行了分区，实现对图像的分割。

由于待分割的图像中存在噪声和一些微小的灰度值起伏波动，在梯度图像中可能存在许多假的局部极小值，如果直接对梯度图进行生长会造成过度分割的现象。即使在 Watershed 变换前对梯度图进行滤波，存在的极小点也往往会多于原始图像中目标的数目，因此必须加以改进。实际中应用 Watershed 变换的有效途径是首先确定图像中目标的标记（种子），然后再进行生长，并且生长的过程中仅对具有不同标记的标记点进行分割，用来防止溢流汇合，产生分水岭，这就是基于标记的 Watershed 变换。

基于标记的 Watershed 变换大体可分为 3 个步骤：

① 对原图进行梯度变换，得到梯度图；

② 用合适的标记函数把图像中相关的目标及背景标记出来，得到标记图；

③ 将标记图中的相应标记作为种子点，对梯度图像进行 Watershed 变换，产生分水岭。

水域分割对微弱边缘具有良好的响应，并且获得边界的速度快，但图像中的噪声、物体表面细微的灰度变化都有可能产生过度分割的现象，然而这同时保证了得到封闭连续的边缘。同时，水域分割算法得到的封闭的积水盆也为分析图像的区域特征提供了必要条件。

## 7.5 Hough 变换

Hough（霍夫）变换是图像处理中从图像中识别几何形状的基本方法之一。Hough 变换的基本原理在于利用点与线的对偶性，将原始图像空间的给定的曲线通过表达形式变为参数空间的一个点。这样就把原始图像中给定曲线的检测问题转化为寻找参数空间中的点密度峰值问题，也即把检测整体特性转化为检测局部特性，比如检测直线、椭圆、圆、弧线等。

狭义的 Hough 变换能够提供一种方式找到直线/圆形边缘特征，广义上的 Hough 变换可以找到想要的任何可以描述的特征。

### 7.5.1 Hough 变换的原理

Hough 变换是一种检测、定位直线和解析曲线的有效方法。它是把二值图变换到 Hough 参数空间，在参数空间用极值点的检测来完成目标的检测。下面以直线检测为例，说明 Hough 变换的原理。

在图像空间里，一条直线方程可由两个点 $A(x_1, y_1)$ 和 $B(x_2, y_2)$ 确定，如图 7.13 所示，可表示为：$y=kx+b$。

另一方面，$y=kx+b$ 也可以表示为关于 $k$、$b$ 的函数表达式，即在霍夫（Hough）空间中表示：

$$\begin{cases} b=-kx_1+y_1 \\ b=-kx_2+y_2 \end{cases} \tag{7.32}$$

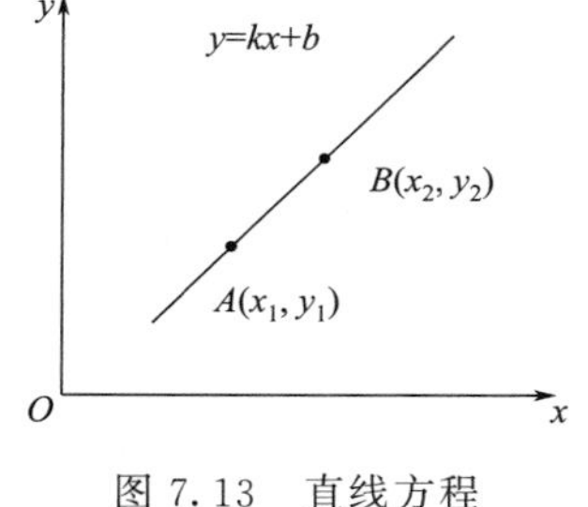

图 7.13 直线方程

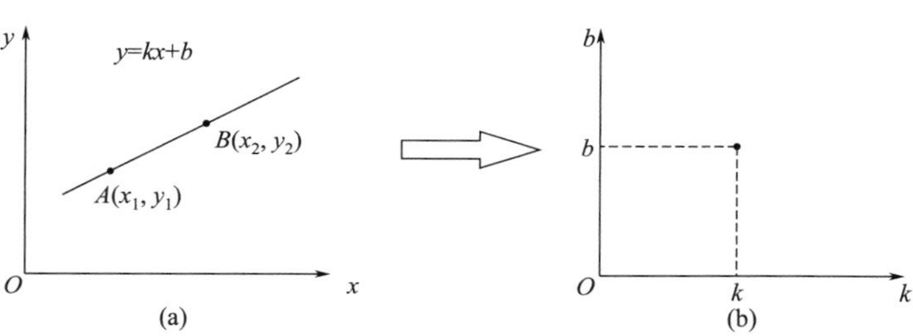

图 7.14 Hough 变换过程

对应的变换可通过图形直观表示，如图 7.14。

变换后的空间即为霍夫空间，也称参数空间，且图像平面直角坐标系中的一条线对应参数空间里的一个点。反之，参数空间里的一条线对应图像平面直角坐标系中的一个点，如图 7.15 所示。

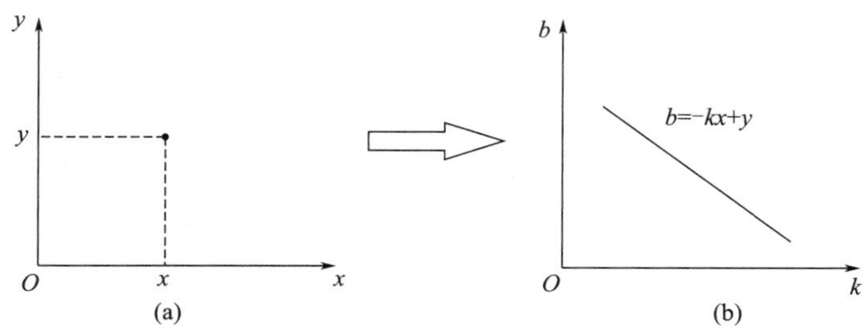

图 7.15 原空间与霍夫空间单点对应关系

图像平面直角坐标系中共线的 A、B 两点对应在参数空间里的情况，如图 7.16 所示。图像平面直角坐标系中三点共线的情况对应在参数空间里，如图 7.17 所示。

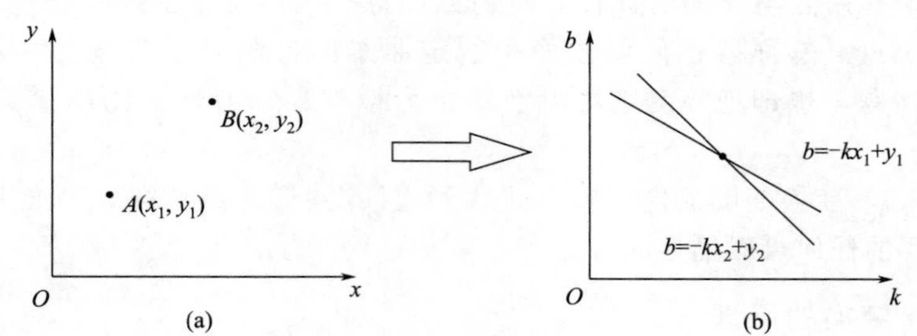


图 7.16　原空间与霍夫空间两点对应关系

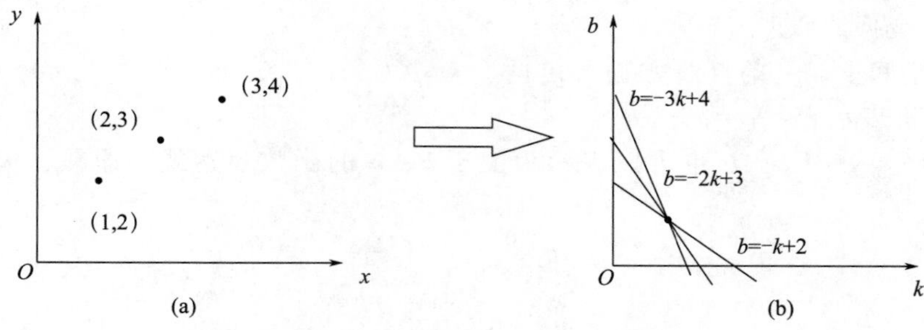


图 7.17　三点共线情况霍夫空间对应关系

综上可以看出，如果图像平面直角坐标系中的点共线，那么这些点在参数空间内对应的直线必然会交于一点，这是必然的，即点共线的情况只有一种取值可能。

图像平面直角坐标系中存在多点，且由点能构成多条直线的情况，如图 7.18 所示。

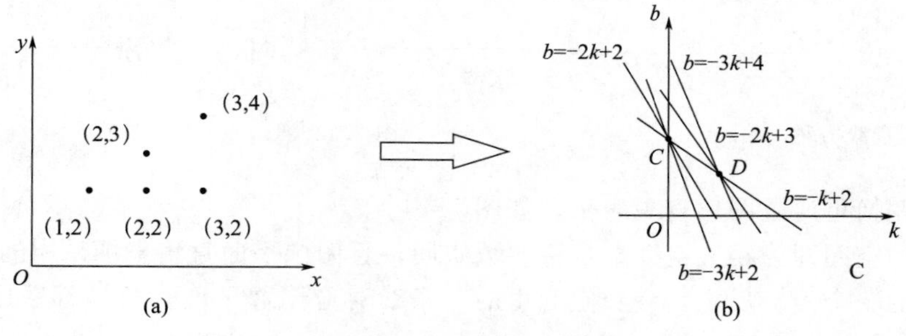


图 7.18　原空间和霍夫空间多点对应关系

图中 $C$、$D$ 两点是由三条直线汇成，这也是霍夫变换的后处理的基本方式：选择由尽可能多的直线汇成的点，对应到图像直角坐标系中就是所要求得的直线。

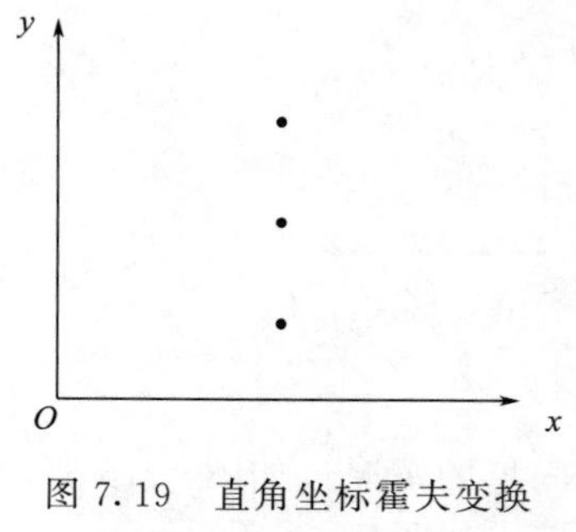


图 7.19　直角坐标霍夫变换特殊情况——垂直共线

这种方法存在一个问题，倘若图像直角坐标系中出现垂直共线的点，如图 7.19 所示，此时直线的斜率 $k=\infty$，这在参数空间中是不方便表示的。

解决这种问题的方法之一是，更改这条直线的表达方式，将直线方程转化为极坐标方程（图 7.20）：

$$x\cos\theta + y\sin\theta = \rho \tag{7.33}$$

此时的参数空间不再是 $k$、$b$ 的参数，而是 $\theta$、$\rho$ 的参

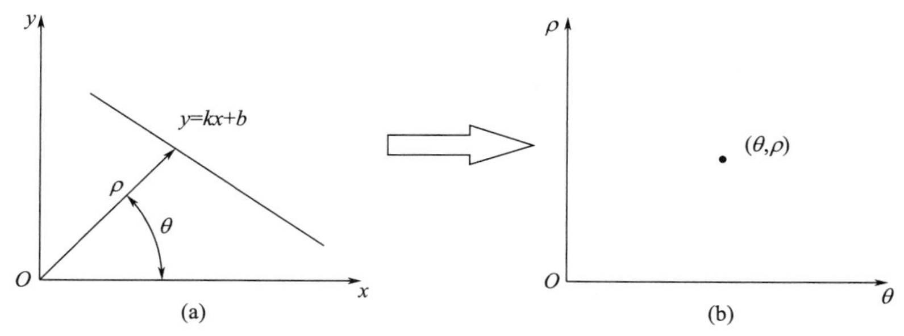

图 7.20 极坐标表示法霍夫变换对应关系

数。$\theta$ 和 $\rho$ 参数的几何解释如图 7.20（a）所示。原坐标系中的直线仍对应着参数空间里的点，原坐标系中的一个点，仍对应参数空间里的一条曲线。极坐标表示法共线点与霍夫变换对应关系见图 7.21。

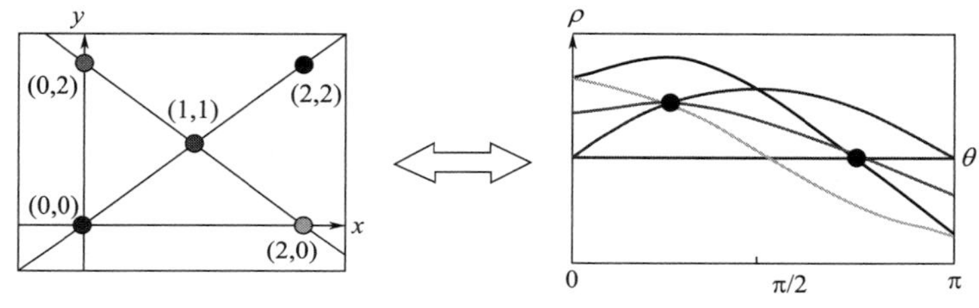

图 7.21 极坐标表示法共线点与霍夫变换对应关系

若图像极坐标系上有一组点共线，则各点在参数空间内所对应的曲线相交于同一点，如图 7.22 所示。

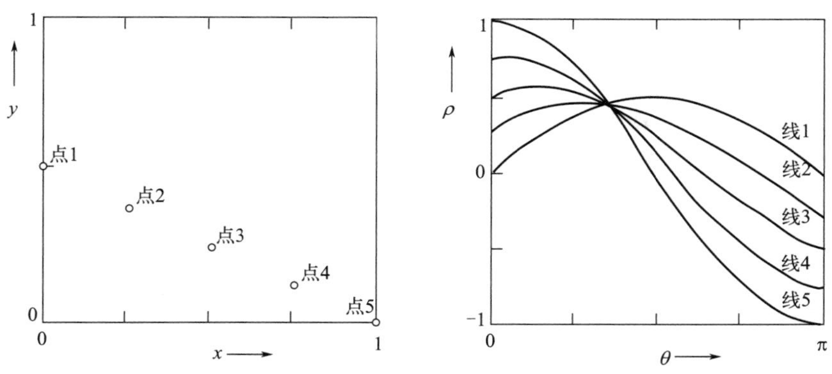

图 7.22 极坐标表示法多点共线点与霍夫变换对应关系

此时只要求得参数空间内曲线的交点，即可得到原坐标系下的直线。以上便是霍夫变换的基本原理。霍夫变换计算上的魅力就在于可以将 $\theta$-$\rho$ 参数空间划分为累加单元，如图 7.23 所示。其中 $-90° \leqslant \theta \leqslant 90°$，$-D \leqslant \rho \leqslant D$，$D$ 是图像中对角的最大距离。

该累加单元的大小决定了结果的准确性，若希望角度的精度为 1°，那就需要 180 列。参数空间上的细分程度决定了最终找到直线上点的共线精度，分割得越精细越好。但是分得越细，计算量也越大。累加单元中的各个小单元具有累加值，其初始值为 0，且各个小单元对应于参数空间坐标相关联的正方形。

对于原坐标系内的每个非背景点，代入极坐标方程中，然后遍历 $\theta$ 的取值，分别求出

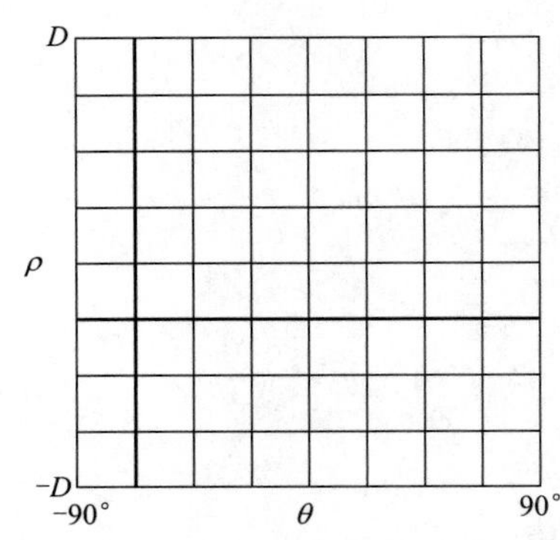


图 7.23　$\theta$-$\rho$ 参数空间累加单元划分

对应的 $\rho$ 值，对应在累加单元中最接近的单元，并使该单元值加一。在这一过程结束后，搜索累加单元中的最大值，并找到其对应的（$\rho$，$\theta$），就可将图像中的直线表达出来。

Hough 变换同样适用于方程已知的曲线检测。图像坐标空间中的一条已知的曲线方程也可以建立起相应的参数空间。由此，图像坐标空间中的一点，在参数空间中就可以映射为相应的轨迹曲线或者曲面。

若参数空间中对应各个间断点的曲线或者曲面能够相交，就能找到参数空间的极大值以及对应的参数；若参数空间中对应各个间断点的曲线或者曲面不能相交，则说明间断点不符合某已知曲线。

Hough 变换做曲线检测时，最重要的是写出图像坐标空间到参数空间的变换公式。与直线检测一样，曲线检测也可以通过极坐标形式计算。需要注意的是，通过 Hough 变换做曲线检测，参数空间的大小将随着参数个数的增加呈指数增长的趋势。如在检测圆时，其方程存在三个参数，在三维参数空间中，这三个参数导致了类似立体的累加单元。所以在实际使用时，要尽量减少描述曲线的参数数目。因此，这种曲线检测的方法只对检测参数较少的曲线有意义。

Hough 变换的优点是抗噪声能力强，能够在信噪比较低的条件下，检测出直线或解析曲线。缺点是需要首先做二值化以及边缘检测等图像预处理工作，使输入图像转变成宽度为一个像素的直线或曲线形式的点阵图，会损失掉原始图像中的许多信息。

Hough 变换是用于检测平面内的直线和二次曲线的，实际应用中，物体的轮廓不能用直线和二次曲线来描述，有必要将 Hough 变换作进一步的推广。

### 7.5.2　广义 Hough 变换

霍夫变换最初被设计成用来检测能够精确地解析定义的形状（例如直线、圆、椭圆等）。在这些情况下，可以通过对于形状信息的充分了解来找出它们在图像中的位置和方向。也就是霍夫变换只适用于具有解析表达式的形状，而一般的形状没有解析表达式，因此霍夫变换对于一般形状无能为力。为此，Dana H. Ballard 在 1981 年提出了广义霍夫变换（generalized Hough transform，GHT），它在霍夫变换的基础上根据模板匹配的原理进行了调整。广义霍夫变换不要求能够给出需要检测的形状的解析式，它可以检测任意给定的形状。

广义霍夫变换的实现流程包括保存图形特征和在图像中寻找相似图形特征。假如需要检测一个图形，如图 7.24 所示。

首先在图形中寻找任一参考点（$x_c$，$y_c$），以及边缘点（$x$，$y$），由参考点向边缘点引一条线段，它的长度为 $r$，角度为 $\alpha$（与 $x$ 轴正方向的夹角），关系如下式：

$$x_c = x + r\cos\alpha \tag{7.34}$$

$$y_c = y + r\sin\alpha \tag{7.35}$$

然后将模型中的一些特征保存下来，这里的特征点是图形的所有边缘点。在特征点的特征中，除了上面提到的 $r$ 和 $\alpha$，还有 $\varphi$，它是特征点（边缘点）的切线与 $x$ 轴正方向的夹角；显然，$\varphi$ 不受参考点选取的影响，它是图形的固有属性。

由于图形是不规则的，一个 $\varphi$ 可能对应多个 $r$ 和 $\alpha$，特征就是这样保存起来的。对于每一个特征点，计算它的 $\varphi$，在保存的特征中，以 $\varphi$ 为索引检索对应的 $r$ 和 $\alpha$，对于每一个（$\alpha$，$r$），计算 $x_c$ 和 $y_c$ 的值，对应的累加单元加一，这与上节讲述的霍夫变换类似。

当所有的特征点都计算完成后，寻找参数空间中累加值大于阈值的单元，对该单元进行过累加的那些特征点即为目标边缘。至此完成了物体的识别。

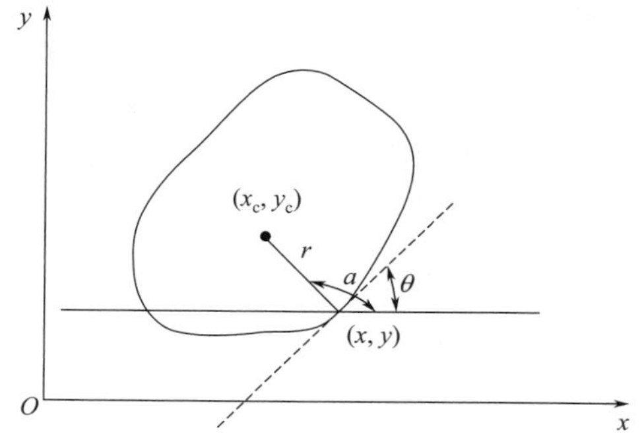

图 7.24　任意曲线边缘检测霍夫变换

广义霍夫变换本质上是一种用于物体识别的方法，它对部分或轻微变形的形状及对于图像中存在的其他结构（即其他线条、曲线等）干扰鲁棒性好，且抗噪声能力强，一次遍历即可找到多个同类目标。不过广义霍夫变换需要大量的存储空间和计算算力。

## 7.6　图像分割的 OpenCV 实现

图像分割是计算机视觉的重要功能，虽然涉及许多较深奥的数学算法，但 OpenCV 提供了多种分割的封装方法，以便于使用者快速完成兴趣对象提取与图像预处理。

### 7.6.1　图像阈值分割方法

（1）灰度阈值分割

灰度阈值分割方法是最传统、最基本的图像分割方法，通过灰度阈值分割可以实现对图像前景和背景的分割。OpenCV 提供了多种阈值分割方法，其中 threshold（）方法的语法规则如下：

```
retval,dst = cv2.threshold(src,thresh,maxval,type)
```

参数说明：

src：被处理的图像，可以是多通道图像。

thresh：阈值。

maxval：阈值分割最大值。

type：阈值分割类型，参照表 7.1。

返回值说明：

retval：处理时所采用的阈值。

dst：经过阈值分割后的图像。

**表 7.1　阈值分割类型及含义**

| 类型 | 含义 |
|---|---|
| cv2.THRESH_BINARY: | 二值化阈值处理 |
| cv2.THRESH_BINARY_INV: | 反二值化阈值处理 |
| cv2.THRESH_TOZERO: | 低于阈值零处理 |
| cv2.THRESH_TOZERO_INV: | 超出阈值零处理 |
| cv2.THRESH_TRUNC: | 截断阈值处理 |

**实例 7.1**：对原始图片进行阈值分割。

选择不同阈值可以获得不同的分割效果，阈值分割代码如下：

```
import cv2
img = cv2.imread("../image/black.png",0)#灰度图像
t1,dst1 = cv2.threshold(img,200,255,cv2.THRESH_BINARY)# 二值化阈值处理
cv2.imshow('img',img)# 显示原图
cv2.imshow('dst1',dst1)# 二值化阈值处理效果图
cv2.waitKey()# 按下任意键盘按键后
cv2.destroyAllWindows()# 释放所有窗体
```

采用阈值为 100 或 200 阈值分割的效果如图 7.25 所示，从显示结果可以看出，选择不同的分割阈值，会获得不同的分割效果。

图 7.25 阈值分割效果

(2) 基于直方图的阈值分割

可以使用自动阈值分割和大津方法完成阈值分割。

**实例 7.2**：使用大津方法分割图像。

在 OpenCV 中，在函数 cv2.threshold () 的 type（类型）参数中多传递一个参数"cv2.THRESH_OTSU"，即可实现大津方法的阈值分割。具体代码如下：

```
import cv2
import numpy as np
import matplotlib.pylab  as plt
img = cv2.imread('../image/lena_small.jpg',0)
# 全局阈值
ret1,th1 = cv2.threshold(img,127,255,cv2.THRESH_BINARY)
# 大津阈值
ret2,th2 = cv2.threshold(img,0,255,cv2.THRESH_BINARY + cv2.THRESH_OTSU)
```

```
# 高斯滤波后大津阈值
blur = cv2.GaussianBlur(img,(5,5),0)
ret3,th3 = cv2.threshold(blur,0,255,cv2.THRESH_BINARY + cv2.THRESH_OTSU)
# 绘制图像和直方图
images = [img,0,th1,img,0,th2,blur,0,th3]
titles = ['Original Noisy Image','Histogram','Global Thresholding(v = 127)','Original Noisy Image','
Histogram',"Otsu's Thresholding",'Gaussian filtered Image','Histogram',"Otsu's Thresholding"]
for i in range(3):
plt.subplot(3,3,i * 3 + 1),plt.imshow(images[i * 3],'gray')
plt.title(titles[i * 3]),plt.xticks([]),plt.yticks([])
plt.subplot(3,3,i * 3 + 2),plt.hist(images[i * 3].ravel(),256)
plt.title(titles[i * 3 + 1]),plt.xticks([]),plt.yticks([])
plt.subplot(3,3,i * 3 + 3),plt.imshow(images[i * 3 + 2],'gray')
plt.title(titles[i * 3 + 2]),plt.xticks([]),plt.yticks([])
plt.show()
```

阈值分割结果如图 7.26 所示，由结果看出，大津方法对于前后景物的区分有较好的效果，但注意，通常在进行图像分割之前，为了减少噪声对图像分割的影响，需要先做一次或若干次的高斯模糊，以达到更好的阈值分割效果。

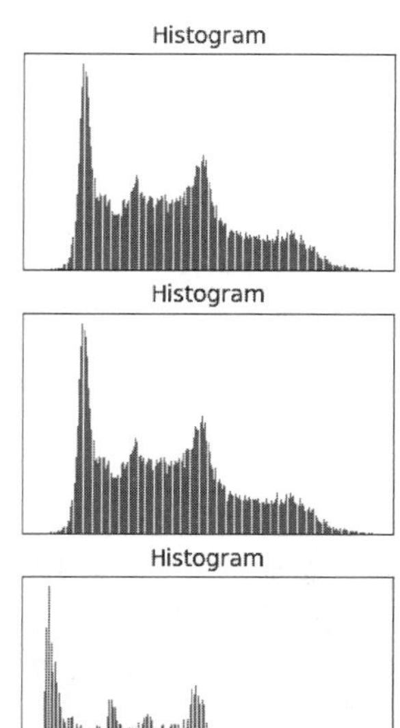

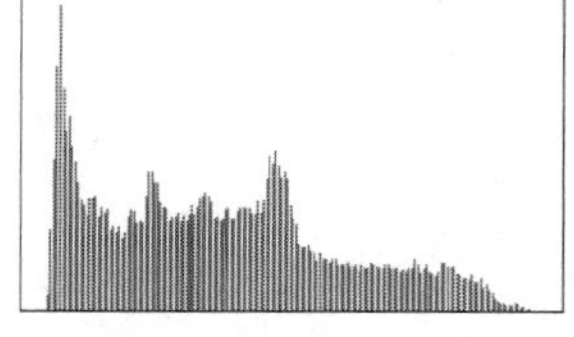

图 7.26　阈值分割结果

除了上述介绍的阈值分割方法，OpenCV 还封装了自适应阈值分割方法 cv2. adaptiveThreshold ()，该方法使用与上述方法类似，读者可自行进行分割效果比较。

### 7.6.2　图像梯度运算与微分算子

微分和梯度运算可以获得图像的高阶及边缘特征，前面已经介绍了卷积和滤波计算方法，对于不同的微分算子，可以通过 filter2D（详见 5.4.4）方法完成自定义微分算子的卷积运算。

（1）低通与高通滤波的 OpenCV 实现

**实例 7.3：** 完成图像低通与高通滤波。

通过对频域图像完成截取操作实现 lena _ small.jpg 图像的低通和高通滤波，高通滤波具体代码如下：

```
import cv2 as cv
import numpy as np
from matplotlib import pyplot as plt
img = cv.imread('../image/lena_small.jpg',0)
f = np.fft.fft2(img)#傅里叶变换
fshift = np.fft.fftshift(f)#低频区域转换
rows,cols = fshift.shape
crow,ccol = int(rows/2),int(cols/2)#图像中心
mask = np.ones((rows,cols))#蒙板设计
mask[crow-30:crow + 30,ccol-30:ccol + 30] = 0#高通掩模
newfshift = fshift * mask #用乘法代替逻辑与
fimg = np.log(np.abs(newfshift))#频域图像显示
ishift = np.fft.ifftshift(newfshift)
iimg = np.fft.ifft2(ishift)#傅里叶逆变换
iimg = np.abs(iimg)#高通图像显示
plt.subplot(131),plt.imshow(img,'gray'),plt.title('Original Image')
plt.axis('off')
plt.subplot(132),plt.imshow(fimg,'gray'),plt.title('FFT Modified')
plt.axis('off')
plt.subplot(133),plt.imshow(iimg,'gray'),plt.title('Result Image')
plt.axis('off')
plt.show()
```

高通滤波效果如图 7.27 所示，从图示结果看出，图像去除了低频部分后，图像主体表现内容消失，只剩下边缘部分的信息。

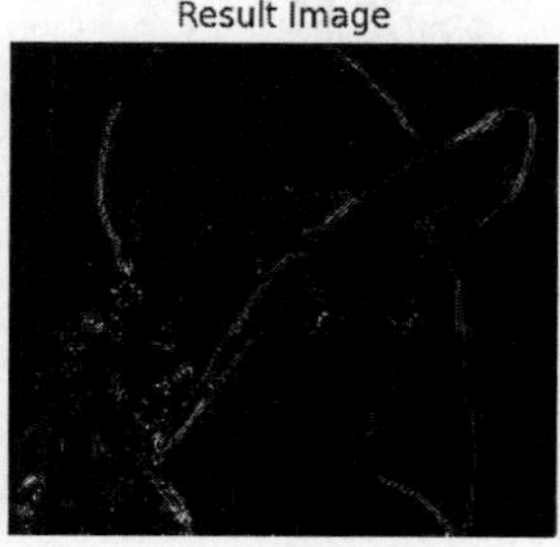


图 7.27　高通滤波效果

如果需要低通滤波，只需要把掩模部分改为：

```
mask = np.zeros((rows,cols))#蒙板设计
mask[crow-30:crow + 30,ccol-30:ccol + 30] = 1
```

低通滤波的执行结果如图 7.28 所示。从结果看出，保留了低频部分后，图像主体信息保留，但是图像的边缘变得不清晰，出现了振铃效应。

Original Image

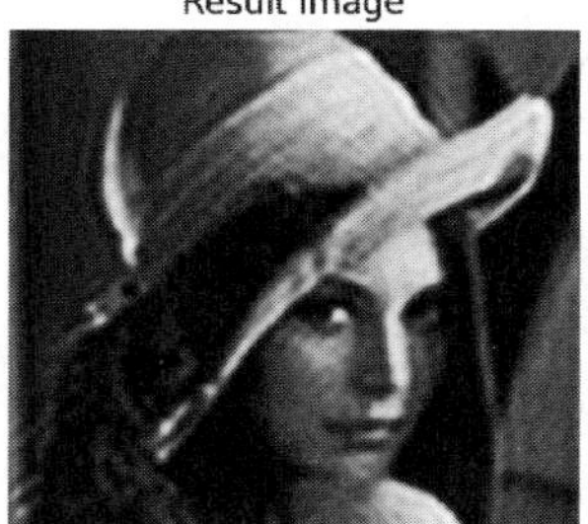


图 7.28　低通滤波结果

（2）使用微分算子完成边缘检测

**实例 7.4：** 自定义算子边缘检测。

使用微分算子自定义滤波核能够完成多种图像处理功能。分别使用 Robert、Prewitt、Sobel 和 Laplace 算子进行图像处理，具体代码如下：

```
import cv2 as cv
import numpy as np
src = cv.imread("../image/lena_small.jpg",0)
cv.namedWindow("input",cv.WINDOW_AUTOSIZE)
cv.imshow("input",src)
RobertX = np.array([[-1,0],[0,1],],np.int32)
RobertY = np.array([[0,-1],[1,0],],np.int32)
Prewitt_Horizon = np.array([[-1,-1,-1],[0,0,0],[1,1,1]],np.int8)
Prewitt_Vertical = np.array([[-1,0,1],[-1,0,1],[-1,0,1]],np.int8)
Prewitt_Angle = np.array([[0,1,1],[-1,0,1],[-1,-1,0]],np.int8)
Soble_Horizon  = np.array([[-1,-2,-1],[0,0,0],[1,2,1]],np.int8)
Soble_Vertical  = np.array([[-1,0,1],[-2,0,2],[-1,0,1]],np.int8)
Soble_Angle  = np.array([[0,1,2],[-1,0,1],[-2,-1,0]],np.int8)
Laplace1  = np.array([[-1,-1,-1],[-1,8,-1],[-1,-1,-1]],np.int8)
Laplace2  = np.array([[0,-1,0],[-1,4,-1],[0,-1,0]],np.int8)
dst1  = cv.filter2D(src,-1,RobertX)
dst2  = cv.filter2D(src,-1,RobertY)
dst3  = cv.filter2D(src,-1,Prewitt_Horizon)
dst4  = cv.filter2D(src,-1,Prewitt_Vertical)
dst9  = cv.filter2D(src,-1,Prewitt_Angle)
dst5  = cv.filter2D(src,-1,Soble_Horizon)
dst6  = cv.filter2D(src,-1,Soble_Vertical)
dst10  = cv.filter2D(src,-1,Soble_Angle)
dst7  = cv.filter2D(src,-1,Laplace1)
dst8  = cv.filter2D(src,-1,Laplace2)
cv.imshow("RobertX",dst1)
cv.imshow("RobertY",dst2)
cv.imshow("Prewitt_Horizon",dst3)
cv.imshow("Prewitt_Vertical",dst4)
cv.imshow("Prewitt_Angle",dst9)
```

```
cv.imshow("Soble_Horizon",dst5)
cv.imshow("Soble_Vertical",dst6)
cv.imshow("Soble_Angle",dst10)
cv.imshow("Laplace1",dst7)
cv.imshow("Laplace2",dst8)
cv.waitKey(0)
```

不同算子的滤波结果如图 7.29 所示，通过结果对比看出，不同算子在边缘提取方面存在不同效果，即使相同类型的算子，由于采用不同的算子滤波核，在不同方向边缘的提取也存在很大不同。除此之外，Canny 算子也是当前使用较广泛的图像处理微分算子，其应用方法将在后文图像边缘提取中予以介绍。

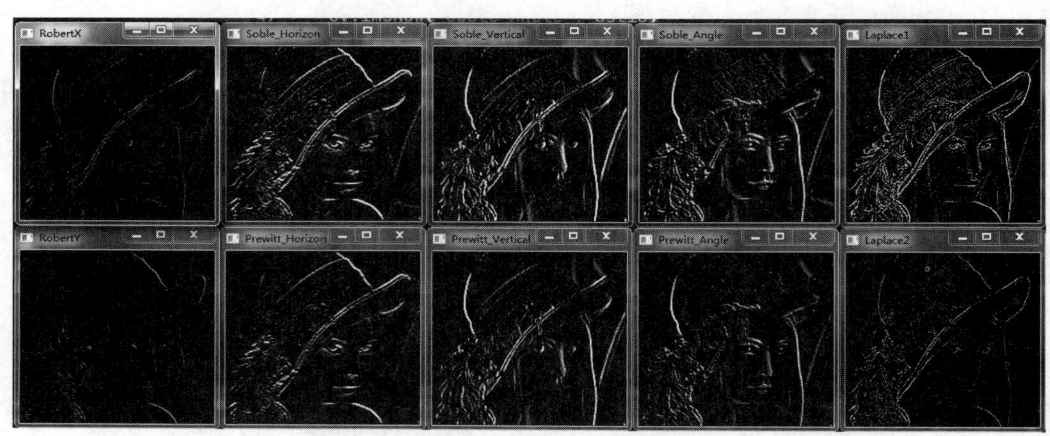


图 7.29　多种算子滤波结果

### 7.6.3　图像边缘提取与 Hough 变换

边缘提取是计算机视觉的重要功能，通过对这些边缘轮廓进行描绘，进而获取图像特征。OpenCV 封装了多种边缘提取方法，下面逐一进行详细介绍。

(1) 边缘提取方法与实现

OpenCV 使用 findContours () 方法进行边缘提取，并且可以用函数 cv2.drawContours () 将轮廓绘制出来。其语法如下：

```
contours,hierarchy = cv2.findContours(image,mode,method)
```

参数说明：

image：表示输入图像，要求是二值图或者 uint8 单通道图（即二值图或者灰度图）。

mode：表示轮廓检索模式，具体包括以下模式。

cv2.RETR _ EXTERNAL 表示只检测外轮廓。

cv2.RETR _ LIST 表示对检测到的轮廓不建立等级关系。

cv2.RETR _ TREE 表示建立一个等级树结构的轮廓。

cv2.RETR _ CCOMP 表示检索所有轮廓并将它们组织成两级层次结构。

method：表示轮廓的近似方法，具体包括：

cv2.CHAIN _ APPROX _ NONE 表示存储所有的轮廓点。

cv2.CHAIN _ APPROX _ SIMPLE 表示压缩水平方向、垂直方向、对角线方向的元素，只保留该方向的终点坐标。

返回值说明：

contours：表示返回的轮廓。

hierarchy：表示图像的拓扑信息（轮廓层次）。

**实例 7.5：** 对 contours. png 图像进行边缘提取。

使用 findContours（）和 cv2. drawContours（）进行图像边缘提取，具体代码如下：

```
import cv2
img = cv2.imread('../image/contours.png')
gray = cv2.cvtColor(img,cv2.COLOR_BGR2GRAY)# 彩色图像转变成单通道灰度图像
t,binary = cv2.threshold(gray,127,255,cv2.THRESH_BINARY)# 灰度图像转为二值图像
# 检测图像中出现的所有轮廓,记录轮廓的每一个点
contours,hierarchy = cv2.findContours(binary,cv2.RETR_LIST,cv2.CHAIN_APPROX_NONE)
# 绘制所有轮廓,宽度为 5 像素,颜色为红色
cv2.drawContours(img,contours,-1,(0,0,255),5)
cv2.imshow("img",img)# 显示绘制结果
cv2.waitKey()# 按下任意键盘按键后
cv2.destroyAllWindows()# 释放所有窗体
```

对图像 contours. png 边缘提取结果如图 7. 30 所示。

图 7. 30　图像边缘提取

**实例 7.6：** Canny 算子边缘提取。

在实际边缘检测过程中，各种算子都有其优缺点及适用条件。Canny 算子有两个阈值，如果一个像素的梯度大于上限阈值，则被认为是边缘像素；如果低于下限阈值，则被抛弃；如果介于二者之间，只有当其与高于上限阈值的像素连接时才会被接受。Canny 算子也是现阶段使用最广泛、通用性最强的一种微分算子。使用 Canny 算子进行边缘提取代码如下：

```
import cv2
img = cv2.imread("../image/lena_small.jpg",0)# 读取原图
r1 = cv2.Canny(img,10,50);# 使用不同的阈值进行边缘检测
r2 = cv2.Canny(img,100,200);
r3 = cv2.Canny(img,400,600);
contours,hierarchy = cv2.findContours(r1,cv2.RETR_LIST,cv2.CHAIN_APPROX_NONE)
cv2.drawContours(r1,contours,-1,255,2)
contours,hierarchy = cv2.findContours(r2,cv2.RETR_LIST,cv2.CHAIN_APPROX_NONE)
cv2.drawContours(r2,contours,-1,255,2)
```

```
contours,hierarchy = cv2.findContours(r3,cv2.RETR_LIST,cv2.CHAIN_APPROX_NONE)
cv2.drawContours(r3,contours,-1,255,2)
cv2.imshow("img",img)# 显示原图
cv2.imshow("r1",r1)# 显示边缘检测结果
cv2.imshow("r2",r2)
cv2.imshow("r3",r3)
cv2.drawContours(r3,contours,1,(0,0,255),5)
cv2.waitKey()# 按下任意键盘按键后
cv2.destroyAllWindows()# 释放所有窗体
```

采用 Canny 算子进行边缘提取的结果如图 7.31 所示，结果表明，通过合理选择 Canny 算子阈值，可以使图像达到较好的边缘提取效果。

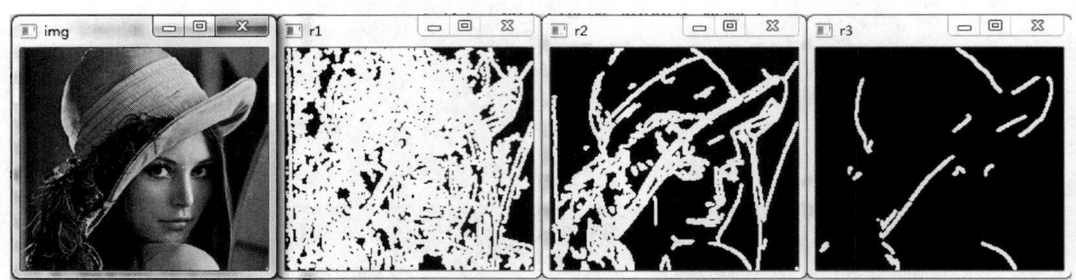


图 7.31　Canny 算子图像边缘提取

（2）霍夫变换

霍夫变换是一种特征检测，主要用来判断直线和圆。OpenCV 将霍夫变换封装成 HoughLines（）检测直线、HoughLinesP（）检测线段以及 HoughCircles（）检测圆等函数。其中 HoughLinesP（）的使用方法如下，其他函数使用类似。

```
lines = cv2.HoughLinesP(image,rho,theta,threshold,minLineLength,maxLineGap)
```

参数说明：

image：检测的原始图像。

rho：检测直线使用的半径步长。

theta：搜索直线的角度（单位：弧度），值为 π/180 时，表示检测所有角度。

threshold：阈值，该值越小，监测出的直线越多。

minLineLength：线段的最小长度，小于该长度的直线不会记录到结果中。

maxLineGap：线段之间的最小距离。

返回值说明：

lines：一个数组，元素为所有检测出的线段。

**实例 7.7**：检测 book.jpg 图像中的线段。

使用霍夫变换找到线段，首先要完成边缘检测，具体代码如下：

```
import cv2
import numpy as np
img = cv2.imread("../image/book.jpg")# 读取原图
img = cv2.medianBlur(img,5)# 使用中值滤波进行降噪
gray = cv2.cvtColor(img,cv2.COLOR_BGR2GRAY)# 从彩色图像变成单通道灰度图像
binary = cv2.Canny(img,100,100)# 绘制边缘图像
# 检测直线,精度为 1,全角度,阈值为 15,线段最短 100,最小间隔为 18
```

```
lines = cv2.HoughLinesP(binary,1,np.pi / 180,80,minLineLength = 30,maxLineGap = 100)
for line in lines: # 遍历所有直线
x1,y1,x2,y2 = line[0]# 读取直线两个端点的坐标
cv2.line(img,(x1,y1),(x2,y2),(0,0,255),2)# 在原始图像上绘制直线
cv2.imshow("img",img)# 显示绘制结果
cv2.waitKey()# 按下任意键盘按键后
cv2.destroyAllWindows()# 释放所有窗体
```

图像霍夫变换结果如图 7.32 所示，结果表明需要 Canny 算子和霍夫变换相互配合才会得到较好的轮廓提取效果。

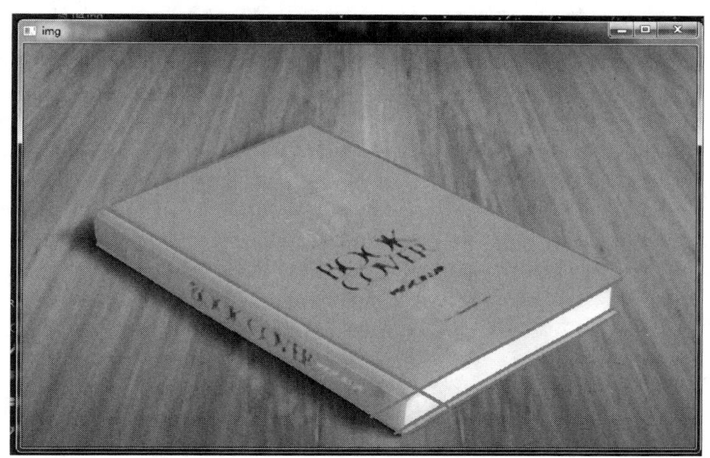


图 7.32　图像轮廓提取

**实例 7.8：** 检测 paopao.png 图像中的圆形轮廓。

使用 HoughCircles () 方法可以完成对圆形轮廓的提取，具体代码如下：

```
import cv2
import numpy as np
img = cv2.imread("../image/paopao.png")# 读取原图
o = img.copy()# 复制原图
o = cv2.medianBlur(o,5)# 使用中值滤波进行降噪
gray = cv2.cvtColor(o,cv2.COLOR_BGR2GRAY)# 从彩色图像变成单通道灰度图像
# 检测圆环,圆心最小间距为 70 单位长度,Canny 最大阈值为 100 单位长度,投票数超过 25。最小半径为 10 单位长度,最大半径为 50 单位长度
circles = cv2.HoughCircles(gray,cv2.HOUGH_GRADIENT,1,50,param1 = 100,param2 = 25,minRadius = 10,maxRadius = 50)
circles = np.uint(np.around(circles))# 将数组元素四舍五入成整数
for c in circles[0]:# 遍历圆环结果
    x,y,r = c  # 圆心横坐标、纵坐标和圆半径
    cv2.circle(img,(x,y),r,(0,0,255),3)# 绘制圆环
    cv2.circle(img,(x,y),2,(0,0,255),3)# 绘制圆心
cv2.imshow("src",o)# 显示绘制结果
cv2.imshow("img",img)# 显示绘制结果
cv2.waitKey()# 按下任意键盘按键后
cv2.destroyAllWindows()# 释放所有窗体
```

对 paopao.png 图像的圆形轮廓提取结果如图 7.33 所示，通过完整轮廓提取，可以为后续的图像处理、图像分析提供参考。

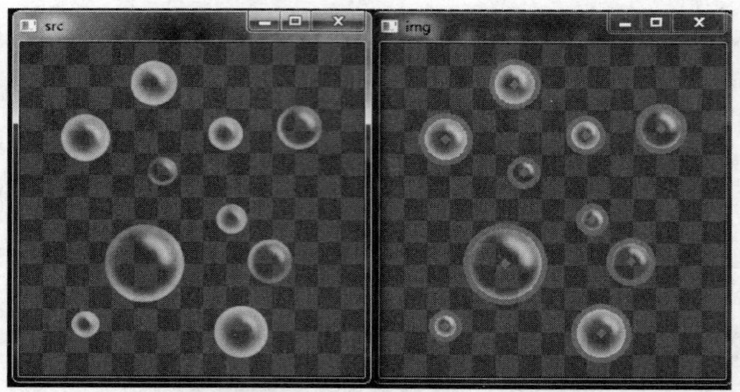


图 7.33　霍夫变化圆形轮廓提取

# 第8章 图像识别与神经网络

## 8.1 模板匹配方法

模板匹配是一种最原始、最基本的模式识别方法，研究某一特定对象物的图案位于图像的什么地方，进而识别对象物，这就是一个匹配问题。它是图像处理中最基本、最常用的匹配方法。模板匹配具有自身的局限性，主要表现在它只能进行平行移动，若原图像中的匹配目标发生旋转或大小变化，该算法效果将大打折扣。

### 8.1.1 图像匹配的定义

图像匹配问题的求解方法一直以来是人们研究的热点和难点。其基本原理是在变换空间中寻找一种或多种变换，使来自不同时间、不同传感器或者不同视角的同一场景的两幅或多幅图像在空间上呈现出一致或相似的特征。

图像匹配是图像分析技术中关键的环节，主要应用于以下三个方面：机器视觉和模式识别——如图像分割、目标识别、轮廓重建、运动跟踪、立体测图和特征提取；医学图像分析——诸如肿瘤检测等医学图像诊断、血管分类和子宫颈涂片检查等生物医学研究；遥感数据处理——用于农作物、地质、海洋、矿产资源、城市、森林和目标定位方面的军用和民用场景中。此外，在语音理解、机器人探伤、计算机辅助设计以及天文学等领域也广泛应用了图像匹配技术。然而，由于拍摄时间、拍摄角度、自然环境的变化、多种传感器的使用和传感器本身的缺陷，拍摄的图像不仅易受噪声的影响，而且通常存在失真和畸变。在这种条件下，要求匹配算法具有精度高、匹配正确率高、速度快、鲁棒性和抗干扰性强以及具有并行能力的特征。

如图8.1所示，设两幅图像$A$和$B$具有垂直方向的重叠区域（双箭头所指），其中图像$A$中有一模板图像块$T$，图像$B$中箭头所示为搜索区域$S$，设模板$T$叠放在搜索区域$S$上平移，模板覆盖下的那块搜索图叫作子图$S(i,j)$，$(i,j)$为子图$S(i,j)$的左上角在搜索区域$S$中的坐标，若$S$的大小为$MN$，$T$的大小为$XY$则$i$、$j$的取值范围分别

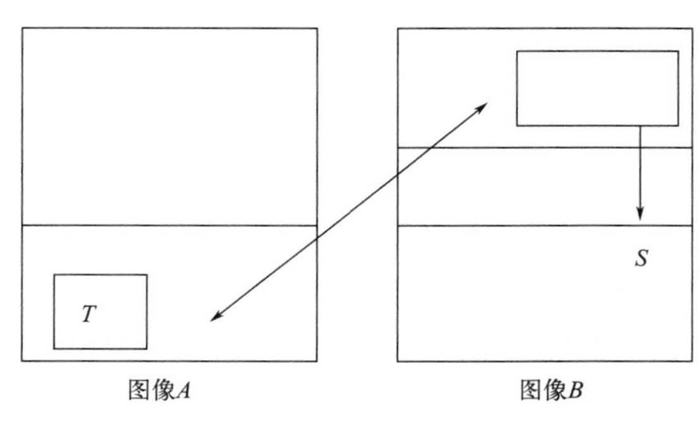


图8.1　模板匹配法示意图

为 $1<i<M-X+1$，$1<j<N-Y+1$。

在图像匹配的过程中，通常不考虑亮度变换，所以图像匹配问题的实质可以简化为针对特定问题在特征空间中寻找最佳的几何变换，如仿射变换、多项式变换或者弹性变换等，使得两幅图像之间的某种测度最大或最小。因此，对于图像匹配问题来说，特征空间、相似性测度、几何变换类型以及变换参数的搜索策略是模板匹配过程中的关键因素。

（1）特征空间

匹配的过程中，第一步就是特征空间的选择。特征空间是由参与匹配的图像特征构成的，选取了特征空间就决定了匹配的对象。这些特征可以是图像本身的亮度，可以是线特征如边缘、曲线、表面，可以是点特征如交点、直线交点、高曲率的点，也可以是统计特征。此外，深层次的结果和语义描述也可作为匹配的特征，特征空间是几乎所有的高层图像处理或者计算机视觉的基础。无论是何种特征，都希望它们具有几何变换不变性，对图像的污损、噪声及遮挡等不敏感。选择好的特征可以提高匹配性能、降低搜索空间、减小噪声等不确定性因素对匹配算法的影响。

（2）相似性测度

图像匹配的第二步就是设计或选择相似性测度。这个阶段和匹配特征的选取有很大关系。相似性测度是指用什么度量来确定待匹配特征之间的相似性，它通常定义为某种损失函数（loss function）或者是距离函数的形式。经典的相似性测度包括相关函数和欧式距离等，其中相关函数又包括绝对差相关、平均平方差、归一化的互相关系数、相位相关、统计相关、匹配滤波器、局部相关、均方根误差、掩模相关等。

（3）几何变换类型

图像几何变换是图像匹配技术中最基本的特征，它用来解决两幅图像之间的几何位置差别，包括刚体变换、仿射变换、透视变换、投影变换、非线性变换和弹性变换模型等。

刚体变换：如果第一幅图像中的两点间的距离经变换到第二幅图像中仍保持不变，则这种变换称为刚体变换。刚体变换是最常用的一种图像几何变换，它可分解为平移、旋转和镜像翻转。

仿射变换：经过变换后第一幅图像上的直线映射到第二幅图像上仍为直线，并且保持平行关系，这样的变换称为仿射变换。仿射变换可以分解为线性变换和平移变换。

透视变换：是指利用透视中心、像点、目标点三点共线的条件，按透视旋转定律使承影面（透视面）绕迹线（透视轴）旋转某一角度，改变原有的投影光线束，仍保持投影几何图形不变的变换。

投影变换：经过变换后第一幅图像上的直线映射到第二幅图像上仍为直线，但平行关系有所改变，这样的变换称为投影变换。投影变换可用高维空间上的线性矩阵变换来表示。

非线性变换：非线性变换可以把直线变换为曲线。非线性变换比较适用于那些具有全局性形变的图像匹配问题，以及整体近似刚体但局部有形变的匹配情况。

弹性变换：图像变换从某个角度上可以看作是一个弹性的材料经过最小的弯曲和拉伸变换的结果。弯曲和拉伸的量由弹性材料的能量状态来表示。弹性变换将图像模型化为一个弹性的整体，用整体“拉伸”的外力来表示两幅图像之间点或者特征点的相似性。基于弹性模型的匹配方法通常利用硬度或者是光滑度等参数对模型进行约束，最后确定的最小能量状态将决定匹配的变形变换模板，这个过程通常通过迭代计算完成。

对于大部分的图像特征和相似性测度来说计算量比较大，因此图像匹配的最后一步就是在搜索空间中选择有效的搜索策略。搜索空间是指用来校准图像的图像变换集。可以在特征空间上利用相似性测度计算完成集合中的每一个变换。然而，在利用相关函数作为相似性测度的方法中，减少计算相似性测度的次数是很重要的。图像失真越严重，对于减少计算量的要求就越迫切。

搜索策略决定如何在搜索空间中选择下一个变换，如何测试并搜索出最优的变换。常用的搜索策略包括穷尽搜索、分层搜索以及多分辨率技术、判决序列、松弛匹配、广义变换、线性规划、深度树匹配、动态规划、启发式搜索、模拟退火算法、遗传算法和神经网络等。其中，遗传算法采用非遍历寻优搜索策略，可以保证寻优搜索的结果具有全局最优性，所需的计算量较之穷尽搜索小很多；神经网络具有分布式存储和并行处理方式、自组织和自学习功能以及很强的容错性和鲁棒性。因此，近年来，这两种方法在图像匹配中得到了更为广泛的使用。

在成像过程中，噪声及遮挡等原因会导致一幅图像中的特征基元在另一幅图像中有几个候选特征基元或者无对应基元，这些都是初级视觉中的不适定问题，通常在正规化框架下用各种约束条件来解决。常用的约束形式有唯一性约束、连续性约束、相容性约束和顺序一致性约束等。

同一场景在不同条件下投影所得到的二维图像会有很大的差异，这主要是由如下因素引起的：传感器噪声、成像过程中视角改变引起的图像变化、目标移动和变形、光照或者环境改变带来的图像变化以及多种传感器的使用等。为解决上述图像畸变带来的匹配困难，人们提出了许多匹配算法，这些匹配算法分为基于区域的匹配和基于特征的匹配。

### 8.1.2 基于区域的匹配

基于区域的匹配算法又称为相关匹配或模板匹配算法，它是将匹配图像的像素以一定窗口大小的灰度阵列，按某种或几种相似性测度顺序进行搜索匹配的方法。这类算法的性能主要取决于相似性测度及搜索策略的选择。匹配窗口大小的选择也是该类方法必须考虑的问题。大窗口在景物中存在遮挡或图像不光滑的情况下会出现误匹配的问题，小窗口不能覆盖足够的灰度变换范围，因此可自适应调整匹配区域的大小来达到较好的匹配结果。基于区域的匹配算法主要包括灰度相关匹配、傅里叶相关匹配和互信息匹配算法。

（1）灰度相关匹配

灰度相关匹配是基于区域的匹配算法中最常用的一种。它是以大小与参考图像相同的窗口在更大的输入图像上一个点一个点地遍历，并计算各个位置相关函数的相关系数，相关系数最大值点就是最佳匹配位置。

灰度相关匹配算法具有不受比例因子误差的影响和抗白噪声干扰能力强等优点，能够获得较高的定位精度。但是它的计算量大，难以达到实时性要求。为了加快匹配速度，出现了各种加快算法，如多分辨率塔形结构算法、序贯相似性检测算法等。其中，前者存在失配的可能，特别是低对比度条件下失配的风险更大，它以匹配精度的损失换得速度的提高；而后者能够保证图像匹配的全局最优性，其基本思路是设计一个阈值，在计算相似性的时候，累计误差大于阈值则停止计算，这样可以减少在误匹配点上的计算量。

（2）傅里叶相关匹配

频域匹配技术对噪声有较高的容忍程度，检测结果与照度无关，可以处理图像之间的旋转和尺度变化。常用的频域相关技术为傅里叶相关匹配方法。

（3）互信息匹配

互信息匹配算法是近年来提出的基于像素相似性的匹配方法，直接使用图像像素灰度信息的统计特性作为配准的依据，不需要进行图像的分割和特征提取，因而可以避免由这些处理所造成的精度损失。基于互信息的匹配方法由于具有对光照不敏感的特性，故已在很多领域的图像匹配研究中得到了广泛应用。互信息匹配算法运算量较大，通常要求图像之间有较大的重叠区域。

综上，基于区域的匹配方法主要用于图像特征不明显或者难以提取的场景，以及平移量和旋转较小的情况。它的优点是匹配方法简单，匹配精度较高；缺点是搜索空间大，需要处理的数据量多，不利于实时操作，而且要求参考图像和目标图像相似度较高，一旦进入到信息贫乏的区域，会出现误匹配率上升。

### 8.1.3 基于特征的匹配

为克服基于灰度相关匹配方法的缺点，人们提出了基于特征的匹配方法。该类方法首先从待匹配的图像中提取特征，用相似性测度和一些约束条件确定几何变换，最后将该变换作用于待匹配图像。匹配中常用的特征有边缘、轮廓、直线、兴趣点、颜色、纹理等。基于特征的匹配算法主要包括点模式匹配算法、不变矩相关匹配算法、金字塔小波匹配算法。

（1）点模式匹配

点模式匹配技术是在不知道两幅图像的映射方式时最常用的匹配方法。点模式匹配方法如下：计算图像中的特征，在参考图像上找到特征点，即控制点，并在目标图像中找到相对应的特征点，利用这些匹配特征点计算空间映射参数，这个空间通常是多项式函数。通常需要在一幅图像中进行重采样，对另一幅图像应用空间映射和插值方法。

控制点在点模式匹配方法中起到重要的作用。因为在点匹配后，点模式匹配方法就只剩下插值或者逼近了。这样，点匹配的精度就确定了最后配准的精度。控制点可以分为内在和外部的控制点。内在控制点指的是图像中不依赖于图像数据本身的一些点，它们通常是为了匹配而放入场景中的标记点，并且很容易进行识别；外在控制点指的是那些从数据中得到的点，这些点可以是手工得到的，也可以是自动获取的。手工的控制点也就是利用人的交互得来的点，这些点一般都是刚性、稳定的并且在数据中很容易点击得到的。当然，这需要相应领域的专家知识。典型的自动定位控制点有角点、直线交点、曲线中局部最大曲率点、具有局部最大曲率的窗口中心、闭合区域重心等。这些特征通常都是在匹配的两幅图像中唯一的，并且对于局部形变的鲁棒性较强。得到控制点后，就可以对这些控制点进行匹配。另一幅图像中匹配的控制点可以用手动点击得到，也可以利用互相关等方法自动获取。

（2）不变矩相关匹配

矩作为图像的一种形状特征已经广泛应用于计算机视觉和模式识别等领域。1962 年，Hu 在代数不变量的基础上首先提出了几何矩的概念，使用几何矩的非线性组合导出了具有尺度、平移和旋转不变性的矩不变量。几何矩存在信息冗余方面的缺陷，而且对噪声比较敏感。使用不变矩相关匹配的方法无须建立点的对应信息，它的缺点是不能检测图像的局部特征，而且只适用于发生了刚体变换的图像。

（3）金字塔小波匹配

金字塔匹配方法即分层匹配算法，是直接基于人们先粗后细寻找事物的惯例而形成的。首先对被匹配的图像进行分层预处理，在分辨率最低或尺寸最小的图像上做全区域搜索，快速找到匹配点，然后以此匹配结果为基础，在更高分辨率或尺寸更大的图像上对少数几个可能位置进行匹配，依次类推，最后找到实际匹配点。金字塔匹配算法能够减少计算量，具有较高的处理速度。由于小波变换的多分辨率分解特性更符合人类的视觉生理特征，与计算机视觉中由粗到细的认识过程十分相似，因此近年来被广泛用于分层匹配技术。

综上所述，图像匹配算法经过几十年的发展已经取得了很大的进展，各种算法相继提出，但是由于拍摄环境复杂多变，现有算法在某些方面还存在缺陷，尚且没有一种算法能解决所有的图像匹配问题。现有的各类匹配方法都有各自的优缺点，如果能综合利用它们的优点将会取得更好的匹配结果。有实验结果表明多种匹配方法的结合能获得比单一匹配方法要好的结果。现有的各类匹配算法可以沿以下路径进行改进：

① 目前大多数算法是利用图像的全局特征，基于图像之间存在刚性变换的前提下提出的。但是物体的全局特征一般不容易获取，而且当物体之间存在遮挡时提取的全局特征是不可靠的，局部特征能较好地解决这一问题，因此很有必要研究基于图像的局部特征以及图像之间存在非线性变换时的匹配算法。

② 人们对灰度图像的匹配算法已经进行了比较广泛和深入的研究，对彩色图像的研究却相对较少。图像匹配在图像检索、三维重建、目标识别和跟踪以及人脸识别等领域都有非常广泛的应用，现阶段对于彩色图像的匹配研究最多的是基于颜色特征的图像检索，而对其在其他应用中的研究较少，特殊应用领域的深入研究应该得到更充分的重视。

③ 在计算机视觉领域中，传统的边缘检测和图像匹配算法等都采用自主的自下而上的过程。这一过程不依赖于高层知识，所以低层处理结果的误差将传播到高层而没有修正的机会。另外，在很多基于特征的图像匹配中，都是假设图像分割问题已经解决或者是不存在图像分割的问题，这些假设的合理性还有待进一步研究。

④ 基于特征的匹配方法为边缘检测、图像分割以及图像匹配等问题的研究提供一个新的思路，现有结果也展现出了该方法的优越性。但是某些方面的研究还不够深入，比如噪声敏感问题、初始轮廓及模板选取困难以及最优化过程计算量大等问题都需要进一步研究和解决。

⑤ 实时性图像匹配在飞行器巡航制导等应用领域非常重要，现有算法大多不能满足实时性要求。这主要是因为算法过于复杂以及采用了串行方式执行，应该尝试对算法进行改进，使其实现并行处理，结合并行计算机以及新的搜索策略进一步提高图像匹配的速度。

## 8.2 基于级联分类方法的图像识别

图像识别作为热门研究方向之一，需要有较高的识别准确率，图像处理技术是利用计算机对图像信息进行处理的技术，现已在航天和航空技术、生物医学工程、通信工程、军事和公安、文化与艺术等领域获得了广泛应用（图 8.2）。

### 8.2.1 级联分类器

目标识别是指将一个特定目标从其他目标中区分出来的过程，它既包括了两个极为相似的目标的识别，也包括不同类别的目标之间的识别。目前目标识别的算法主要基于两种

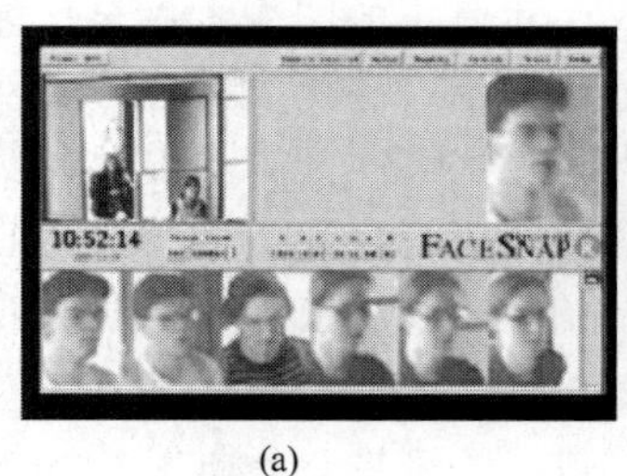


(a)

(b)

(c)

图 8.2 视频监控（a）和智能汽车（b）和场景搜索（c）

思路，一种是不依赖于先验知识，直接从图像序列中检测到运动目标并进行识别，另一种是基于运动目标的建模，在图像序列中实时找寻相匹配的运动目标。目标识别的主要过程包括以下几个部分：

① 获取信息资料。现代智能传感器的广泛应用使得图像信息的获取更为便捷高效，清晰完整的信息资料是进行有效目标识别工作的基础。

② 图像预处理。为了增强图像的可读性，尤其是在复杂背景下的图像识别率，需要进行图像预处理工作，使其重要特征显露出来。常用的预处理方法有滤波、灰度变换、二值化、图像复原、图像增强、平滑去噪、轮廓提取等。

③ 提取选择特征。复杂背景下，不同时间点获取的待识别目标很可能以不同的亮度、对比度、大小、姿态呈现。随着科技与生产力的飞速发展和个性化需求的激增，如车辆、服装、武器装备等识别目标的形式朝着多样化发展，使得构建泛化模型的难度也越来越大。提取特征的方法可分为人工特征提取和自动学习特征提取。传统的人工特征提取手段是在选定的感兴趣图像区域内进行手动设计提取目标特征；而近年来快速发展的自动学习特征提取则是通过大量的训练样本自动学习后进行特征提取。除此之外，针对具有多种类型特征的目标，应在进行分类器设计之前根据目标本身的特点对各特征加以选择。

④ 设计分类器。建立特征空间训练集后，分类器是解决目标识别问题的有效手段。常用的分类器有最小距离分类器、贝叶斯网络分类器、神经网络分类器、支持向量机以及传统的模板匹配分类器等。

图像识别的精确性和鲁棒性是模式识别及人工智能领域的核心内容，在道路监控和生物医学等领域中有着重要的作用和广泛的应用前景。近年来，基于深度神经网络的图像识别由于具有较强鲁棒性，逐渐成为众多学者的研究热点。深度神经网络识别能力强的主要原因在于它比传统神经网络的层数更深、特征抽象能力更强；同时，结合优化算法，将特征提取和分类模板相结合，使其可以实现端到端的训练。深度神经网络为解决颜色、光照的影响、物体姿态、背景混淆、遮挡、视点类内差异、类间相似性等识别困难问题提供了必要手段。

近年来，互联网技术飞速发展，身份识别方面的需求愈发广泛。人脸识别系统能够依据需求，在遵守法规的前提下识别出身份信息，向全社会提供智慧服务。可以在法规约束条件下无干扰对人脸进行识别，使用场景广阔。

### 8.2.2 基于 Adaboost 算法的人脸检测

（1）人脸识别算法

目前人脸识别算法分类主要有以下三种：a. 特征脸（eigenface）法。特征脸法的主要思想是将输入的人脸图像看作是矩阵，然后通过将人脸空间的一组正交向量作为

"主成分"来描述人脸空间。该方法优点是能很大程度上压缩数据，有效地消除噪声；缺点是在降维之后会使得特征信息丢失，图像变得模糊。b. 费舍尔脸（Fisherface）法。该算法使用 LDA（线性判别分析）算法来实现降维，与 PCA（主成分分析）算法类似可以实现降维效果。该方法优点是高维数据信息可以提升人脸识别算法的精确度；缺点是高维的数据计算量过大，会导致速度降低。c. 局部二进制模式直方图（LBPH）法。基于 LBP（局部二进制模式）改进的算法 LBPH 是将人脸分成很多小的区域，并且在每个小区域内根据 LBP 值统计它的直方图，用直方图特征作为判别，同时又能实现对 LBP 的降维处理。这个方法可以降低运算速度，提高运算效率。检测一幅图像中是否存在人脸并定位其位置对于机器来说比较困难。由于近年来人脸检测在视频监控、人脸识别、人脸动画和人机交互方面广泛应用，关于人脸检测技术的研究日趋成熟。人脸检测技术是人脸信息处理的基础和关键步骤，其检测精度和速度决定了人脸检测系统的性能。

（2）人脸检测方法

目前人脸检测的方法主要有以下两类。

① 基于知识的方法。该类主要通过将人脸看作多个部分的组成，比如，几何上人脸可以看成是由眼睛、眉毛、脸颊、鼻子、嘴巴等器官组合而成，可以利用各个器官几何位置的相对关系来检测人脸。例如，正面人脸图像中，两只眼睛一般在空间上呈对称关系，而在灰度上比其他地方都更暗。该方法通过提取人脸的轮廓形状、各个器官的分布规则和某些器官呈现的对称性等先验知识来检测人脸。但是该方法在实际使用时具有明显的缺点，如对人脸描述规则的定义没有准确合适标准，不同的人脸不同角度的 2D 图像可能表现出不同的形态。如果将该规则定义得过于严格，将会导致检测器很难检测到人脸，漏检率较高；但是若规则定义得过于宽泛，检测器容易将许多非人脸的画面识别为人脸，又会导致过高的误检测率。

基于知识的人脸检测方法主要有如下三种：a. 模板匹配方法。该方法将一些人脸图像作为模板，利用模板在目标图像中搜索人脸图像。一般采用搜索方法统计两幅图像像素的灰度差值或颜色差值来判断图像的相似度，若图像相似度满足一定条件，则认定目标图像的当前区域包含人脸。b. 可变形模板方法。早期描述人脸的参数模板为采用主动轮廓模型（又称 snake 模型，即活动轮廓模型）利用 snake 模型描述出人脸的轮廓和眉毛、鼻子等器官，然后利用该模型在目标图像中匹配人脸。c. 颜色特征方法。由于人的肤色在彩色空间中分布较为集中，因此利用此特征在彩色空间中可以提取出人脸的待选区域，但此方法受光照的影响较大。

② 基于统计的方法。该类方法则将包含人脸的图像看作一个二维像素矩阵，然后根据矩阵相似度判断人脸是否存在。通常使用概率及统计学理论，对足够多的人脸样本和非人脸样本进行统计分析，建立统计模型，然后利用该模型对一张新的图片进行人脸检测。在检测过程中，需要采用一个滑动窗口来搜索图像的不同区域，滑动窗口需要设置不同的大小以检测不同大小的人脸。最后需要合并在不同滑动窗口下检测到的相同的人脸，输出最终检测结果。

同基于知识的人脸检测相比，基于统计的方法需要很少的先验知识，但是需要通过大量的样本抽取出包含人脸图像的特征，使人脸检测器更具通用性。

基于统计学习的方法主要有以下三种：a. 主成分分析（PCA）与特征脸法。先通过 PCA 对人脸图像降维处理，将人脸图像转换为特征空间上的向量，通过 K-L 变换选择出可以表示人脸的主要特征作为人脸空间。在检测时将图像投影并计算它与人脸空间的距离判断该图像中是否存在人脸。b. 支持向量机（support vector machine，SVM）方法。使用大量人脸和非人脸样本进行训练，得到边界样本即支持向量，利用这些向量进行判断，判断一幅图像中是否存在人脸。利用该方法建立的人脸分类器起到了很好的检测效果。

支持向量机算法是一种常用的分类方法，其实际上是一种二分类模型。也可以对该算法改进，成为多类别的分类解决方法。支持向量机的原理实质上是找到这样的直线，能够满足离这条直线最近的点到这条线的欧式距离最短，同时线与线之间的距离最大。也就是说如果数据样本是随机出现的，分割之后数据落入到分割后的类别一侧的概率越高，最终的预测准确率也就越高。为了寻求这样的直线，参照二维数据的形式，超平面的表达式可以写成如下形式：

$$\boldsymbol{w}^{\mathrm{T}}\boldsymbol{x}+b=0 \tag{8.1}$$

根据这个表达式，可以计算数据样本点到平面的距离：

$$d=\frac{|w_1\boldsymbol{x}_1+w_2\boldsymbol{x}_2+\cdots+w_n\boldsymbol{x}_n+b|}{\sqrt{{w_1}^2+{w_2}^2+\cdots{w_n}^2}}=\frac{|\boldsymbol{w}^{\mathrm{T}}\boldsymbol{x}+b|}{\|\boldsymbol{w}\|} \tag{8.2}$$

式中，$\boldsymbol{x}_i$ 表示样本中某个点的第 $i$ 个特征向量，$\|\boldsymbol{w}\|$ 表示超平面范数，常数 $b$ 可以理解为二维平面直线的截距。在超平面已知的情况下，就可以求得所有的支持向量，从而计算出间隔。所以问题可以描述为：为了使间隔达到最大，求对应的 $\boldsymbol{w}$、$b$ 两个变量。其目标函数可以写为

$$\operatorname{argmax}\left\{\min\left[y(\boldsymbol{w}^{\mathrm{T}}\boldsymbol{x}+b)\right]\frac{1}{\|\boldsymbol{w}\|}\right\} \tag{8.3}$$

式中，$y$ 指的是数据的标记，其值为$-1$或1。表达式 $y(\boldsymbol{w}^{\mathrm{T}}\boldsymbol{x}+b)$ 表示计算的距离。将以上表达式与限定条件相结合，可以写为

$$\operatorname{argmax}\left(\frac{1}{\|\boldsymbol{w}\|}\right)\text{使得 } y(\boldsymbol{w}^{\mathrm{T}}\boldsymbol{x}+b)-1\geqslant 0 \tag{8.4}$$

显而易见，这是一个附带约束条件的求极值问题，通常采用拉格朗日乘子法解决，可以将问题表达为

$$L(\boldsymbol{w},b,\alpha)=\frac{1}{2}\|\boldsymbol{w}\|-\sum_{i=1}^{n}\alpha_i\left[y_i(\boldsymbol{wx}+b)-1\right] \tag{8.5}$$

对式(8.5)求偏导后：

$$\frac{\partial L(\boldsymbol{w},b,\alpha)}{\partial_b}=0\Rightarrow\boldsymbol{w}=\sum_{i=1}^{n}\alpha_i y_i\boldsymbol{x}_i \tag{8.6}$$

$$\frac{\partial L(\boldsymbol{w},b,\alpha)}{\partial\boldsymbol{w}}=0\Rightarrow\sum_{i=1}^{n}\alpha_i y_i=0 \tag{8.7}$$

使用式(8.6)与式(8.7)求解后，化简得到：

$$L(\alpha)=\sum_{i=1}^{n}\alpha_i-\frac{1}{2}\sum_{i=1,j=1}^{n}\alpha_i\alpha_j y_i y_j\boldsymbol{x}_i^{\mathrm{T}}\boldsymbol{x}_j \tag{8.8}$$

于是，原问题可化为

$$\max[L(\alpha)]=\sum_{i=1}^{n}\alpha_i-\frac{1}{2}\sum_{i=1,j=1}^{n}\alpha_i\alpha_j y_i y_j\boldsymbol{x}_i^{\mathrm{T}}\boldsymbol{x}_j\text{ 使得}\begin{cases}\sum_{i=1}^{n}\alpha_i y_i=0\\ \alpha_i>0,i=1,2,\cdots,n\end{cases} \tag{8.9}$$

KKT（Karush-Kuhn-Tucker）条件为

$$\begin{cases}\alpha_i>0\\ y_i f(\boldsymbol{x}_i)-1\geqslant 0\\ \alpha_i[y_i f(\boldsymbol{x}_i)-1]=0\end{cases} \tag{8.10}$$

上述问题有一个前提条件，就是待检测的数据必须可分。但是实际检测数据时，数据往往会存在一些噪声，导致数据不可分，需要引入松弛变量来解决。

如果数据存在噪声，那么在求超平面时就会很困难并且有很大的偏差，所以引入松弛变量。允许分离数据时，一些数据可以存在一定量的偏差。这个时候的约束条件为

$$y_i(\boldsymbol{w}^{\mathrm{T}}\boldsymbol{x}_i+b)\geqslant 1-\xi_i, i=1,2,\cdots,n \tag{8.11}$$

松弛变量表示允许产生误差的量，$\xi_i$ 就表示第 $i$ 个数据点允许产生误差的量。显然，松弛变量不能任意大，相反，为了让松弛变量的总量尽可能小，可以将式子写为

$$\min\left\{\frac{1}{2}\|\boldsymbol{w}\|^2\right\}+C\sum_{i=1}^{n}\xi_i \text{ 使得 } \xi_i\geqslant 0, i=1,2,\cdots,n \tag{8.12}$$

$$y_i(\boldsymbol{w}^{\mathrm{T}}\boldsymbol{x}_i+b)\geqslant 1-\xi_i, i=1,2,\cdots,n \tag{8.13}$$

式中，$C$ 指的是一个权重值，用于协调可允许的间隔误差和分类正确双重条件。根据上式，可以得出拉格朗日函数为

$$L(\boldsymbol{w},b,\xi_i,\tau)=\frac{1}{2}\|\boldsymbol{w}\|^2+C\sum_{i=1}^{n}\xi_i-\sum_{i=1}^{n}\alpha_i[y_i(\boldsymbol{w}^{\mathrm{T}}\boldsymbol{x}_i+b)-1+\xi_i]-\sum_{i=1}^{n}\tau_i\xi_i \tag{8.14}$$

之后把拉格朗日函数转换为其对应的对偶函数。第一步对上式分别求 $\boldsymbol{w}$、$b$、$\xi_i$ 的偏导，令三个表达式等于 0，得到结果。将结果代入原式化简：

$$\max[L(\alpha)]=\sum_{i=1}^{n}\alpha_i-\frac{1}{2}\sum_{i=1}^{n}\alpha_i\alpha_j y_i y_j \boldsymbol{x}_i^{\mathrm{T}}\boldsymbol{x}_j \tag{8.15}$$

由于 $C-\alpha_i-\tau_i=0$ 和 $\tau_i\geqslant 0$，可以得到 $\alpha_i\leqslant 0$。所以其对偶问题可写为

$$\begin{aligned}L(\alpha)&=\frac{1}{2}\sum_{i,j=1}^{n}\alpha_i\alpha_j y_i y_j \boldsymbol{x}_i^{\mathrm{T}}\boldsymbol{x}_j-\sum_{i,j=1}^{n}\alpha_i\alpha_j y_i y_j \boldsymbol{x}_i^{\mathrm{T}}\boldsymbol{x}_j-b\sum_{i,j=1}^{n}\alpha_i y_i+\sum_{i=1}^{n}\alpha_i\\&=\sum_{i=1}^{n}\alpha_i-\frac{1}{2}\sum_{i,j=1}^{n}\alpha_i\alpha_j y_i y_j \boldsymbol{x}_i^{\mathrm{T}}\boldsymbol{x}_j\end{aligned} \tag{8.16}$$

通过在求解过程中添加松弛变量的方法可以解决数据混合的复杂情况。在实际的应用中，需要根据实际情况改变 $C$ 的大小，分析得到的不同结果，最终选择适合的参数。支持向量机这种方法能够处理复杂的情况，具有很好的精度和实用性，但是同时也具有计算量大、实现过程复杂等不足。

（3）人脸检测器

Adaboost 算法是一种迭代算法，其核心思想是针对同一个训练集训练不同的分类器（弱分类器），然后把这些弱分类器集合起来，构成一个更强的最终分类器（强分类器），Viola 等提出了基于 Adaboost 算法和 Haar-like 特征的人脸检测器，是目前较为实用的分类器。该方法通过将多个分类器级联得到一个检测率较高的人脸检测器，在准确率和实时性方面都有很好的实用效果。

Haar 级联分类器主要用于人脸部信息的定位，使用筛选式级联把强分类器级联在一起，能够进行更加准确的检测。但是其人脸识别速度较慢，对于这一不足，引入了 LBPH 算法，它有着较快的运算速度，且对于光照有较强的鲁棒性，但是检测的准确率较低。

基于Haar级联分类器和LBPH算法的人脸识别算法，能够在保证检测准确率的同时，提高检测效率。Haar分类器可以利用Adaboost算法构建一个强分类器进行级联，而在底层特征抽取上采用的是高效的矩形特征以及积分图方法。Haar分类器等价于类Haar特征＋积分图法＋Adaboost算法＋级联。使用Haar分类器完成人脸识别过程的关键环节如下：

① 采样判别流程。使用一个小的窗口在一幅图片中不断地滑动，每滑动到一个位置，就对该小窗口内的图像进行特征提取，若提取到的特征通过了所有训练好的强分类器的判定，则判定该小窗口的图片内含有人脸。

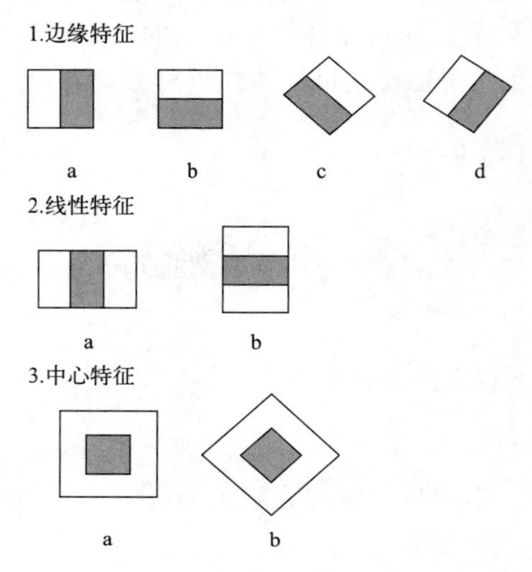

图8.3　Haar-like特征

② Haar-like特征。Haar-like特征，也称为矩形特征，相比于像素特征其描述图像的粒度更大，这样在表示一幅图像时，使用矩形特征计算速度较快。矩形特征一般可以分为三类，如图8.3所示，包括边缘特征、线性特征和中心特征。矩形特征可以描述出图像的灰度分布特征，一般来说，人脸部的一些特征是可以使用矩形特征描述的。例如，嘴巴的像素深度相比周围要深许多、两个眼睛的像素深度也大于周围的像素点。由于人脸比较复杂，而单一的矩形特征只能描述水平、垂直、对角等结构，无法充分描述人脸的结构，所以需要将多个矩形特征组合成特征模板，通过计算模板的特征值，将Haar-like特征在图片上进行滑动，在每个位置用白色区域对应的像素值的和减去黑色区域对应的像素值的和，进而提取出该位置的特征。人脸区域与非人脸区域提取出的特征值不同，从而可以区分出人脸区域和非人脸区域。用多个矩形特征计算会得到一个区分度更大的特征值，从而增加人脸区域和非人脸区域的区分度。使用Adaboost算法来组合这些矩形特征以得到更好的区分度。

③ Adaboost算法。Adaboost算法是一种一般性的分类器性能提升算法，不仅仅是限定于一种算法。Adaboost算法可以用来更好地选择矩形特征的组合，而这些矩形特征的组合就构成了分类器，分类器以决策树的方式存储这些矩形特征组合。Adaboost是基于boosting算法的，而boosting算法涉及弱分类器和强分类器的概念。弱分类器是基于弱学习的，其分类正确率较低，但是较容易获得，强分类器是基于强学习，其分类正确率较高，但是较难获得。弱学习可以通过一定的组合获得任意精度的强学习。证明为boosting算法提供了理论基础，使其成为一个能够提高分类器性能的一般性方法。而boosting算法主要存在两个问题，一个是它需要预先知道弱分类器的误差，另一个是它在训练后期会专注于几个难以分类的样本，因此会变得不稳定。

④ 弱分类器的构建。使用决策树来构建一个简单的弱分类器，提取到的特征与分类器的特征进行逐个比较，从而判断该特征是否属于人脸，如图8.4所示。

该分类器的重点在于阈值的设定。阈值的设定方法如下：

Haar级联算法实现了在四个主要阶段进行图像训练：确定Haar-like特征、获得积分图像、AdaBoost训练和使用级联分类器进行分类。Haar-like进行特征值的计算时，为避免浪费计算资源，使用积分加速的计算方法。积分图的定义如下：

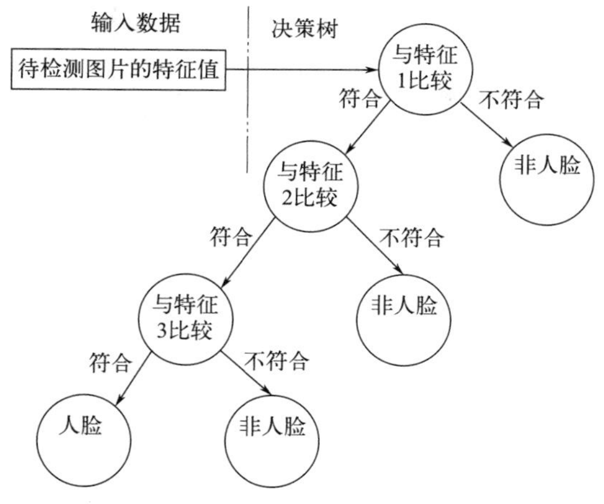


图 8.4 弱分类器

$$ii(x,y)=\sum_{x'\leqslant x,y'\leqslant y} i(x',y')$$

$$s(x,y)=s(x,y-1)+i(x,y)$$

$$ii(x,y)=ii(x-1,y)+s(x,y) \tag{8.17}$$

式中，$i(x,y)$ 表示原始图像；$ii(x,y)$ 表示积分图像；$i(x',y')$ 表示图像中在 $(x',y')$ 位置的像素值。特征提取完成后，再使用 Adaboost 分类器选择可以将类别分开来的最好特征。分类器定义如下：

$$h_j(x)=\begin{cases}0, 其他\\1, p_j f_j(x)<p_j\theta_j\end{cases} \tag{8.18}$$

式中，$p_j$ 是为了使得不等式的方向不变而设置的参数；而 $\theta_j$ 表示是否为人脸的阈值；$f_j(x)$ 表示输入大小为 $W$ 和 $h$ 的滑动窗口图像 $x$ 经过上述算法提取到的特征值。在获取一个分类器之后，需要将若干分类器进行级联，以此来去除较多窗口。

在 Viola 人脸检测算法的训练过程中，弱分类器与特征一一对应，在每一轮训练过程中，为每一个特征选取一个阈值，使得该特征在当前训练样本下分类错误率最小。然后在这些特征中寻找一个使样本分类错误率最小的，该特征对应的弱分类器就是本次迭代选出的弱分类器。弱分类器的构建过程中，特征是通过计算分类误差的大小来做选择的。对于每一个特征，先计算所有训练样本的特征值并按特征值大小排序，然后选择一个分类的阈值，计算所有样本在该阈值下的分类误差，分类误差计算如公式：

$$e=\min\{[S^{+}+(T^{-}-S^{-})],[S^{-}+(T^{+}-S^{+})]\} \tag{8.19}$$

式中，$T^{+}$ 表示人脸样本的权重和，$T^{-}$ 为非人脸样本的权重和，$S^{+}$ 为分类阈值元素之前的人脸样本的权重和，$S^{-}$ 为在分类阈值元素之前非人脸样本的权重和，$e$ 表示被错误分类样本的权重之和。于是将排序好的表扫描一遍，就可以得到当前的弱分类器使分类误差最小的阈值。阈值选择过程的示意图如图 8.5 所示：

⑤ 强分类器与级联分类。在弱分类器训练完成后，将弱分类器组合起来就是强分类器，强分类器的结果等于所有弱分类器的结果加权求和得到。一个强分类器的定义如公式：

$$h(x)=\begin{cases}1, \sum_{t=1}^{T}\alpha_t h_t(x)\geqslant \frac{1}{2}\sum_{t=1}^{T}\alpha_t\\0, 其他\end{cases} \tag{8.20}$$

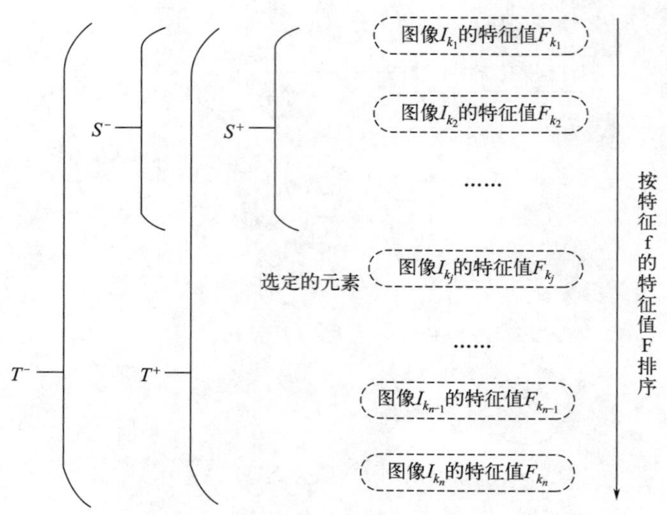


图 8.5　选择最佳弱分类器阈值

式中，$h(x)$ 为强级联分类器；$h_t(x)$ 为弱分类器；$\alpha_t$ 为弱分类器权重，$\alpha_t=\frac{\log 1}{\beta_t}=\log\frac{1-\varepsilon_t}{\varepsilon_t}$。

在 $T$ 次迭代训练得到 $T$ 个弱分类器之后，按照上式将所有的弱分类器组合得到了最终的强分类器。使用强分类器检测一个新的图像窗口时，该图像窗口层经过弱分类器，将每一个弱分类器的输出结果加权求和就是最终强分类器的输出。

⑥ 使用 LBPH 算法进行人脸识别。LBPH（局部二值模式直方图）是 LBP 方法的一个改进算法，基于 LBP 特征图像生成直方图，通过直方图来表示图像数据补丁中每个二进制代码的出现次数来提高人脸识别结果。LBPH 算法的识别率可以通过光照条件和表达和姿态偏转的变化来降低。LBP 操作符最初是为纹理描述而设计的，给定一个像素在 $(x_c,y_c)$，结果的 LBP 可以用十进制的形式表示为如下：

$$\mathrm{LBP}(x_c,y_c)=\sum_{p=0}^{p-1}2^p s(i_p-i_c) \tag{8.21}$$

式中，$(x_c,y_c)$ 代表邻域窗口内的中心像素，其像素值为 $i_c$；$i_p$ 为邻域内其他像素值；$s(x)$ 是符号函数，该函数的定义为

$$s(x)=\begin{cases}1,x\geqslant 0\\0,x<0\end{cases} \tag{8.22}$$

在图像灰度整体发生变化时，从 LBPH 算法中提取的直方图特征能够保持不变。调用摄像头采集图片的同时将会调用 Haar 级联分类器对摄像头获取画面进行人脸检测。使用 LBPH 算法进行人脸检测流程见图 8.6。利用摄像头获取前 100 帧的人脸图像作为对比数据集，再将人脸特征信息通过 LBPH 算法保存到 people.yml 文件中作为人脸识别的对比的样本。再度调用本机摄像头在摄像头所获取画面中捕捉人脸信息，将捕捉到的人脸信息与已保存在 people.yml 文件中的信息进行对比，如果识别到人脸直方图特征与文件中已获取的信息一致，则成功识别。

### 8.2.3　级联分类器的训练

由众多弱分类器组合成的强分类器虽然具有较好的检测率，但是一个检测率较高的强分

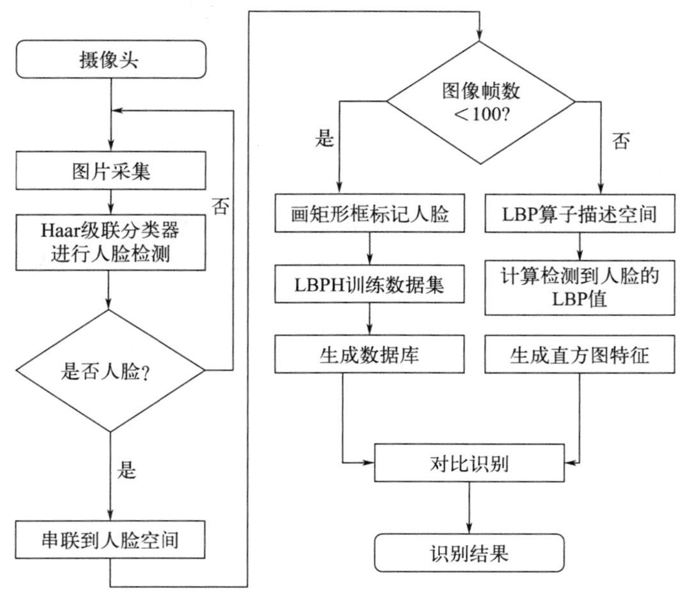


图 8.6 算法设计流程图

类器通常由几百个弱分类器组成，其计算量相当庞大，而且较高的检测率会导致相应的误识率也增大。为了获得更好的检测效果，按照分层的思想，将多个检测率不是特别高的强分类器级合并成一个级联分类器，每一层强分类器所包含的弱分类器数量随着级数的加深而增加，且每一层强分类器都尽可能地让所有识别样本通过而拦截大部分的非识别图像。例如在人脸检测任务中，输入检测器的大部分图像窗口都是非人脸图像，所以级联分类器的前几层强分类器可以使用较少的特征对结果进行判断，拒绝非人脸图像窗口，而将可能有人脸的图像窗口传入下一层强分类器。通常下一层的强分类器处理的分类任务比上一层更加复杂，是对前一层认为是人脸图像的样本作进一步的分类，因此需要增加其分类特征的数量，即增加弱分类器的级数，以达到更好的分类效果。实际用于人脸检测时，同等数量弱分类器的级联分类器与强分类器相比，级联分类器可以通过前几层轻易拦截大部分的非人脸样本，加快对一幅图像中提取的大量图像窗口的分类，而强分类器检测时需要所有提取的图像窗口都完全通过所有的弱分类器，这种方法准确度较高，但所耗费的时间也会大幅增加。

级联分类器并不是由多个强分类器简单串联而成，其每一层的强分类器所包含的弱分类器数量逐层增加。级联分类器训练时，每一层强分类器的训练都是由已经通过上一层强分类器检测的样本组成，这样底层的强分类器就专注于那些比较难的分类任务，相应的其所需要的弱分类器数量也相应增加。通常在训练级联分类器时，需要确定每一层的检测率和误识率。由于强分类器的高检测率通常也意味着高误识率，所以需要综合调节每一层强分类器的检测率和误检率，使最终强分类器的检测率和误识率都比较小。给定一个级联分类器，其检测率可以定义为

$$D_i = \prod_{i=1}^{K} d_i \tag{8.23}$$

式中，$D_i$ 表示级联分类器的检测率，$K$ 为级联分类器的层数，$d_i$ 表示第 $i$ 层强分类器的检测率。级联分类器的误识率 $F_i$ 定义为

$$F_i = \prod_{i=1}^{K} f_i \tag{8.24}$$

式中，$f_i$ 表示第 $i$ 层强分类器的误识率。Adaboost 算法可以根据弱分类器的反馈，自适应地调整训练强分类器，该强分类器的检测率很高，但是相应的误识率也较高。

在构建级联分类器的各层时，增加弱分类器的数量可以降低误识率，但是增大了计算量，所以弱分类器的数量需要保证在一定的范围内，加快检测速度。而降低强分类器阈值可以提高检测率，但是也提高了误识率，所以需要将每一层的检测率和误识率设定在一定的范围内。综合考虑上述两个平衡点，可以训练得到计算速度快且检测率高、误识率低的级联分类器。一般最后得到的级联分类器阈值不断提高而弱分类器的数量也逐层增加。构造级联分类器算法的过程如下：

首先需要确定每一层的最大误识率 $f$、最小要达到的检测率 $d$ 和级联分类器最终的目标误识率 $F_{\text{target}}$。

① 初始化第一层的误识率 $f_0=1.0$，$d_0=1.0$，迭代次数 $i=0$，$P$ 为人脸样本，$N$ 为非人脸样本。

② 循环以下步骤直到 $F_i<F_{\text{target}}$

a. $i=i+1$；

b. $n_i=0$，$F_i=F_{i-1}$；

c. 循环直到 $F_i<F_{\text{target}}$；

d. $n_i=n_{i+1}$。

③ 使用 Adaboost 算法在样本 $P$ 和 $N$ 上训练包含 $n_i$ 个弱分类器的强分类器。

④ 循环以下两个步骤，使当前级联分类器的检测率达到 $d_i \times D_{i-1}$。

a. 降低第 $i$ 层的强分类器阈值；

b. 计算当前级联分类器 $d_i$ 和 $f_i$。

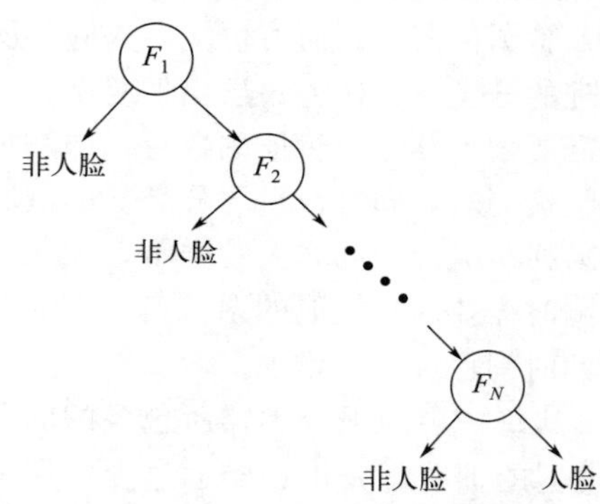


图 8.7　级联分类器结构图

在人脸检测时，从待检测的图像中提取的绝大部分图像窗口都是非人脸样本，这样级联分类器在前几层强分类器就可以将其判别为非人脸图像，由于前几层强分类器包含数量较少的弱分类器，所以计算速度很快。而对于可能存在人脸的图像窗口，级联分类器底层部分可以再作进一步判断，既提高了检测速度，又提高了人脸检测的准确率，其分类流程如图 8.7 所示。

当级联分类器构造完成之后，下一步就是如何用它来检测人脸。从一幅图像中检测特定物体，传统做法是缩放待检测的图像形成一个图像金字塔，然后在每一层各个尺度的图像中检测目标物体是否存在。本节为了在待检测图像中搜索任一大小的人脸，采用缩放检测窗口的方式。由于典型人脸检测器训练时采用的训练图片的大小为 24 像素×24 像素，所以选定该大小的窗口作为一个基本窗口，利用该基本窗口扫描，得到待检测窗口图像。然后放大检测窗口，利用放大后的图像窗口再扫描待检测图片，得到当前窗口大小下的待检测图像。检测窗口放大到程序设定的最大检测人脸时停止。然后将所有的待检测图像输入级联分类器作分类，由放大窗口得到的待检测图像需要缩放到 24 像素×24 像素大小。待检测图像逐层通过级联分类器的各层强分类器，绝大部分非人脸图像都在前几层被排除，最后成功通过级联分类器的窗口则为可能存在人脸的矩形区域。同一个人脸可能被不同尺度的检测窗口或同一大小的检测窗口检测到多次，此时还需要合并这些重复检测的人脸区域。同一个窗口大小下重复检测的人脸矩形区域可以通过取平均值的方式合并，不同窗口大小下检测到的人脸区域需要先将所有的矩形放大到同一个尺度（通常为最大的矩形大小），然后再取平均值合并为一个人脸。同时，若两个矩形的重复面积小于一定阈值，则将其判定为两个不同的人脸区域。

根据以上的训练原理可知，设计的检测机制理论上只对尺寸接近训练样本大小的待测图像检测效果好。但是实际的人脸不可能只有一种固定的大小，而是在图像中有着较大的变换范围。因此还需要设计一个合理的、多尺度的检测机制。通常来说，应用最广泛的检测机制有两种：第一种是改变训练好的弱分类器，即改变分类器的检测窗口的大小，这就也要求同时改变其对应的阈值。这种方法的实现比较困难，但是能有更快的图像检测速度。第二种是改变对待检测图像做的尺度变换，但是对待检测图像做处理往往会消耗更多的时间。

以一幅 38 像素×38 像素的待测图像为例进行说明。若采用第一种方法，则需要将弱分类器的位置和尺寸参数变为之前的 2 倍，而对应的阈值应变为之前的 4 倍，阈值对应的不等式方向符号保持不变。这种方法需要在每一次的计算中不断地更新弱分类器的对应数据，图像匹配难度大但是消耗的资源要相对小一些。若采用第二种方法检测，就需要将图像抽样变为 19 像素×19 像素大小，同时需要重新计算一个新的积分图以方便求得后面的特征值，该变换致使这种方法消耗的时间加长。

在实际应用中通常采用第一种方法，这种方法检测人脸时的速度更快，准确率更高。该方法的人脸检测步骤如图 8.8 所示。

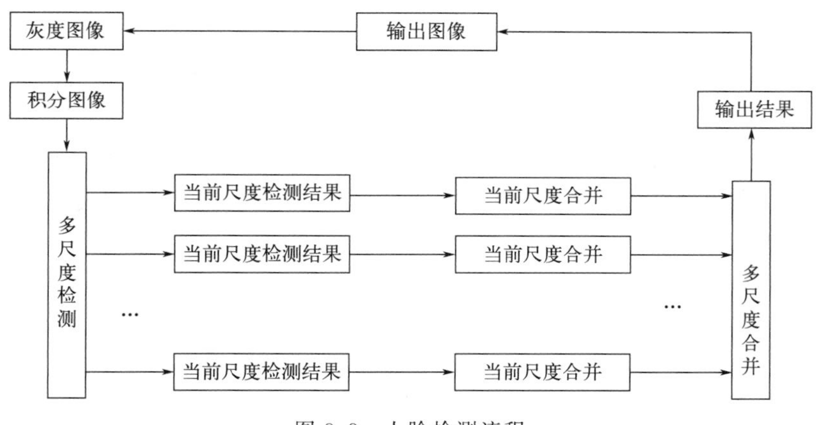


图 8.8　人脸检测流程

由于 Adaboost 算法计算的是灰度图像所对应的二维数据，所以检测的第一步需要将图像灰度化。在检测窗口尺度不同的计算条件下，必然会得到同一个人脸区域，有许多相近的检测结果窗口，因此还需要对检测结果进行合并。按照 Adaboost 算法检测后的结果是不唯一的，原因是一个人脸在检测窗口的位置和大小变化不大的情况下，会存在许多满足分类器的情况，如图 8.9 所示。需要将这些窗口合并，最终输出一个最佳的人脸的位置和大小信息。通常来讲，合并时遵循两大原则：第一，重叠面积的矩形达到一

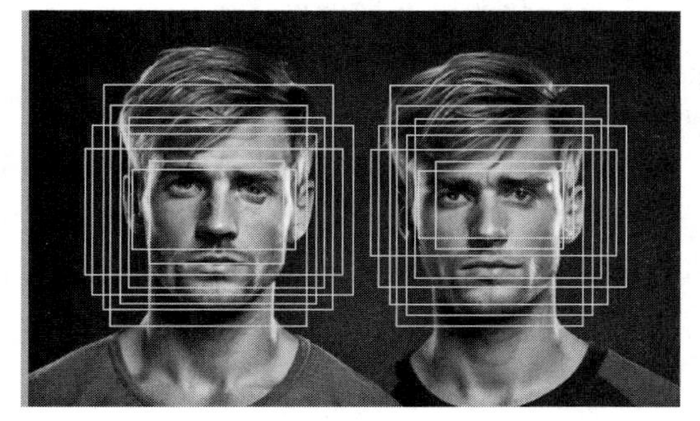

图 8.9　合并的检测结果图

定条件才能被合并；第二，位置距离不大的矩形才能被合并。

对于只有一个人脸的图像，用相近的矩形检测框比较容易判断。但是对于存在多幅人脸的图像，可能存在两个或多个人脸位置距离比较近的情况，这时仅仅简单地按照上述原则合并，很有可能造成不同人脸检测结果框的合并。因此，应按照多尺度人脸检测步骤合并，过程如下：

① 将所有的检测结果框分类，令每一类的初始值为 1；

② 对于每一个检测结果窗口，进行分类辨认；

③ 对于分好的每一类，如果其数量小于 3，则删除所有对应的窗口；如果该类的数量不小于 3，则将该类的所有窗口计算平均值。

步骤中的分类辨认方法具体计算如图 8.10 所示：

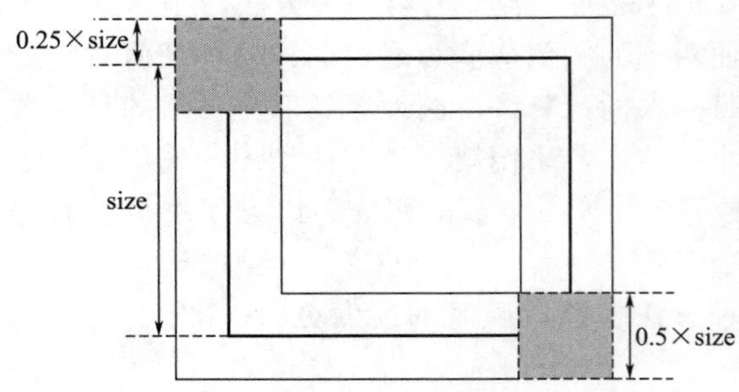


图 8.10　可合并窗口范围表示

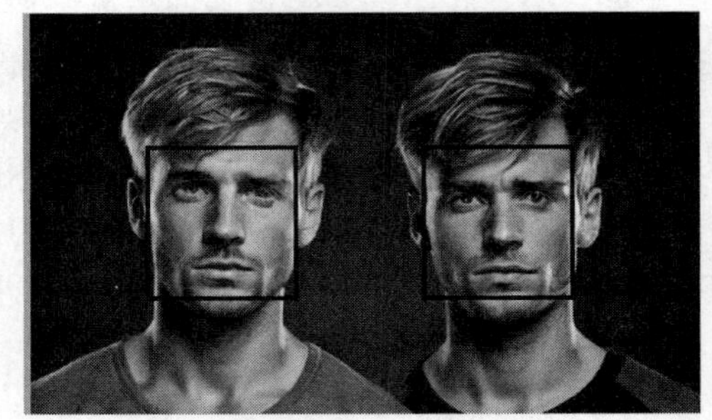

图 8.11　合并后的检测结果图

图中 size（尺寸）表示当前检测结果框的边长，左上角和右下角的阴影区域形成的两个大矩形之间的范围表示可合并的区域。如果两个窗口的重叠条件符合此范围，则两个窗口可合并，同时纳入最后的算术平均值计算当中。之后将一些最大和最小的人脸检测结果删除。最后的人脸检测结果只有一个，就是通过筛选后的算术平均值得到的人脸位置坐标，如图 8.11 所示。

传统的 Adaboost 算法训练时如果不加以条件限制，运行计算量是巨大的。因此，需要对该算法的训练过程加以精练。减少训练循环次数和提高训练质量的方法有很多，最佳的方法是将多种方法综合使用。这里谈到的改进内容有以下三点。

首先，应将被训练图像的类型丰富化。如果没有丰富的训练素材，可以人为地添加噪声、镜像，小角度地旋转人脸图像等，并将变化后的图像和变化前的图像一起加入到训练样本库中。

其次，在实际的训练过程中，穷举所有特征是没有必要的。比如训练样本中的人脸位置通常是位于一幅图像的中央附近的，这时就可以考虑窗口扫描的范围可以从图像的边缘向图像的中央缩减 2～3 个像素的宽度。如果训练样本的清晰度很高，会导致图像尺寸较大，因此扫描窗口可以采用每次滑动两个像素的方法，将一幅图像的训练次数大大减少。

最后，对于每一次的训练，都消耗较大资源。求取弱分类器的最佳阈值算法涉及特征值的排序，排序问题在待排序的数据量不大的情况下影响较小，但是一旦数据量过大，其消耗的资源就会呈现指数式上升的趋势。

对于庞大的 Haar-like 特征以及巨大的训练图像数据库数据，一方面，如果不减少训练的循环次数，必将导致训练过程冗余和时间消耗过长；另一方面，在训练样本图像数据量不变的情况下，减少训练循环的次数将会导致检测性能的下降。然而，在一定程度上减少 Haar-like 特征的数量和扫描窗口的扫描方式是不会大幅度降低检测的性能的，原因是在训练时，有一些过小或者过大的特征和训练样本的边缘区域是没有意义的，是冗余的。于是在训练时，可以通过添加限制条件的方式将其去除。

对于一个 20 像素×20 像素的扫描窗口，按照上述的方法得到的是 78460 个特征，然而其中有些特征是可以舍弃的。计算 Haar-like 特征时，需要两大层嵌套循环（程序中是四层嵌套），第一层是基本结构矩形的左上角起点坐标，第二层是基本结构矩形的本身尺寸，如图 8.12 所示。

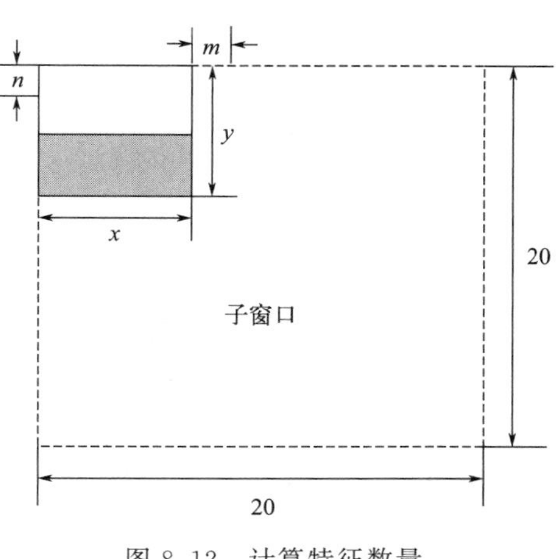

图 8.12　计算特征数量

图 8.12 是尺寸为 20×20（单位：像素）的子窗口，其中长为 $x$、宽为 $y$ 的是子窗口中的基本结构矩形，图中 $m$、$n$ 分别表示基本结构矩形每一次循环在水平和竖直方向上的滑动增量。缩减特征数量的方法有以下特征：

① 改变基本结构矩形扫描的起始位置和终止位置。可根据训练样本的情况向图像中央缩减，因为有些图像的边缘区域往往不包含人脸特征信息。

② 改变基本结构矩形的尺寸每次变化的增量。对应于图 8.13 中的 $x$ 和 $y$ 的每次循环的增量可适当扩大。

③ 改变基本结构矩形每次滑动的增量。对应于图 8.13 中的 $m$ 和 $n$，每一次循环迭代可适当扩大基本结构矩形步进的步长，一般情况下可选取步长为 2 的方式检测。

## 8.3　基于神经网络的图像识别

随着互联网的高速发展以及智能相机和移动设备的普及，图像数据呈现爆炸式增长。面对如此浩如烟海的图像数据，通过人工判读和解译的方法已经远不能满足实际需求，利用计算机的相关技术分析海量的图像数据并提取对人们有用的信息，快速、准确地完成解读工作，是一个急需解决的问题。近年来，深度学习技术不断发展，实现了图像数据的快速解译，促使计算机视觉出现了多个方向的研究分支。在目标检测和跟踪、图像分割、图像识别和检索等领域皆取得了突破性的进展，相关的视觉处理算法层出不穷，广泛地应用于交通出行、医疗健康、教育教学、国家安全等领域，为人们生活质量的提升和国家社会的安全稳定做出了重要的贡献。神经网络作为图像处理领域中的一个重要研究方向，是实现计算机视觉任务的基础。

新阶段，图像识别技术已经广泛地出现在人们生活的多个方面，例如在自动驾驶领域，使用摄像头分辨前方的树木、动物和行人等障碍物，可以有效帮助驾驶者规避危险。在医疗诊断领域，使用图像分析软件准确分辨病灶位置及特征，便于医生诊断病情。

ImageNet 数据集是图像识别领域发展的一个重要的推动力，该数据集包含了 1500 万张图像数据，2 万多个类别的数据量。该数据集的出现促进了深度学习算法在图像识别领域的快速发展，超越了基于人工特征提取图像特征的识别算法的效果，并涌现了诸如 AlexNet、ResNet、InceptionNet 等经典的基于深度学习的识别算法。在 2017 年 ImageNet 大型视觉模型挑战赛中 SENet 以 2.25%的 top-5 错误率拿下了本次图像识别的冠军，已经远远超过了人类的能力，这也说明了图像识别技术的成熟。

细粒度图像识别作为图像识别领域中延伸出的一个重要的分支，与一般粗粒度图像识别不同，是对更精细子类别的划分。一般图像识别是对具有明显区分度的品类的划分，细粒度图像识别是对同一个元类别下的各种子类别的区分。比如一般图像识别仅能得到图像中目标的类别是狗这个品种，细粒度图像识别则可以得到狗的具体种类如金毛、哈士奇等。在许多现实应用场景中，需要识别的图像目标往往来自于某一类传统类别下更细致的不同子类，通过计算机相关处理技术进一步得到细粒度的子类别，这种子类图像识别可以为生产生活提供更加广泛的指导意义。

### 8.3.1 卷积神经网络的基本结构

卷积神经网络从被提出到现在经过多年的发展，虽然出现了很多的变体，但是它们的基本组成并没有改变，其基本组成部分包括输入层、卷积层、池化层、全连接层及输出层。其基本结构可以参考图 8.13 网络结构。

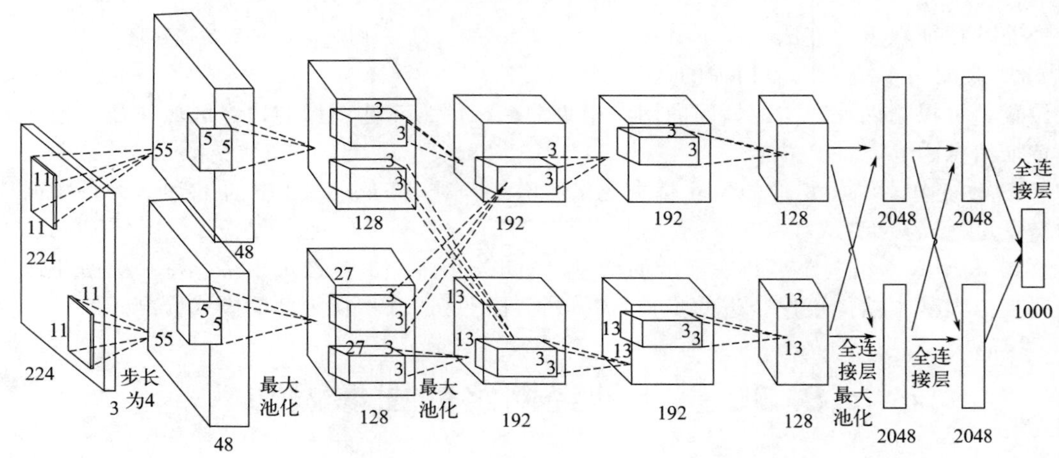


图 8.13 AlexNet 网络结构

如图 8.13 所示，AlexNet 网络共有八层，首先输入 224×224 三通道彩色的图像，经过第一层卷积层时，卷积核数量为 96，卷积核尺寸为 11×11×3，再经过 3×3 最大池化层，最终获得第一层卷积层的特征图；然后将上一层卷积特征图输入到第二层卷积层，再输入到下一层；第三层输入为上一层的输出，卷积核个数为 384，卷积核尺寸为 3×3×256，再输入到下一层；第四层输入为上一层的输出，卷积核数量为 384，卷积核尺寸为 3×3，再输入到下一层；第五层输入为上一层的输出，卷积核的数量为 256，卷积核尺寸为 3×3，再经过 3×3 最大池化层；第六层、第七层和第八层为全连接层，每一层神经元的个数为 4096，最后输出到 Softmax 分类器中，分类为 1000 类。与传统的神经网络相比，卷积神经网络的重要组成部分包括：卷积层、池化层、全连接层和激活函数。

(1) 卷积层

卷积神经网络的核心组成部分是卷积层，它是卷积神经网络与传统人工神经网络的最主要区别，且大部分的计算都是在卷积层中完成。给定一个卷积核尺寸为 $F\times F$，卷积核数量为 $K$，除此之外，还有两个重要的参数补零（padding）和步长（stride）。

padding 的具体操作为对输入矩阵周围补零，其作用为防止边缘信息被忽略，可以对图像大小进行补齐，使得图像尺寸一致。

步长 stride 为卷积核在输入矩阵上从上到下、从左往右每次滑动的距离，记为 $S$。则卷积层输出特征尺寸的计算公式如下：

$$O=\frac{W-F+2P}{S}+1 \tag{8.25}$$

式中，$O$ 为输出特征尺寸，$W$ 为输入特征尺寸，$F$ 为卷积核尺寸，$P$ 为补零填充大小，$S$ 为步长大小。

卷积层的主要功能是对输入层的矩阵进行卷积，具体操作为卷积核基于滑动窗口机制遍历整个输入矩阵进行相乘相加，图 8.14 为卷积操作的示意图。

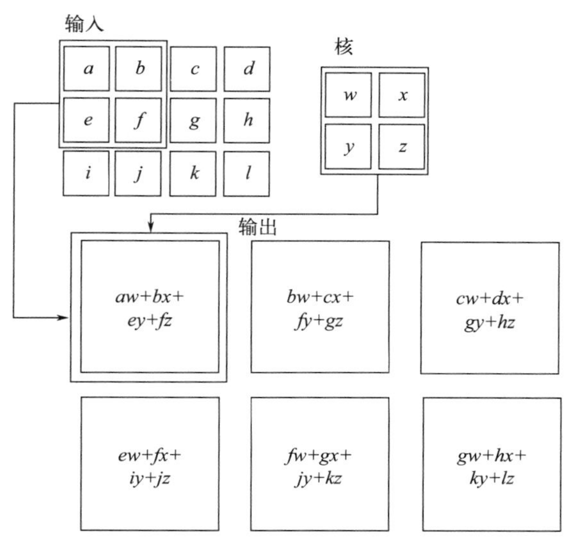


图 8.14　卷积操作示意图

其计算公式如下：

$$\boldsymbol{x}_m^i=f(\sum\boldsymbol{x}_n^{i-1}\times\boldsymbol{k}_{nm}^l+\boldsymbol{b}) \tag{8.26}$$

式中，$f()$ 表示激活函数，$\boldsymbol{x}_m^i$ 表示下一层输出，$\boldsymbol{x}_n^{i-1}$ 表示上一层的输入，$\boldsymbol{k}_{nm}^l$ 表示该层的卷积权值，$\boldsymbol{b}$ 表示该层卷积的偏置。

（2）池化层

池化层也称为下采样层，通过对输入的特征图进行压缩操作，可以获得新的特征图。池化层具有特征降维和局部平移不变性，其中特征降维是指将输入数据在空间上进行降维，减少计算量和参数量，提高网络模型的存储效率；局部平移不变性是指当输入数据发生较小偏移时，经过池化层输出的特征能保持近似不变。

池化层的操作具体有两种方式：最大池化，从特征图的局部相关区域中选择最大的值进行返回，其特征是可以保留更多的图像纹理信息；平均池化，从特征图的局部相关区域中计算平均值并返回，其特点是在特征提取时可以保留更多的图像背景信息。其具体操作如图 8.15、图 8.16 所示。

由于池化层没有需要学习的参数，计算简单，并且可以有效减小特征图尺寸，非常适合处理图像数据，因此在计算机视觉相关任务中得到了广泛的应用。

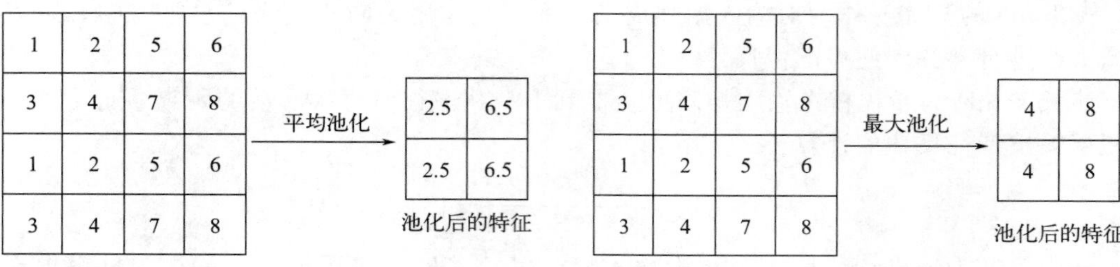


图 8.15　平均池化操作示意图

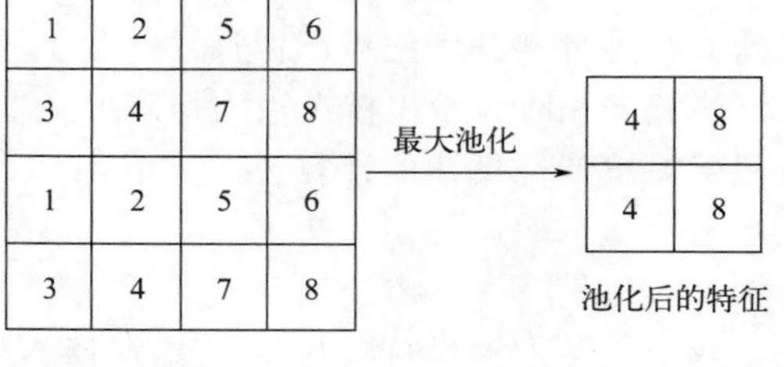


图 8.16　最大池化操作示意图

(3) 全连接层

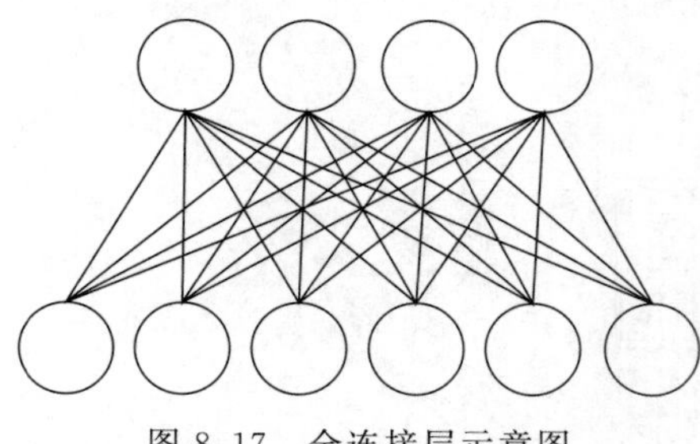

图 8.17　全连接层示意图

在卷积神经网络最后一部分的结构一般是全连接层，具体操作为采用全连接的方式与前一层的每个节点相连接，其作用是将最后一层卷积层输出的特征图转化为向量的形式，将特征图维度降低为一维向量映射到样本标记空间，然后输入到 Softmax 分类器中进行图像分类。全连接层参数众多且冗余，占据了大量的计算资源和存储资源，且容易造成过拟合问题，对网络模型效率的提升有较大的影响。其具体操作如图 8.17 所示。

(4) 激活函数

激活函数是运行在网络的神经元上的函数，它是卷积神经网络不可或缺的部分，如果不使用激活函数，则会使得不管网络堆叠多少层，输出与输入都是线性关系，整个网络模型不具备学习能力。因此经过激活函数处理后，网络的非线性表达能力大大提升，使得任意函数都可以被卷积神经网络所接近，进而可以表达更丰富的信息。目前有许多形式的激活函数，比较经常使用的有 Sigmoid、Tanh、ReLU。

卷积神经网络与传统的人工神经网络相比，具有三个重要的特点：局部感受野、权值共享和降采样。

局部感受野：受生物学里的视觉系统启发，每个神经元只需要学习特征图中与之关联性较大的突出特征，然后在高层神经元中将提取的特征相融合，而不需要学习全局特征。这样做可以大大减少需要的计算资源，缩短训练的时间，并且提取的特征更为有效。

权值共享：在网络层中该层所有的神经元的权值固定不变，提取相同的特征。充分利用了图像的平移不变性，使得网络模型对于高维数据的处理变得简单，在图像处理方面有着良好的表现。大大降低了网络模型的复杂度和参数量，提高了识别图像特征的能力。

降采样：是指在卷积神经网络的训练过程中将提取的特征进行成比例的缩小，使得卷积神经网络具有较强的非线性学习能力，因此在减少提取的特征数量的同时可以有效地保留特征信息。

### 8.3.2　卷积神经网络的工作原理

卷积神经网络的工作原理包括两个阶段，第一阶段为前向传播：输入数据经过一系列堆叠的卷积层和池化层之后，最终进入全连接层到输出层输出。第二阶段为反向传播：由误差函数计算前向传播与真实结果的误差，通过梯度下降算法依次更新网络层的权值与偏置。其工作原理示意图如图 8.18 所示。

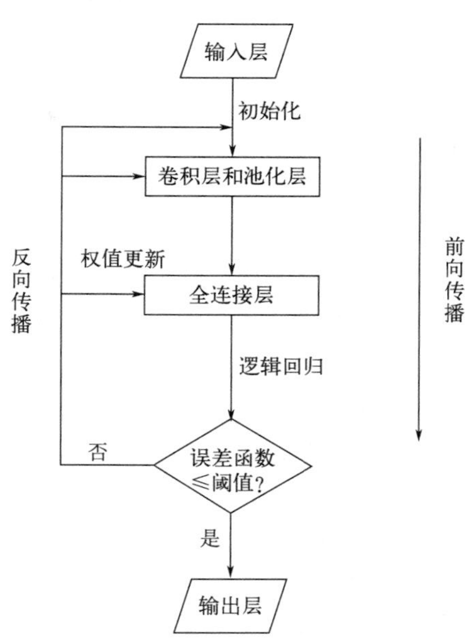

图 8.18 卷积神经网络工作原理示意图

(1) 前向传播

前向传播是指图像数据从输入层输入网络模型，在网络层中逐层传递。首先在卷积层中对输入特征图进行特征提取，特征图由卷积层输出，再通过池化层进行下采样，以达到降低维度的目的，该过程表达式为

$$\boldsymbol{x}_m^i = f\left[\boldsymbol{\beta}\mathrm{down}(x_n^{i-1})+\boldsymbol{b}\right] \tag{8.27}$$

式中，$\boldsymbol{x}_n^{i-1}$ 表示上一层输入特征图，$\boldsymbol{\beta}$ 表示下采样层的权值，down() 表示池化函数。经过一系列的卷积池化操作后，最终到输出层，一般由归一化函数 softmax() 进行分类输出，该过程表达式为

$$\boldsymbol{x}^l = \mathrm{softmax}(\boldsymbol{W}x^{l-1}+\boldsymbol{b}) \tag{8.28}$$

式中，$\boldsymbol{x}^l$ 为当前获得的特征图；$\boldsymbol{W}$ 为卷积核权矩阵；$\boldsymbol{b}$ 为偏置矩阵；$x^{l-1}$ 为上层特征图。

(2) 反向传播

卷积神经网络通过反向传播对每一层依次进行误差计算，利用梯度下降算法更新权值，最终使得模型的预测值与真实值之间的误差接近零。以平方差损失函数为例，其误差函数为

$$J^2 = \frac{1}{2}\sum_{i=1}^{n}(\boldsymbol{t}_i^k - \boldsymbol{y}_i^k)^2 \tag{8.29}$$

式中，$\boldsymbol{t}_i^k$ 表示第 $k$ 个输入数据的第 $i$ 个输出向量，$\boldsymbol{y}_i^k$ 表示相应的标签向量。由上述公式反向推导，因为偏置 $\boldsymbol{b}$ 的偏导数 $\dfrac{\partial\, \boldsymbol{x}_m^l}{\partial\, \boldsymbol{b}}$ 为 1，所以得到网络输出层的损失 $\boldsymbol{J}$ 相对于偏置 $\boldsymbol{b}$ 的导数为

$$\frac{\partial \boldsymbol{J}}{\partial \boldsymbol{b}} = \frac{\partial \boldsymbol{J}}{\partial \boldsymbol{x}_m^l}\times\frac{\partial \boldsymbol{x}_m^l}{\partial \boldsymbol{b}} = \frac{\partial \boldsymbol{J}}{\partial \boldsymbol{x}_m^l} = \boldsymbol{\delta} \tag{8.30}$$

$\boldsymbol{\delta}$ 表示误差项，则网络中层与层之间的误差项递推关系为

$$\boldsymbol{\delta}^l = (\boldsymbol{W}^l)^{\mathrm{T}}\boldsymbol{\delta}^l f^l(\boldsymbol{x}_m^l) \tag{8.31}$$

损失函数相对应的权值的偏导数为

$$\frac{\partial \boldsymbol{J}}{\partial \boldsymbol{W}^l} = \boldsymbol{x}^{l-1}(\boldsymbol{\delta}^l)^{\mathrm{T}} \tag{8.32}$$

反向传播过程中，误差由输出层传，先经过下采样层，得到与卷积层相同的特征图尺寸，然后通过与激活函数的偏导数按位相乘，该过程的计算过程如下：

$$\boldsymbol{\delta}^l = \eta^{l+1}\left[f^l(\boldsymbol{x}_m{}^l)\mathrm{up}(\boldsymbol{\delta}^{l+1})\right] \tag{8.33}$$

式中，up() 表示上采样，$\eta$ 表示学习率。

由采样层计算出 $\boldsymbol{\delta}^l$ 之后，将卷积层中与 $\boldsymbol{\delta}^l$ 位置相关的神经元进行求和，就可以得到损失相对于偏置的偏导数，其计算过程如下：

$$\frac{\partial \boldsymbol{J}}{\partial \boldsymbol{b}}=\sum \boldsymbol{\delta}^{l} \tag{8.34}$$

由于卷积层权值共享，对所有与 $\boldsymbol{\delta}^{l}$ 相关的权值求梯度和，可以得到损失函数关于权值的偏导数，其计算过程如下：

$$\frac{\partial \boldsymbol{J}}{\partial \boldsymbol{W}^{l}}=\sum \boldsymbol{\delta}^{l} \boldsymbol{p}^{l-1} \tag{8.35}$$

式中，$\boldsymbol{p}^{l-1}$ 为输入数据与卷积核按位相乘所得的特征图相关位置对应的输入。

### 8.3.3 卷积神经网络图像识别技术的应用

卷积神经网络（convolutional neural networks，CNN）是深度学习领域的重要成果，其在图像处理中的应用广泛而显著。

① 医学图像分析领域：医学图像分析是临床诊断、治疗以及医学研究中的重要手段。卷积神经网络通过对医学大数据的分析，提供快捷、充分的信息，帮助专家实现对病情的定性定量分析、辅助规划治疗。细粒度图像识别技术作为一个重要的技术，可以实现对疾病的不同亚类以及对各种医学图像需得到的细粒度类别精准判断，可以实现药品等品类的识别以及对医学染色体图像的识别，帮助医生进行辅助诊断，节约专家资源。

② 动植物保护领域：智能相机和移动设备的普及使得信息流通快速且便捷，可以对于摄像头实时捕获到的复杂和偏僻的环境中的图像信息进行智能分析，得到图像中所出现的目标类别并及时输出，给动植物保护及时地提供有效信息。

③ 无人结算领域：在商超等大型超市的物品结算中心，依靠计算机视觉相关技术，通过细粒度图像识别技术可以实现物品品类的快速划分，不需要人工参与，通过拍照的方式即可一次性地统计出品类相近、多种类、多数量的物品的价值信息，快速实现自动结算，极大地便利了购物流程，为无人超市的构建提供可能。

④ 军事应用领域：在军事战场等瞬息万变的环境下，往往存在多种军事目标，其中既有敌方目标，又有我方目标，这些目标往往非常相似，一般图像识别技术无法甄别。细粒度识别技术重要应用主要表现在对军事目标的具体精细类别的快速识别。它可以获取精细的类别比如不同的坦克或者舰船亚类类别，有助于区分敌我目标，保障人民的生产生活安全。

基于卷积神经网络的细粒度图像识别可以概括为：给定训练集作为数据集，每一个样本都含有一个与之对应的标签。根据给定的数据集通过学习找到一个模型可以最大限度地表达样本与标签之间的关系，从而使得模型用于未知数据的预测估计。对于图像识别，假设用 $X$ 表示输入数据空间，其中的图像样本通常用特征向量表示，因此 $X$ 可以被称为特征空间，$Y$ 表示输出空间。假设对于数据空间的每一个图像样本（$x$，$y$）都有一个固定不变的联合分布 $P(X, Y)$，学习的目的就是在一个假设空间 $F$ 中找到一个最优的映射：

$$f: X \rightarrow Y, f \in F \tag{8.36}$$

$f$ 表示可学习到的模型。在这个学习的过程中，图像数据是影响模型识别能力的主要因素，现阶段亟待解决的问题包括：

① 从细粒度图像的特点来看，存在着以下的挑战。

光照：如图 8.19 所示，由于采集图像时多在室外场景中，自然光随着时间的变化出现强度和范围的变化，导致获取的图像也出现亮度、色彩等方面的变化。

② 基于卷积神经网络的细粒度图像识别，非常依赖于数据集的结构组成，因此其数据集结构应从以下方面提升质量。

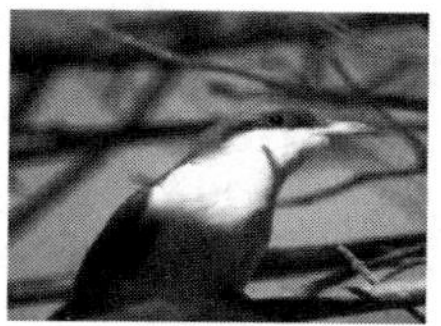

图 8.19　光照变化

弱监督标注信息：对于细粒度图像识别，标注信息往往可以分为两种，一种是具有标注框、物体标注点以及类别标签的强监督标注信息，一种是只有类别标签的弱监督标注信息。为了节约标注成本，基于弱监督标注信息的方法具有更广泛的应用前景，但是有限的标注信息导致网络需要通过学习寻找到目标关键的判别部位，这会带来识别准确率下降的问题。

数据集长尾效应：长尾效应本质上是数据类别分布不均衡，表现为少部分类别占大多数样本，而大多数类别只有小部分样本，从而在数量分布图上呈现出长尾现象。由于细粒度图像对类别划分较为细致，且很多类别存在很难获取的问题。因此，数据集中常见类别数量巨大，部分稀有类别的样本数据量小。当训练样本因长尾而不均衡时会导致网络学习失衡，即对数据量大的类别学习效果好，但对于数据量少的样本，难以有效学习其关键性特征信息，从而造成网络学习混淆，降低检测识别的准确率。

③ 机器视觉领域中细粒度图像识别是计算机视觉识别的一项基本任务，也是其他各种视觉任务的基础，与其他任务有非常紧密的联系，比如细粒度图像检测。将通用的目标检测器直接用于细粒度图像检测，会出现定位不准确、类别识别不准的问题，如何通过提高细粒度图像识别的性能实现更高层次的视觉任务是一个极大的挑战。

④ 数据增广对于图像识别来说，是非常重要和预处理技术。有效的数据增广技术可以尽可能地挖掘图像数据信息。图像数据的增广方法主要可以分为基本图像变换增广方法、多样本混合的增广方法以及基于虚拟样本生成的增广方法。最先将基本的图像变换应用到深度学习的是 LeNet-5 网络，该算法利用了基本的图像仿射变换操作。而后又出现了用于 AlexNet 的裁剪、水平镜像翻转的方法。在 ResNet 和 DenseNet 算法中都采用了基本的图像几何变换进行增广。基于基本的图像变换增广操作，给深度学习模型带来了有效的增益，但增益有限。随着数据增广技术在越来越多的模型中实践应用，出现了新的多样本混合的增广方法，混合增广方法改变了图像样本只有一个标签的独立标注信息模式，从而使得训练集中标签标注信息更加平滑，能够在一定程度上提高卷积神经网络的泛化能力。虽然生成的混合样本在语义范畴缺少一定的可解释性，但是其因实现路径简单、训练鲁棒性好、稳定性高的特点而受到了广泛关注。

基于虚拟样本生成的增广方法主要是指通过生成对抗网络直接生成图像样本，并将其生成的数据样本加入到训练数据中，从而实现数据集扩充的目的。基于生成对抗网络（GANs）的虚拟图像样本增广方法使用 GANs 及其衍生的模型作为虚拟样本生成工具，产生了更丰富的图像样本，提升了计算机视觉任务在测试时的特征提取和图片识别、分析能力。

### 8.3.4　基于神经网络图像的样本生成及信息标注

前文简要介绍了图像识别技术应用领域与面临的主要挑战，本节结合示例详细介绍神经网络图像识别涉及的样本生成和标注方法。

8.3.4.1　基本图像变换的增广方法

几何与纹理变换：最常见的几何与纹理变换包括图像翻转增广、噪声增广、模糊增广、缩放增广、随机裁剪和擦除等。图像的翻转就是图像沿着水平方向或者竖直方向像素位置对称置换。沿着水平方向进行像素置换的称为水平翻转，沿着竖直方向进行像素置换的称为竖直翻转。图像的噪声增广是把一些额外的随机信息加入到原始图像的像素中，从而获得与原始图像不同的增广图像，一般常使用的是高斯噪声。图像模糊增广是将图像中的每一个像素值重新设置为与周围像素相关的像素值，例如周围像素值的均值、中位值等。模糊处理后，图像会出现失真现象。缩放增广就是对图像进行放大或者缩小，这是为了处理成统一的尺寸送入到深度学习网络中进行训练，因此缩放增广方法成为了图像识别的预处理操作之一。随机裁剪是对原始图像进行截取，获取截取到的部分图像，然后再放大到与原始图像相同的大小。随机擦除是对图像的一些信息进行消除，通过人为地以一定的概率对训练图像进行信息擦除，促使模型学习图像的剩余信息，降低出现过拟合的情况，从而提高模型的泛化能力。图 8.20 展示了基本的几何与纹理变换，几何与纹理变换保持了原有的图像信息，没有改变图像内容，但是存在着对数据的增广程度一般、增加的信息有限的问题，这也导致几何与纹理变化为模型带来的增益提升非常有限。

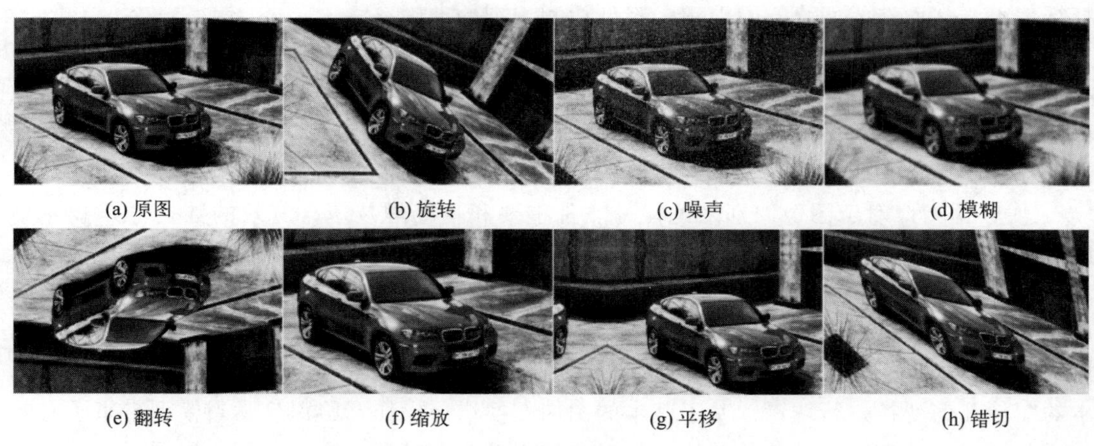

(a) 原图　(b) 旋转　(c) 噪声　(d) 模糊

(e) 翻转　(f) 缩放　(g) 平移　(h) 错切

图 8.20　几何与纹理图像变换示例

光学空间变换：光学空间变换是对图像的光学空间变换的增广操作，主要包括了光照变化和颜色空间变换。光照变化是对图像的亮度、对比度等的操作，具体的实现效果如图 8.21 所示。颜色空间变换主要包括对图像的各种颜色空间、比如 RGB 颜色空间、XYZ 颜色空间、HSV 颜色空间等的变换。光学空间变换的增广方法同样只能带来有限的算法性能增益。

(a) 原图　(b) 对比度变化　(c) 饱和度变化　(d) 亮度变化

图 8.21　光学空间变换示例

基本的图像增广方法是从传统的图像增广方法基础之上演化来的，并且已经被广泛地用于图像识别的一些预处理中，这些方法均不改变原图像中的语义特征，从而生成新的图像数据。鉴于其简单的特点，常常根据应用场合的需求进行多个方法的叠加使用，它已成为当前基于卷积神经网络的细粒度图像识别算法的基本增广方法之一。

#### 8.3.4.2 基于多样本混合的增广方法

多样本混合增广是指将训练集中两张或者多张图像信息进行混合从而产生新的图像样本来增加训练数据，多样本混合增广包含像素混合增广、块混合增广和语义混合增广等3种方法。像素混合增广也可以理解为像素插值增广，像素混合增广将两个相同尺寸图像样本中两个相同坐标的像素点通过线性组合的方式进行运算，获得增广后的图像样本在该坐标的像素值。同时增广后的像素标签由参与运算的两个样本进行线性计算。块混合增广是对多个图像样本分别采样，截取不同的局部区域，并将两个图像区域交换合并，从而产生新的训练数据样本。根据相应的算法规则，可以计算出新的图像样本的标签构成，常见的块混合增广的方法有Cutmix、Mixup、FMix等。基于多样本的混合增广方法用于细粒度图像识别时具备以下特点：

① 数据增广图像需要两个或以上的图像参与；

② 混合增广后生成的图像的语义信息和标注信息取决于多个参与数据增广的样本；

③ 增广后的图像可视化结果往往不具备人眼视觉理解的特性；

④ 由于细粒度图像不同子类别间总是具有相同的全局外观，而子类别内图像特征往往有很大的差异，将上述用于一般图像识别的多样本混合的增广方法直接用于细粒度图像识别的模型训练上，带来的性能提升非常有限。

#### 8.3.4.3 基于虚拟样本生成的增广方法

基本的图像识别增广方法和多样本混合增广都是有监督的数据增广方法，无监督的数据增广依靠了GANs等深度学习算法生成虚拟的图像。基于虚拟样本生成的增广方法主要是通过GANs直接生成新的图像样本，并将生成的样本加入到训练集中，从而达到训练数据集扩充的目的。GANs网络主要包括两个部分：生成器（generator）和判别器(discriminator)，生成器以随机噪声为图像生成与目标图像类似的“假图像”，并将该“假图像”与真图像一起输入到判别器中进行二分类网络训练，判别器输出区别度的同时送入到生成器调整后续的“假图像”生成方向，通过不断的迭代训练，得到最优结果。但是基于GANs的虚拟图像增广方法仍需要面对很多挑战，在GANs的训练过程中会产生“模式坍塌”的现象，且训练过程中存在梯度突变和梯度消失的问题，训练过程不稳定且训练过程复杂，需要极大的计算量。基于虚拟样本生成的增广方法主要是以GANs为代表用深度学习算法生成更多样本数据集以外的图像，这种方法虽然有效但是需要单独设计模型算法，需要较高的成本，一般无法进行快速应用。

细粒度图像识别技术发展至今，已经经历了很长的时间。在CUB-200-2011数据集发布的技术报告中，识别准确率基线仅为10.3%。早期的基于人工特征的细粒度图像识别算法，主要是利用人工构建的算子提取图像中的特征，如POOFs（基于部位的一对一特征）、SIFT（尺度不变特征变换）等，这些方法通过增强目标识别算法的特征提取能力，实现对细粒度图像识别准确率的提升。由此可以发现，更强大的特征提取算法对细粒度图像识别算法的影响非常显著。在细粒度图像识别中，深度卷积神经网络的出现证实了这一结论，卷积神经网络依靠强大的特征提取能力，取得了远超于基于人工特征实现细粒度识别方法的准确率，实现了更高的细粒度识别准确率。根据细粒度数据集中标注信息的强弱，基于深度卷积神经网络的细粒度图像识别方法可以分为基于强监督信息的细粒度识别方法和基于弱监督信息的细粒度识别方法。弱监督标注信息和强监督标注信息如图 8.22 所示。

图 8.22　两种细粒度图像标注信息

#### 8.3.4.4　基于强监督标注信息的细粒度识别方法

基于强监督标注信息的细粒度图像识别在训练卷积神经网络时，不仅需要训练数据集中的类别标注信息，还需要借助标注框或者部位标注点信息。这些基于强监督标注信息的方法借助于标注框能够完成对前景目标的检测，排除掉背景的干扰。可以通过部位标注点进一步地获得关键的判别性部位信息或者进行目标姿态对齐等操作，实现对判别性部位信息的提取。下面介绍两种经典的基于强监督标注信息的方法，如图 8.23 和图 8.24 所示。

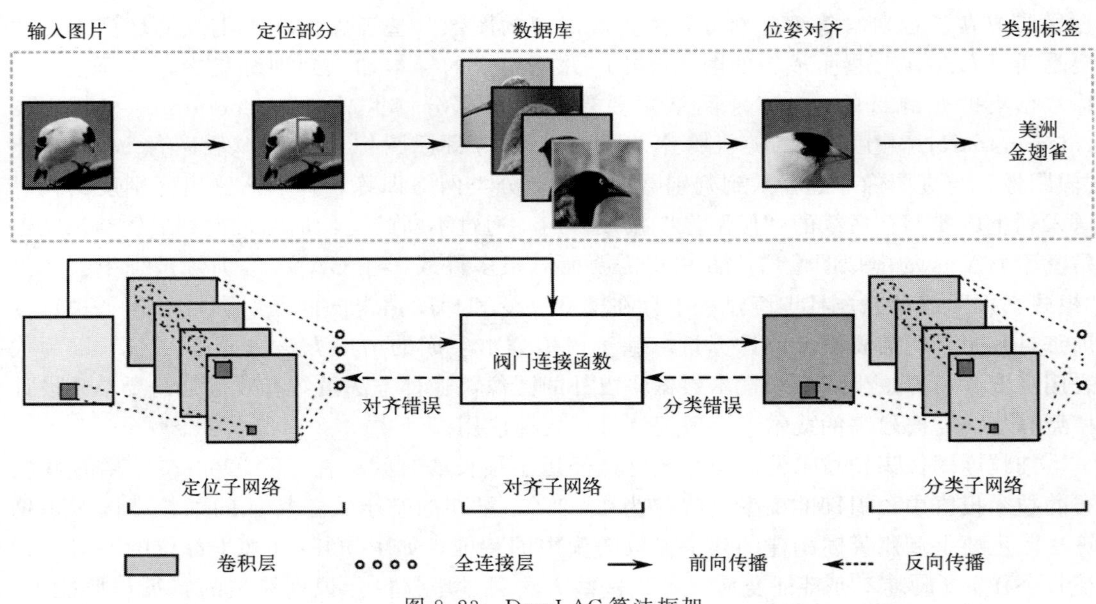


图 8.23　DeepLAC 算法框架

DeepLAC 模型：如图 8.23 所示，DeepLAC 模型将细粒度图像中的部件定位子网络、对齐子网络和分类子网络集成到了一个网络中，并提出了阀门连接函数（VLF）优化连接定位子网络和识别子网络。该函数可以有效地减少识别和对齐时产生的误差，保证识别的准确性。DeepLAC 模型首先统一输入图像的分辨率然后将其输入到定位子网络中，定位子网络由 5 个卷积层和 3 个全连接层组成，最后一个全连接层用于回归目标框的左上角和右下角的坐标值。对齐子网络接收了定位子网络的目标位置，进行模板对齐，并将对齐的部位零件图像输入到分类子网络中进行分类。在对齐过程中，对齐子网络进行偏移、平移、缩放和旋转等基本操作以生成姿态对齐的部件区域，这对于识别有非常重要的作用。除了进行姿态对齐外，对齐子网络在 DeepLAC 模型进行反向传播时利用识别和对齐结果进一步细化定位。分类子网络是最后的一个模块，将姿态对齐的部件输入，可以得到目标的细粒度类别。

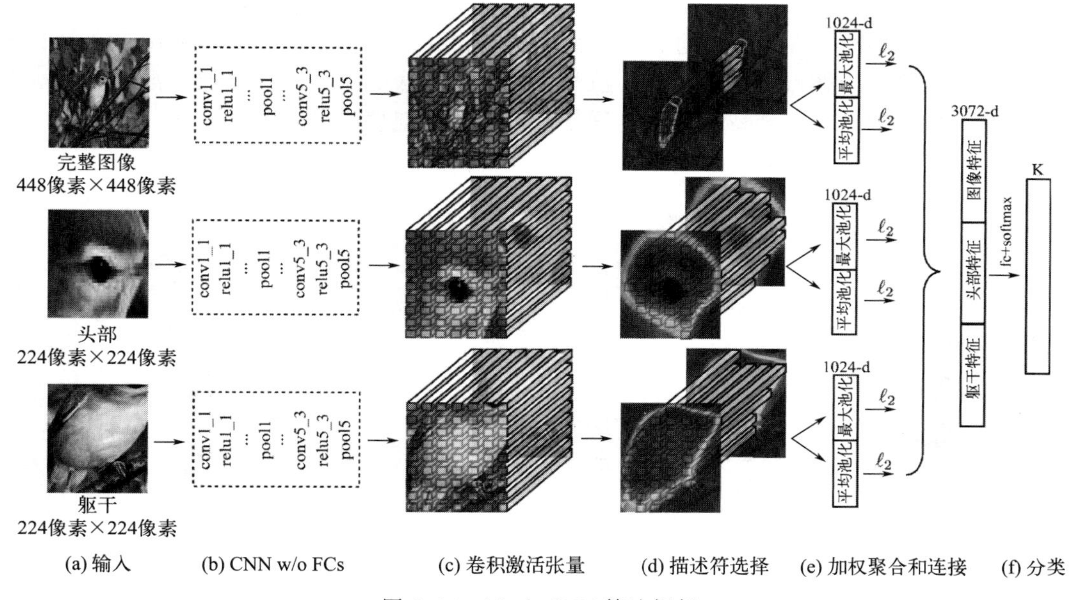


图 8.24　Mask-CNN 算法框架

Mask-CNN 模型：如图 8.24 所示，Mask-CNN 模型提出了一种新的全卷积掩膜神经网络，用于定位具有判别性的部件，并生成部件掩码，用于选择关键的卷积特征描述。Mask-CNN 模型利用了部件标注信息和类别标签信息将图像分为两个点集，一组对应细粒度鸟类数据集的头部，另一组对应躯干部分。这些点的最小外接矩作为真值掩码，其他的点则为背景。然后全卷积网络生成掩码用于局部定位和选择有用的深度特征描述。在测试时不使用任何标注信息，得到两个部分的掩码后，将其组合起来形成前景目标。对于这些部位图像，Mask-CNN 模型构建了三个分支流的卷积神经网络分别对原始输入图像(完整图像)、头部图像、躯干图像提取特征，用于训练并聚合前景和部件级线索。Mask-CNN 模型是端到端的具有选择深度卷积特征的全卷积神经网络，借助部件标注信息和图像类别标注信息在细粒度鸟类数据集上能达到 85.5%的识别准确率。

但是基于强监督标注信息的方法使用人工标注的标注框或者部位标注点需要专家人员参与，耗费了巨大的成本，严重地制约了基于强监督信息的细粒度识别算法的实用性。

#### 8.3.4.5　基于弱监督标注信息的细粒度识别方法

对于细粒度识别而言，判别性的局部信息是非常重要的。因此，实现更好的基于弱监督的细粒度识别，首先要解决的就是如何定位和学习判别性特征区域。实践过程中先尝试使用选择性搜索（selective search）算法生成候选对象区域，然后对于每一个候选区域，直接利用算法从候选的卷积特征中得到局部特征，最后使用聚类方法得到重要的图像特征描述。

双线性卷积神经网络（B-CNNs）是一种用于提取细微和区域特征的细粒度识别方法（图 8.25）。一个双线性模型有两个独立的卷积神经网络分支，每个分支提取到的特征表达通过一个双线性操作进行特征汇聚，得到一个双线性特征描述向量用于最后的识别。然而，由于双线性特征维数较高，很难在实际中应用。为了提高 B-CNNs 的应用能力，一些基于 B-CNNs 的变体降低了该方法的参数维度和简化了 B-CNNs 的计算量，提高了细粒度图像识别的准确率。下面介绍基于强监督标注信息的经典算法。

B-CNNs 模型：其实现流程如图 8.25 所示。双线性卷积神经网络以平移不变的方式对每个位置的局部特征在通道上进行了融合，可以得到更加丰富的二阶特征用于细粒度图像识别，但该网络的缺点也非常明显，虽然二阶特征包含的特征信息更加丰富，但是给模型带来了过拟合的风险，且特征向量的维度过高，非常耗费计算资源。

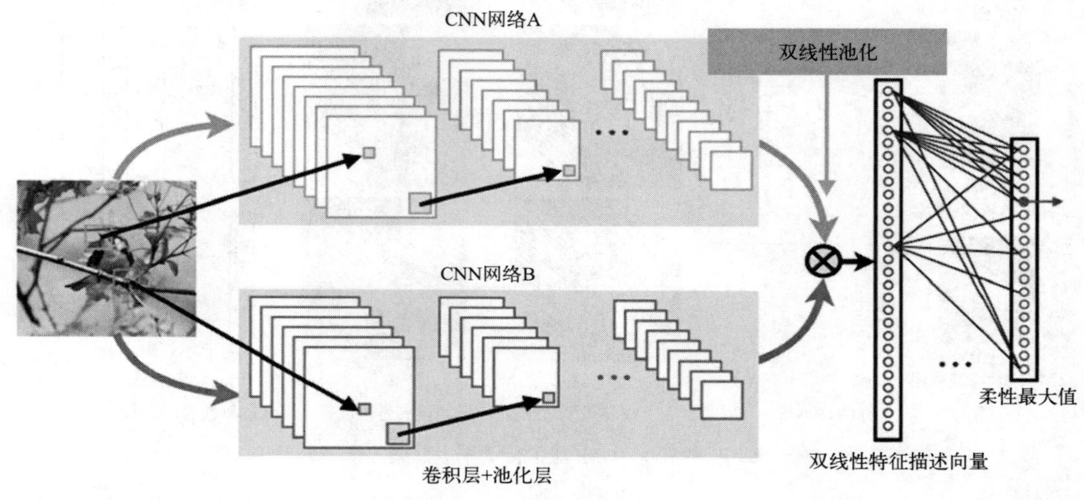


图 8.25　B-CNNs 算法框架

MAMC 模型：MAMC（多注意力多类别约束）模型是利用注意力机制所设计的模型，提出先利用注意力机制定位到目标的两个不相关的特征，然后使用三元损失函数和交叉熵损失函数训练网络，拉近同类目标特征之间的距离，放大不同类特征之间的距离。如图 8.26 所示，首先随机输入两个类别，每个类别随机选择两张图像，这四张图像使用 OSME（压缩-多扩展）模块提取到 $P$ 个特征注意的特征向量，并认为每个特定注意力向量都是注意到目标的不同部位，是目标中不同部位的聚类。然后将以上提取到的特征向量送入到 MAMC 模块，使 OSME 模块产生的注意力向量指向类别，产生判别性注意力特征。具体到训练中，网络有 $2N$ 个输入图像，经过 OSME 模块产生 $2NP$ 个特征向量，通过选择其中第 $i$ 类的第 $P$ 个向量作为目标特征向量，那么剩下的特征可以分为四组：相同注意力相同类别的特征、相同注意力不同类别的特征、不同注意力相同类别的特征和不同注意力不同类别的特征。最后使用度量学习设计损失函数来寻找四组特征之间的关系。MAMC 模型利用注意力机制的方法定位到关键的部件位置，但算法实现中限制了输入图像的数量以及每个图像中注意力区域的个数，这种设置忽略了很多其他的关键性信息，影响识别准确率的提升。

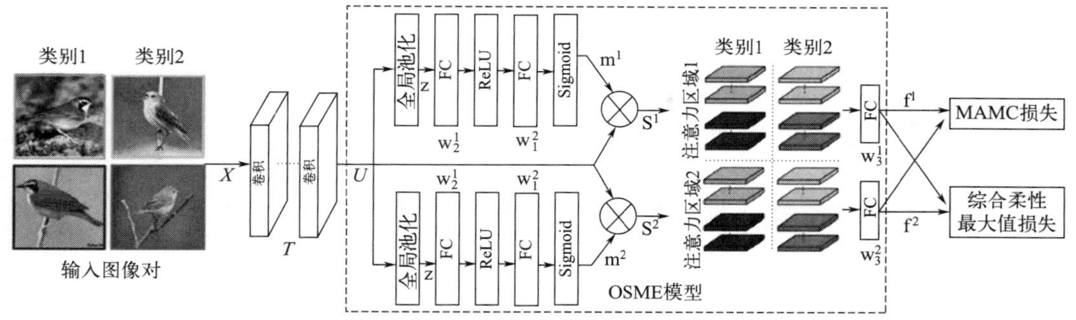


图 8.26 MAMC 算法框架

SCRDet 模型：是实现旋转目标检测的两阶段目标检测网络。旋转目标检测网络在预测出物体所在位置和类别信息的同时，还要预测出目标框与水平方向的角度信息。如图 8.27 所示，SCRDet 使用了特征提取网络 ResNet 提取特征图，通过 ResNet 的特征提取后，选择 C3 和 C4 层的特征图送入到 SF-Net 网络中进行多层特征融合，C3 与 C4 层的融合丰富了特征信息，同时增加了特征图的大小，丰富了 Anchor 样本数。SF-Net 得到的特征图送入到 MDA-Net 网络，MDA-Net 网络包含了像素注意力模块和通道注意力模块，通过 MDA-Net 后的特征图，增强了重要信息的权重且抑制了部分噪声对检测的干扰。最后在 Rotation Branch（旋转分支）模块中实现目标识别、位置预测与角度预测。

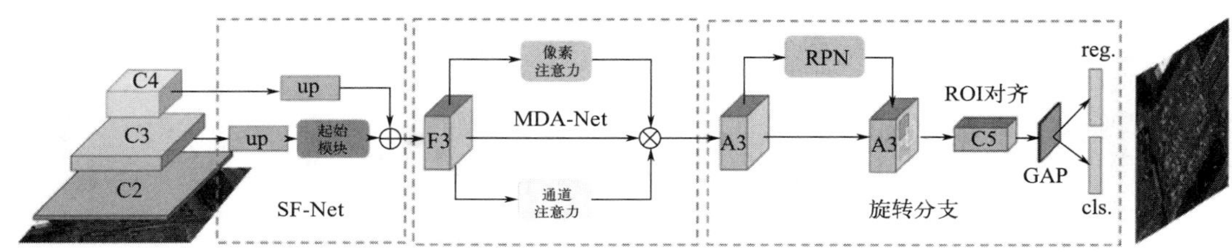


图 8.27 SCRDet 算法框架

Cascade RCNN 模型：结构如图 8.28 所示，主要由一个特征提取网络、一个特征金字塔网络（FPN）和一个级联检测器组成。特征提取网络提取到特征后，选取从浅至深的不同卷积层的输出特征图送入特征金字塔网络中进行特征融合，然后将融合得到的四种特征图输入区域建议网络（RPN）中得到候选目标框。在训练时，将候选目标框送入级联检测器中，每个检测器中包括了感兴趣区域（ROI）对齐、全连接层（FC）、分类置信度 $C$ 和边框回归值 $B$。首先使用第一个检测器通过设定 IOU（交并比）阈值把这些候选框分为正样本和负样本，然后经过 ROI 对齐送入全连接层中得到目标类别和目标框，第二个检测器结合第一个检测器的结果，并设置更高的 IOU 阈值来提高检测的准确率，以此类推。共使用了三个检测器进行级联，每个检测器设置不同的 IOU 阈值来界定正样本目标框选框，关注符合 IOU 阈值的正样本，逐步提高 IOU 阈值可以逐渐地为下一个检测器提供更好的正样本。每个检测器是递进关系，使得目标检测效果越来越好。Cascade RCNN 模型作为一个多阶段的目标检测网络，使用了多个检测器，这些检测器通过递进的 IOU 阈值进行分级训练，一个检测器将一个良好的数据分布输入到下一个检测器中，获得更高质量的检测器，这种递进式的检测可以有效地缓解“假阳性”的问题。在预测阶段，使用多阶递进的检测器会逐步提高 IOU 阈值且不会产生因为单个 IOU 的设置过低或过高而检测效果不佳的情况。

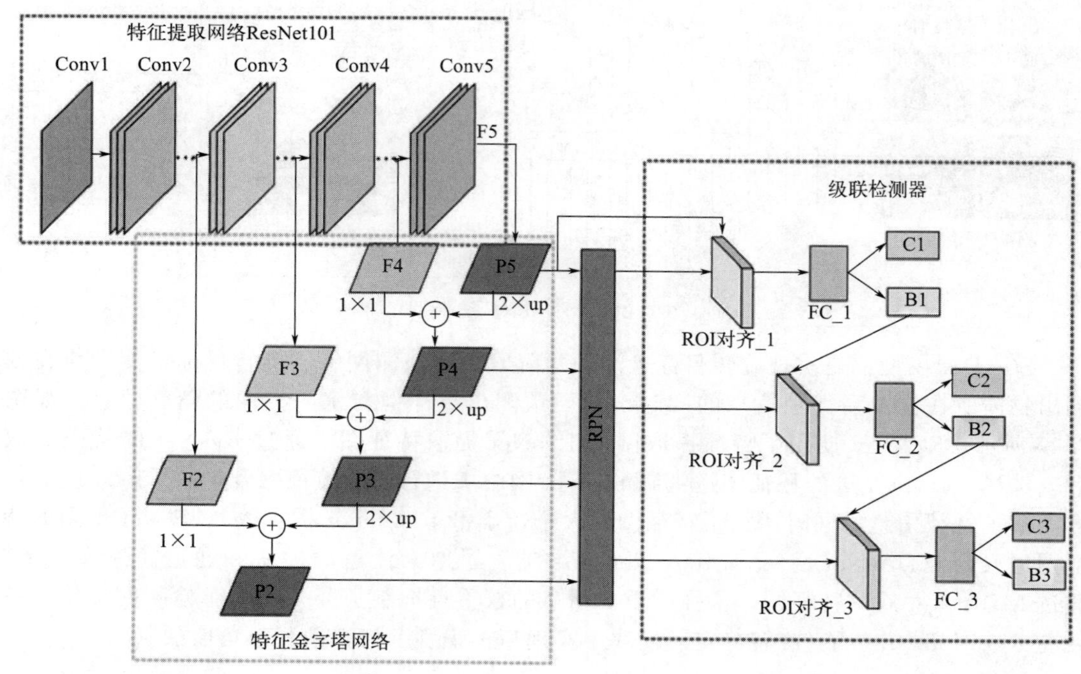


图 8.28　Cascade RCNN 算法框架

## 8.4　图像识别的 OpenCV 实现

图像识别是指利用机器视觉对图像进行处理、分析和理解，以识别各种不同模式的目标和对象的技术，是包含了智能算法的一种图像处理实践应用。工程实践过程中，很多图像处理的终极目标是实现图像的理解与识别，使图像处理方法能够模仿或者部分替代人对图像认知的过程。

### 8.4.1　基于模板匹配的图像识别

模板是被查找的目标图像，查找模板在原始图像的位置叫作模板匹配，OpenCV 提供了 matchTemplate () 方法，其语法如下：

```
result = cv2.matchTemplate(image,templ,method,mask)
```

参数说明：

image：原始图像。

templ：模板图像，尺寸要小于或等于原始图像

method：匹配的方法，参数见表 8.1。

mask：可选参数，掩模。

返回值说明：

result：计算出的匹配结果，保存在一个数组中，其含义需要根据 method 参数来解读。

**表 8.1　匹配方法参数释义**

| 参数名 | 含义 | 解释 |
|---|---|---|
| cv2. TM_SQDIFF | 平方差匹配 | 最好的匹配为 0,值越大匹配越差 |
| cv2. TM_SQDIFF_N2ORMED | 表针平方差匹配 | |
| cv2. CCOR | 相关函数匹配 | 可以理解为相似程度,匹配程度越高,计算结果越大 |
| cv2. TM_CCOR_NORMED | 标准相关函数匹配 | |
| cv2. TM_CCOEFF | 相关系数匹配 | 同属于相似程度判断,计算结果为－1～1 之间的浮点数。1 表示完全匹配,0 表示不相关,－1 表示亮度相关性相反 |
| cv2. TM_CCOEFF_NORMED | 标准相关系数匹配 | |

**实例 8.1**：通过地图统计北京西部山峰数量。

通过地图上山峰标记进行模板匹配，并完成数量统计。其中地图和模板如图 8.29 所示，来源于文件 image. png 和 templ. png。具体代码如下：

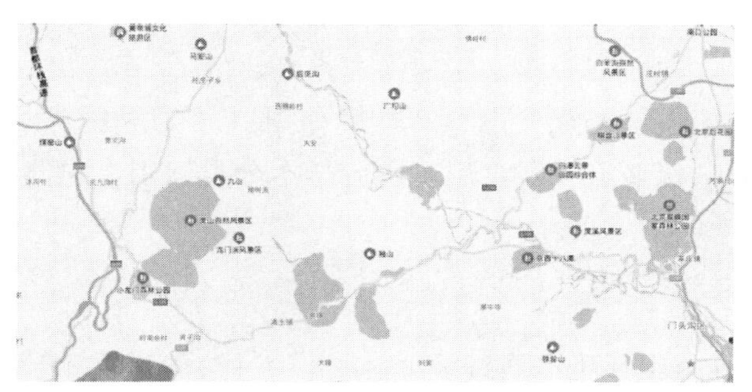

图 8.29　待标记图像与匹配模板

```
import cv2
image = cv2. imread("../image/image. png")#读取原始图像
templ = cv2. imread("../image/templ. png")#读取模板图像
height,width,c = templ. shape  # 获取模板图像的高度、宽度和通道数
results = cv2. matchTemplate(image,templ,cv2. TM_CCOEFF_NORMED)# 按照标准相关系数匹配
station_Num = 0  # 初始化山峰个数为 0
for y in range(len(results)):# 遍历结果数组的行
    for x in range(len(results[y])):#遍历结果数组的列
        if results[y][x]> 0.99:# 如果相关系数大于 0.99 则认为匹配成功
            cv2. rectangle(image,(x,y),(x + width,y + height),(255,0,0),2)# 绘制蓝色矩形边框
            station_Num + = 1  # 山峰个数加 1
cv2. putText(image,"the numbers of stations:" + str(station_Num),(0,30),cv2. FONT_HERSHEY_COM-
PLEX_SMALL,1,(0,0,255),1)# 在原始图像绘制山峰总数
cv2. imshow("result",image)# 显示匹配的结果
cv2. waitKey()# 按下任意键盘按键后
cv2. destroyAllWindows()# 释放所有窗体
```

模板匹配结果如图 8.30 所示，可以看出通过模板匹配，可以准确地标记出地图中山峰的数量。

### 8.4.2　基于级联分类器的图像检测

传统的面部识别过程并非智能的特征识别，而是分类操作的过程，监测人脸的操作比

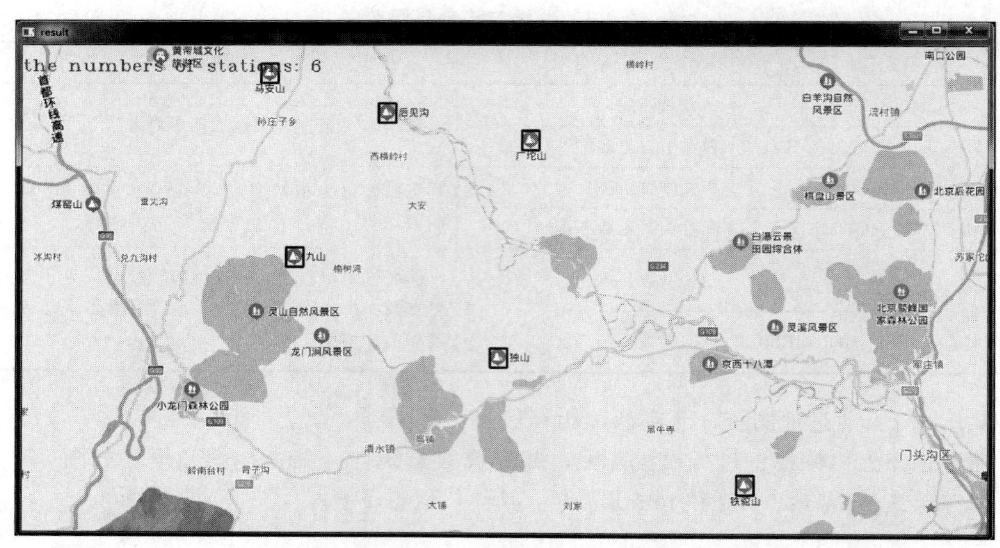


图 8.30　模板匹配结果

较复杂，但 OpenCV 封装了很多级联分类方法供用户使用。

OpenCV 提供了训练好的级联分类器，用以进行样本分类识别，它们以 XML 文件的方式保存在以下路径：

../Python/Lib/site-packages/cv2/data/

路径说明：

“../Python/”：Python 虚拟环境本地目录。

“/Lib/site-packages/”：pip 安装扩展包的默认目录。

“/cv2/data/”：OpenCV 库的 data 文件夹。

不同版本的 OpenCV 自带的级联分类器 XML 文件存在差别，若 data 文件夹中缺少 XML 文件，可以到 OpenCV 的源码托管平台下载。

每一个 XML 文件都对应一种级联分类器，但有些级联分类器的功能是类似的（正面人脸识别分类器有三个），表 8.2 就是部分 XML 文件对应的功能。

**表 8.2　部分级联分类器 XML 文件对应功能**

| 级联分类器 XML 文件名 | 检测的内容 |
|---|---|
| harrcascade_eye.xml | 眼睛检测 |
| harrcascade_eye_tree_eyeglasses.xml | 眼镜检测 |
| harrcascade_frontalcatface.xml | 猫脸检测 |
| haarcascade_frontalface_default.xml | 正面人脸检测 |
| haarcascade_fullbody.xml | 身体检测 |
| harrcascade_lefteye_2splits.xml | 左眼检测 |
| haarcascade_lowerbody.xml | 下半身检测 |
| haarcascade_profileface.xml | 侧面人脸检测 |
| haarcascade_righteye_2splits.xml | 右眼检测 |
| haarcascade_russian_plate_number.xml | 车牌检测 |
| haarcascade_smile.xml | 笑容检测 |
| haarcascade_upperbody.xml | 上半身检测 |

OpenCV 实现级联分类方法（以人脸追踪为例）需要两步操作：加载级联分类器和使用分类器识别图像。这两步操作 OpenCV 都提供了对应的函数方法。

首先是加载级联分类器，OpenCV 可以通过 CascadeClassifier（）方法创建分类器对象，其语法如下：

```
<CascadeClassifier object> = cv2.CascadeClassifier(filename)
```

参数说明：

filename：级联分类器的 XML 文件名。

返回值说明：

object：分类器对象。

然后就可以使用已经创建好的分类器对图像进行识别了，这个过程需要调用对象的 detectMultiScale（）方法，语法规则如下：

```
objects = cascade.detectMultiScale(image,scaleFactor,minNeighbors,flags,minSize,maxSize.)
```

参数及对象说明：

cascade：已有分类器对象。

image：待分析的图像。

scaleFactor：可选参数，扫描图像时的缩放比例。

minNeighbors：可选参数，指每个候选区域至少保留多少个检测结果才可以判定为人脸，该值越大，分析的误差越小。

flags：可选参数，旧版本 OpenCV 的参数，建议使用默认值。

minSize：可选参数，最小的目标尺寸。

maxSize：可选参数，最大的目标尺寸。

返回值说明：

objects：捕捉到的目标区域数组，数组中每一个元素都是一个目标区域，每个区域包含 4 个值，分别是左上角点横坐标、左上角点纵坐标、区域宽、区域高。

**实例 8.2**：读取和显示摄像头视频。

在使用级联分类器前，要先学会调用摄像头的基本方法，Python 调用摄像头非常简单，使用 VideoCapture() 方法即可完成摄像头初始化工作，其语法格式如下：

```
capture = cv2.VideoCapture(index)
```

参数说明：

capture：要打开的摄像头。

index：摄像头的设备索引。

如果你的电脑配备了摄像头，可以使用 VideoCapture() 完成摄像头抓取，具体代码如下：

```
import cv2
capture = cv2.VideoCapture(0)# 打开笔记本内置摄像头
while(capture.isOpened()):# 笔记本内置摄像头被打开后
retval,image = capture.read()# 摄像头实时读取视频
    cv2.imshow("Video",image)# 窗口中显示读取到的视频
    key = cv2.waitKey(1)# 窗口的图像刷新时间为 1 毫秒
    if key = = 32:# 如果按下空格键
        break
capture.release()# 关闭笔记本内置摄像头
```

```
cv2.destroyAllWindows()
```

**实例 8.3**：使用级联分类器动态检测人脸。

通过表 8.2 可知，使用哈尔级联分类器 haarcascade _ frontalface _ default. xml，可以完成正面人脸检测功能，该实例可以检测出视频中所有人脸正脸区域，然后绘制边框，具体代码如下：

```
import cv2
img = cv2.imread("peoples.png")# 读取人脸图像
# 加载识别人脸的级联分类器
faceCascade = cv2.CascadeClassifier("cascades\haarcascade_frontalface_default.xml")
faces = faceCascade.detectMultiScale(img,1.3)# 识别出所有人脸
for(x,y,w,h)in faces:# 遍历所有人脸的区域
    cv2.rectangle(img,(x,y),(x+w,y+h),(0,0,255),5)# 在图像中人脸的位置绘制方框
cv2.imshow("img",img)# 显示最终处理的效果
cv2.waitKey()# 按下任意键盘按键后
cv2.destroyAllWindows()# 释放所有窗体
```

**实例 8.4**：使用级联分类器实现人体追踪。

使用 haarcascade _ fullbody. xml 可以方便地实现摄像头人体追踪功能，可以检测出人体区域，在区域边缘绘制边框，具体代码如下：

```
import cv2
img = cv2.imread("monitoring.jpg")# 读取图像
# 加载识别类人体的级联分类器
bodyCascade = cv2.CascadeClassifier("cascades\haarcascade_fullbody.xml")
bodys = bodyCascade.detectMultiScale(img,1.15,4)# 识别出所有人体
for(x,y,w,h)in bodys:# 遍历所有人体区域
    cv2.rectangle(img,(x,y),(x+w,y+h),(0,0,255),5)# 在图像中人体的位置绘制方框
cv2.imshow("img",img)# 显示最终处理的效果
cv2.waitKey()# 按下任意键盘按键后
cv2.destroyAllWindows()# 释放所有窗体
```

### 8.4.3 基于人脸识别器的人脸识别

上一节介绍了基于级联分类器的人脸和人体检测方法，本节主要介绍通过人脸识别器完成人脸特征训练，实现人脸识别的过程。OpenCV 提供了三种人脸识别方法，分别是 Eigenfaces、Fisherfaces 和 LBPH。三种方法提取人脸特征信息不同，但都是通过对比样本实现人脸识别。

(1) 使用 Eigenfaces 方法

Eigenfaces 识别器也被叫作“特征脸识别器”，开发者需要通过三个步骤来完成人脸识别操作。

① 通过 cv2. face. EigenFaceRecognizer _ create () 方法创建 Eigenfaces 人脸识别器，其语法如下：

```
recognizer = cv2.face.EigenFaceRecognizer_create(num_components,threshold)
```

参数说明：

num _ components：可选参数，PCA 方法中保留的分量个数，建议使用默认值。

threshold：可选参数，人脸识别时使用的阈值，建议使用默认值。

返回值说明：

recognizer：创建完的 Eigenfaces 人脸识别器对象。

② 创建完识别器对象之后，需要通过对象的 train（）方法来识别训练器。tran（）的语法如下：

```
recognizer.train(src,labels)
```

对象与参数说明：

recognizer：已有的 Eigenfaces 人脸识别器对象。

src：用来训练人脸图像的样本列表，格式为 list（列表）。样本图像必须高、宽一致。

labels：样本对应的标签，格式为数组，元素类型为整数。数组长度必须与样本列表长度相同，样本与标签按照插入顺序一一对应。

③ 训练完成之后就可以通过识别器的 predict（）方法来识别人脸了，该方法会对比样本的特征，给出最相近的样本和评分，其语法如下：

```
Label,confidence = recognizer.predict(src)
```

参数和对象说明：

recognizer：已有的 Eigenfaces 人脸识别器对象。

src：需要识别的人脸图像，该图像高、宽必须和样本一致。

返回值说明：

label：与样本匹配程度最高的标签值。

confidence：匹配程度最高的信用度评分，0 分表示两个图像完全一样。

**实例 8.5**：使用 Eigenfaces 识别器实现人脸识别。

现以两个人的照片为训练样本，完成人脸识别的具体代码如下：

```
import cv2
import numpy as np
photos = list()# 样本图像列表
lables = list()# 标签列表
photos.append(cv2.imread("face\summer1.png",0))# 记录第 1 张人脸图像
lables.append(0)# 第 1 张图像对应的标签
photos.append(cv2.imread("face\summer2.png",0))# 记录第 2 张人脸图像
lables.append(0)# 第 2 张图像对应的标签
photos.append(cv2.imread("face\summer3.png",0))# 记录第 3 张人脸图像
lables.append(0)# 第 3 张图像对应的标签
photos.append(cv2.imread("face\Elvis1.png",0))# 记录第 4 张人脸图像
lables.append(1)# 第 4 张图像对应的标签
photos.append(cv2.imread("face\Elvis2.png",0))# 记录第 5 张人脸图像
lables.append(1)# 第 5 张图像对应的标签
photos.append(cv2.imread("face\Elvis3.png",0))# 记录第 6 张人脸图像
lables.append(1)# 第 6 张图像对应的标签
names = {"0":"Summer","1":"Elvis"}  # 标签对应的名称字典
recognizer = cv2.face.EigenFaceRecognizer_create()# 创建特征脸识别器
recognizer.train(photos,np.array(lables))# 识别器开始训练
i = cv2.imread("face\summer4.png",0)# 待识别的人脸图像
label,confidence = recognizer.predict(i)# 识别器开始分析人脸图像
print("confidence = " + str(confidence))# 打印评分
print(names[str(label)])# 数组字典里标签对应的名字
```

```
cv2.waitKey()# 按下任何键盘按键后
cv2.destroyAllWindows()# 释放所有窗体
```

通过 Eigenfaces 识别器进行人脸识别结果表明，该识别器通过程序对比样本特征分析，进而得出最接近的被识别的人物及特征，并通过标签完成分类和识别。

（2）使用 FisherFaces 方法

Fisherfaces 识别器是通过 LDA（线性判别分析）技术来判断人脸数据的相似度，同样需要三个过程完成基于 Fisherfaces 的人脸识别操作。

① 通过使用以下方法来完成 Figsherfaces 人脸识别器的创建：

```
recognizer = cv2.face.FisherFaceRecognizer_create(num_components,threshold)
```

② 通过使用 train（）方法来完成样本训练：

```
recognizer.train(src,labels)
```

③ 通过使用 pridict（）方法完成样本评分和人脸识别：

```
Label,confidence = recognizer.predict(src)
```

由于该分类器的参数定义和使用流程和 EigenFaces 识别器的使用方法类似，这里就不再给出对象和参数的详细说明。

**实例 8.6**：使用 FisherFaces 识别器完成人脸识别。

准备训练照片，准备测试照片，完成分类识别，具体实现代码如下：

```
import cv2
import numpy as np
photos = list()# 样本图像列表
lables = list()# 标签列表
photos.append(cv2.imread("face\Mike1.png",0))# 记录第 1 张人脸图像
lables.append(0)# 第 1 张图像对应的标签
photos.append(cv2.imread("face\Mike2.png",0))# 记录第 2 张人脸图像
lables.append(0)# 第 2 张图像对应的标签
photos.append(cv2.imread("face\Mike3.png",0))# 记录第 3 张人脸图像
lables.append(0)# 第 3 张图像对应的标签
photos.append(cv2.imread("face\kaikai1.png",0))# 记录第 4 张人脸图像
lables.append(1)# 第 4 张图像对应的标签
photos.append(cv2.imread("face\kaikai2.png",0))# 记录第 5 张人脸图像
lables.append(1)# 第 5 张图像对应的标签
photos.append(cv2.imread("face\kaikai3.png",0))# 记录第 6 张人脸图像
lables.append(1)# 第 6 张图像对应的标签
names = {"0":"Mike","1":"kaikai"}#标签对应的名称字典
recognizer = cv2.face.FisherFaceRecognizer_create()# 创建线性判别分析识别器
recognizer.train(photos,np.array(lables))# 识别器开始训练
i = cv2.imread("face\Mike4.png",0)#待识别的人脸图像
label,confidence = recognizer.predict(i)# 识别器开始分析人脸图像
print("confidence = " + str(confidence))# 打印评分
print(names[str(label)])# 数组字典里标签对应的名字
cv2.waitKey()# 按下任意键盘按键后
cv2.destroyAllWindows()# 释放所有窗体
```

（3）使用 LBPH 方法

LBPH 识别器通过局部二进制模式直方图捕获面部特征，完成人脸识别，同样完成该

识别过程需要以下三个步骤。

① 通过使用以下方法来完成基于 LBPH 人脸识别器的创建：

```
recognizer = cv2.face.LBPHFaceRecognizer_create(radius,neighbors,grid_x,grid_y,threshold)
```

参数说明：

radius：可选参数，原型局部二进制模式的半径。

neighbors：可选参数，原型局部二进制模式的采样点数目。

grid _ x：可选参数，水平方向上的单元格数。

grid _ y：可选参数，垂直方向上的单元格数。

threshold：可选参数，人脸识别时使用的阈值。

② 通过使用 train () 方法来完成样本训练：

```
recognizer.train(src,labels)
```

③ 通过使用 pridict () 方法完成样本评分和人脸识别：

```
Label,confidence = recognizer.predict(src)
```

由于该分类器的参数定义和使用流程和 EigenFaces、FisherFaces 识别器的使用方法类似，这里就不再给出步骤②和步骤③的对象和参数的详细说明。

**实例 8.7**：使用 LBPH 识别器完成动态人脸识别。

准备训练照片，准备测试照片，完成分类识别，具体实现代码如下：

```
import cv2
import numpy as np
photos = list()# 样本图像列表
lables = list()# 标签列表
photos.append(cv2.imread("face\lxe1.png",0))# 记录第 1 张人脸图像
lables.append(0)# 第 1 张图像对应的标签
photos.append(cv2.imread("face\lxe2.png",0))# 记录第 2 张人脸图像
lables.append(0)# 第 2 张图像对应的标签
photos.append(cv2.imread("face\lxe3.png",0))# 记录第 3 张人脸图像
lables.append(0)# 第 3 张图像对应的标签
photos.append(cv2.imread("face\ruirui1.png",0))# 记录第 4 张人脸图像
lables.append(1)# 第 4 张图像对应的标签
photos.append(cv2.imread("face\ruirui2.png",0))# 记录第 5 张人脸图像
lables.append(1)# 第 5 张图像对应的标签
photos.append(cv2.imread("face\ruirui3.png",0))# 记录第 6 张人脸图像
lables.append(1)# 第 6 张图像对应的标签
names = {"0":"LXE","1":"RuiRui"}  # 标签对应的名称字典
recognizer = cv2.face.LBPHFaceRecognizer_create()# 创建 LBPH 识别器
recognizer.train(photos,np.array(lables))# 识别器开始训练
i = cv2.imread("face\ruirui4.png",0)# 待识别的人脸图像
label,confidence = recognizer.predict(i)# 识别器开始分析人脸图像
print("confidence = " + str(confidence))# 打印评分
print(names[str(label)])# 数组字典里标签对应的名字
cv2.waitKey()# 按下任意键盘按键后
cv2.destroyAllWindows()# 释放所有窗体
```

# 8.5 图像识别的 YOLO 实现

前面已经讲到，卷积神经网络（convolutional neural network，CNN）是在多层神经网络的基础上发展起来的针对图像分类和识别而特别设计的一种深度学习方法，现阶段已经在某些领域部分代替了传统的数字图像处理方法，其中现阶段图像识别神经网络的典型应用是在 Pytorch YOLO 框架下完成的。

## 8.5.1 理论基础

YOLO 系列算法是单阶段算法的代表之作，YOLO 系列算法从 Redmon 创造第一个版本至今已经有五个主线版本（图 8.31）。其中，前三个版本都是 Redmon 本人作为主要完成人，每一个版本都对之前的算法进行了改进和提升。2020 年在 Redmon 宣布退出计算机视觉领域后，业界的其他的专家学者接手了 YOLO 算法升级的工作，出现了 Alexey Bochkovskiy 的 YOLOv4 及现在工业上应用最为广泛的 YOLOv5 算法。不仅如此，每个主线版本也会针对一些特定的缺陷进行改进，同时为使算法适用于特定的问题，还衍生出了许多不错的分支算法。

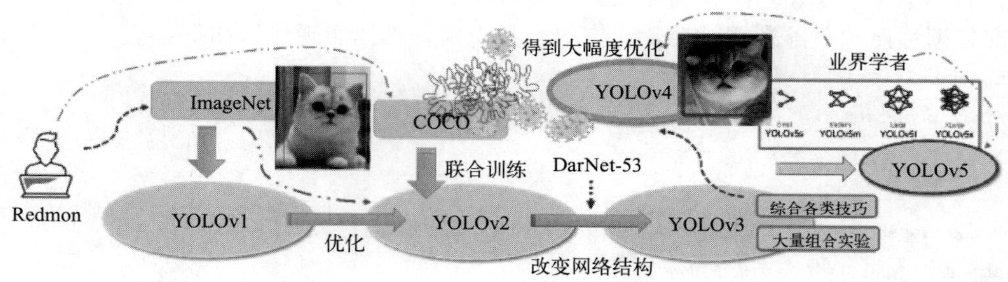


图 8.31　YOLO 系列算法发展历程

纵观整个算法的发展历程，YOLO 系列算法都是延续了第一个版本 YOLOv1 的思想，后续的版本在图片预处理的方式、网络模型的结构、损失函数的选择、激活函数的改进等诸多方面对原本的模型进行了改进，但基于回归的思想和主要的流程没有发生特别大的变化，所以本节也以 YOLOv1 为基础进行算法原理上的讲解。

YOLOv1 是整个系列模型的基石，是所有模型的整体基础框架，其他的模型均是对这个最初的模型进行重构优化以及加入了训练、预测上的各种技巧。该模型第一次跳出了传统两阶段模型首先要生成检测框，再在待检测区域局部利用卷积神经网络的思路，而是转化成了回归问题，使得整个任务可以端到端地实现。这一思想是 YOLO 系列算法的根本，是其最重要的贡献。算法的整个流程可以分为预测阶段和训练阶段两步进行。

① 要在已经训练好的网络模型中输入一张图片。网络模型有这样一种功能，它可以将该图片分割成 $S \times S$ 个小网格（gird cell），并且每个 grid cell 分别预测出 $B$ 个中心点落在该 grid cell 的预测框（bounding box）。

② 模型网络可以计算出每一个预测框的位置参数（预测框中心点的横纵坐标以及框的宽高信息）、是否包含物体的置信度以及如果包含物体的条件下该 gird cell 为各个类别的概率（预测出的条件概率与所用的数据集中的类别数对应）。置信度等于预测的预测框与事先标注好的标注框的交并比（IOU），交并比（IOU）是指预测框与标注框重叠部分的面积占预测框与标注框覆盖总面积的比例，可以衡量预测框与标注框重叠的程度，IOU

越高，说明预测得越准。

③ 网络模型输出的是 $S\times S\times(5\times B+C)$ 大小的张量。$S\times S$：grid cell 的数量。$B$：中心点的数量。5：4 个位置信息（中心点横坐标、中心点纵坐标、预测框的高、预测框的宽）及 1 个置信度数值。$C$：数据集中的类别数，例如原始文献中图片来自 COCO 数据集，该数据集有人、猫、狗等 20 个类别，则 $C$ 取 20。

④ 通过对这组张量进行解析以及 NMS（非极大值抑制）后处理，就可以得到最终想要的目标检测结果。

利用图 8.32 所示的前项推断思路图，进行一下具体说明，来加深一下理解。先将收集到的图片数据集裁剪成适合模型训练的 448 像素×448 像素大小的标准图片，将预处理好的图片作为输入传进模型中。已经训练好的网络模型将这个图片分成 7×7 个 grid cell，通过网络模型中特定的卷积层和全连接层进行处理。最终，每一个 grid cell 预测出 2 个预测框，而每个预测框自身又含有 4 个位置信息数据和 1 个置信度信息数据，再加之 COCO 数据集中有 20 个类别，所以输出模型的是一个 7×7×30 的张量。通过后续处理，对于这个 7×7×30 大小的张量进行解析和非极大值抑制处理，就可以得到最终想要的目标检测结果。

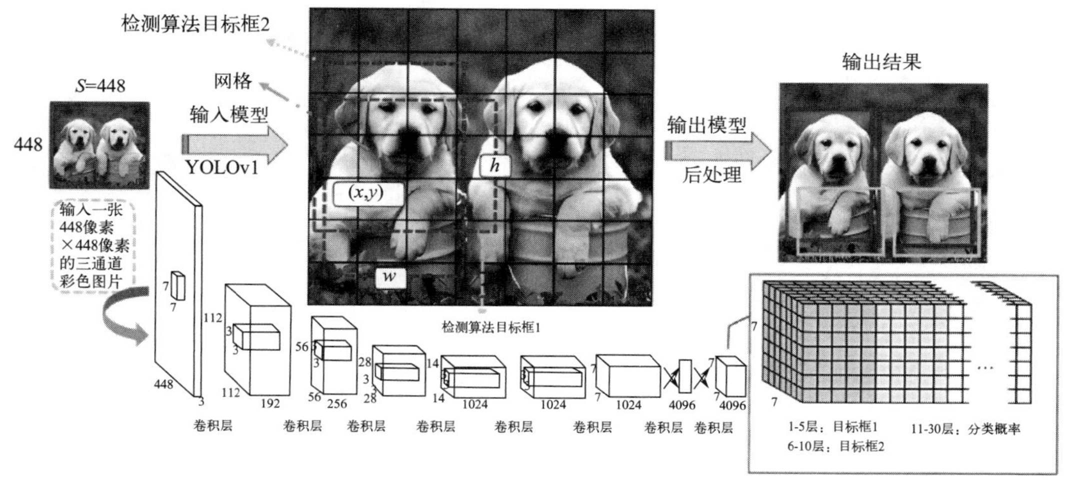


图 8.32 YOLO 检测算法流程

由上述可知，算法实现的关键在于网络模型的训练。网络模型的训练大同小异，关键在于损失函数的设计，YOLOv1 模型训练时采用的损失函数由五项构成：前两项是预测框与标注框的中心点及宽高误差，中间两项为置信度误差，最后一项为各类别的概率误差。训练的过程中通过网络计算出每个 grid cell 对应的预测框中心点的坐标值、宽高、置信度及该 grid cell 各类别预测的概率。利用这些预测出的数据与对应标注框的目标数据建立损失函数，让损失函数最小化，来使预测框尽可能地拟合标注框。

YOLOv1 网络结构包含了 24 个卷积层和 2 个全连接层，通过全连接层来预测图像位置和类别概率，这也导致了 YOLOv1 只支持推断与训练图像相同分辨率的图片，而在现实应用的过程中，往往用于训练和待推断的图片分辨率是不相同的。

### 8.5.2 YOLOv5 环境搭建

在 Windows10 平台搭建基于 Pytorch 的 YOLOv5 环境需要遵循以下步骤：

① 安装 anaconda，在指定目录建立指定环境避免和其他环境冲突。

② 激活环境后，使用 pip install 或者 conda install 安装 Pytorch 对应的版本和依赖项，注意安装 GPU 版和 CPU 版的命令不同，安装 GPU 版时要参考显卡驱动的 CUDA 支持版本。

③ GitHub 上下载 yolov5-master 并解压。

④ 按照文件夹里的 requierments. txt 安装 YOLOv5 所需依赖项。

⑤ 测试 YOLO 环境完成图像训练和识别。

在安装完 YOLOv5 环境后先对图片识别进行测试，权重文件会自行下载，其命令为：

```
python detect. py--source data/images/zidane. jpg--weights yolov5s. pt
```

然后重复原有库的训练过程，测试训练环节，其命令为：

```
python train. py--img 640--batch 50--epochs 100--data A. yaml--weights yolov5s. pt--nosave--cache
```

后续还需要使用打标软件 Labelimg 完成打标。

# 第 9 章 数字图像与机器视觉应用实例

## 9.1 七段数码管

### 9.1.1 案例背景

下面通过一个案例介绍七段数码管的 OpenCV-Python 识别过程：利用 OpenCV 识别数码管，采用传统的穿线法，将数码管区域分割出来，然后再对分割出来的区域进行识别，判断数字是多少。分割的有效区域形状如图 9.1 所示。

数码管各段表示如图 9.2 所示。

图 9.1 数码管显示区域

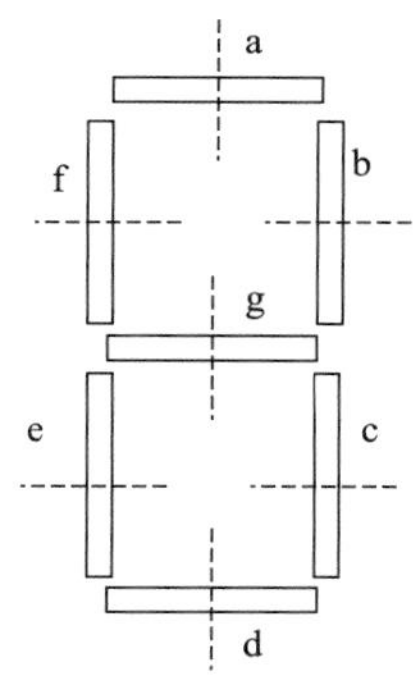


图 9.2 七段数码管各段表示

### 9.1.2 理论基础

先对数码管进行灰度化和二值化，将数码管显示数字变为 255 灰度，背景变为 0，然后利用穿线法，对 a、b、c、d、e、f、g 七个区域依次穿线，判断是否有 255 的值，有则表示该区域高亮，然后结合七个区域的高亮信息，综合判断数字是多少。具体判断策略如图 9.3 所示。

### 9.1.3 程序实现

OpenCV 具有灰度化函数 cv2.cvtColor()，但是在使用过程中发现，将一些整体亮度低的数码管灰度化后，会丢失数字信息，分辨不出发光的部分。考虑到数码管都是红色的，红色通道的数据最重要，因此根据这个特征自行设计灰度化的函数。

```
def tomygray(image):
    height = image.shape[0]
```

|   | a | b | c | d | e | f | g | result |
|---|---|---|---|---|---|---|---|---|
| 0 | √ | √ | √ | √ | √ | √ |   | 63 |
| 1 |   | √ | √ |   |   |   |   | 6 |
| 2 | √ | √ |   | √ | √ |   | √ | 91 |
| 3 | √ | √ | √ | √ |   |   | √ | 79 |
| 4 |   | √ | √ |   |   | √ | √ | 102 |
| 5 | √ |   | √ | √ |   | √ | √ | 109 |
| 6 | √ |   | √ | √ | √ | √ | √ | 125 |
| 7 | √ | √ | √ |   |   |   |   | 7 |
| 8 | √ | √ | √ | √ | √ | √ | √ | 127 |
| 9 | √ | √ | √ |   |   | √ | √ | 103 |

图 9.3　七段数码管穿线判断策略

```
    width = image.shape[1]
    gray = np.zeros((height,width,1),np.uint8)
    for i in range(height):
        for j in range(width):
            # pixel = max(image[i,j][0],image[i,j][1],image[i,j][2])
            pixel = 0.0 * image[i,j][0] + 0.0 * image[i,j][1] + 1 * image[i,j][2]
            gray[i,j] = pixel
    return gray
```

OpenCV 有多种二值化的方法，主要包括固定阈值和自适应阈值两类。自适应阈值主要适用于图片中亮度不一样的情况，而对于数码管来说，由于其目标区域较小，基本上没有亮度变化，因此使用固定阈值的方法即可实现。函数原型如下：

```
ret,dst = cv2.threshold(src,thresh,maxval,type)
```

此函数最重要的部分是 thresh（阈值）的设置，由于不同图片的数码管亮度不同，不同图片通常不能选择相同阈值，需要分别计算每张图片的阈值，可以尝试以下两种方法。

① 统计直方图：统计直方图中像素的分布情况，根据数量最多的像素值来设置一个阈值。（真实应用过程中可根据具体情况来设置参数。）

```
hist = cv2.calcHist([image_gray],[0],None,[256],[0,256])
# plt.hist(hist.ravel(),256,[0,256])
# plt.savefig(filename + "_hist.png")
# plt.show()
min_val,max_val,min_index,max_index = cv2.minMaxLoc(hist)
ret,image_bin = cv2.threshold(image_gray,int(max_index[1])-7,255,cv2.THRESH_BINARY)
```

② 计算平均阈值：计算灰度图的平均像素值，根据平均像素值设定阈值。

```
mean,stddev = cv2.meanStdDev(image_gray)
ret,image_bin = cv2.threshold(image_gray,meanvalue + 20,255,cv2.THRESH_BINARY)
```

通过阈值设定，得到二值化图像，将图像进行分割，形成一个一个的黑白数字，然后每个都用穿线法来判断值是多少。下面是实现穿线法的函数：

```
def TubeIdentification(filename,num,image):
    tube = 0
```

```
    tubo_roi = [
    [image.shape[0] * 0 / 3,image.shape[0] * 1 / 3,image.shape[1] * 1 / 2,image.shape[1] * 1 / 2],
    [image.shape[0] * 1 / 3,image.shape[0] * 1 / 3,image.shape[1] * 2 / 3,image.shape[1] - 1],
    [image.shape[0] * 2 / 3,image.shape[0] * 2 / 3,image.shape[1] * 2 / 3,image.shape[1] - 1],
    [image.shape[0] * 2 / 3,image.shape[0] - 1,image.shape[1] * 1 / 2,image.shape[1] * 1 / 2],
    [image.shape[0] * 2 / 3,image.shape[0] * 2 / 3,image.shape[1] * 0 / 3,image.shape[1] * 1/3 + 1],
    [image.shape[0] * 1 / 3,image.shape[0] * 1 / 3,image.shape[1] * 0 / 3,image.shape[1] * 1/3 + 1],
    [image.shape[0] * 1 / 3,image.shape[0] * 2 / 3,image.shape[1] * 1 / 2,
    image.shape[1] * 1 / 2]]
    i = 0
    while i < 7:
        if(Iswhite(image,int(tubo_roi[i][0]),int(tubo_roi[i][1]),
            int(tubo_roi[i][2]),int(tubo_roi[i][3]))):
            tube = tube + pow(2,i)
        cv2.line(image,(int(tubo_roi[i][3]),int(tubo_roi[i][1])),(int(tubo_roi[i][2]),int
    (tubo_roi[i][0])),(255,0,0),1)
        i += 1
    if tube == 63:
        onenumber = 0
    elif tube == 6:
        onenumber = 1
    elif tube == 91:
        onenumber = 2
    elif tube == 79:
        onenumber = 3
    elif tube == 102 or tube == 110:
        # 110是因为有干扰情况
        onenumber = 4
    elif tube == 109:
        onenumber = 5
    elif tube == 125:
        onenumber = 6
    elif tube == 7:
        onenumber = 7
    elif tube == 127:
        onenumber = 8
    elif tube == 103:
        onenumber = 9
    else:
        onenumber = -1
    cv2.imwrite(filename + '_' + str(num) + '_' + str(onenumber) + '.png',image)
    return onenumber
def Iswhite(image,row_start,row_end,col_start,col_end):
    white_num = 0
    j = row_start
```

```
    i = col_start
    while j <= row_end:
    while i <= col_end:
        if image[j][i] == 255:
            white_num += 1
        i += 1
    j += 1
    i = col_start
    # print('white num is',white_num)
    if white_num >= 5:
        return True
    else:
        return False
```

以下为识别数码管的主程序：

```
image = cv2.imread(r'E:\PycharmProjects\pythonProject8.16\image\01.jpg')
filename = str("01.jpg")
image_org = image

height = image_org.shape[0]
width = image_org.shape[1]

# transe image to gray
# image_gray = cv2.cvtColor(image_org,cv2.COLOR_RGB2GRAY)
image_gray = tomygray(image_org)
cv2.imwrite(filename + '_gray.png',image_gray)

meanvalue = image_gray.mean()
if meanvalue >= 200:
    hist = cv2.calcHist([image_gray],[0],None,[256],[0,256])
    # plt.hist(hist.ravel(),256,[0,256])
    # plt.savefig(filename + "_hist.png")
    # plt.show()
    min_val,max_val,min_index,max_index = cv2.minMaxLoc(hist)
    ret,image_bin = cv2.threshold(image_gray,int(max_index[1])-7,255,cv2.THRESH_BINARY)
else:
    mean,stddev = cv2.meanStdDev(image_gray)
    ret,image_bin = cv2.threshold(image_gray,meanvalue + 20,255,cv2.THRESH_BINARY)

    # image_bin = cv2.adaptiveThreshold(image_gray,255,
    # cv2.ADAPTIVE_THRESH_GAUSSIAN_C,cv2.THRESH_BINARY,11,0)

x,y,w,h = cv2.boundingRect(image_bin)
image_bin = image_bin[max(y-5,0):h + 10,max(x-5,0):w + 10]
cv2.imwrite(filename + '_bin.png',image_bin)
```

```
# split number and identify it
num = 0
result = ''
while True:
    if num < 3:
        roi = image_bin[0:height,int(width / 3 * num):int(width / 3 * (num + 1))]
        onenumber = TubeIdentification(filename,num,roi)
        if onenumber = = -1:
            result + = "0"
    else:
        result + = str(onenumber)
    num + = 1
    else:
        break
    print("picture of %s detect result is %s" %(filename,result))
```

执行完上述操作后，可以看到识别效果图如图 9.4。

图 9.4　识别效果图

以上介绍的 OpenCV 图像处理方法可以很方便地实现数码管的识别，传统图像处理方法识别数码管流程比较简单，但是由于涉及很多像素级别的操作，相对比较耗时。使用传统图像处理方法来识别数码管，需要针对实际应用环境进行参数的设置与调试，鲁棒性不强，8.3 节介绍了基于神经网络的图像识别理论，使用深度学习可以高效准确地实现数字和特征的识别，其具体应用步骤将在 9.3 节简要介绍。

## 9.2 车牌识别

### 9.2.1 案例背景

近年来，汽车车牌识别（license plate recognition）在智能交通系统中发挥了巨大的作用。汽车牌照的自动识别技术把处理图像的方法与计算机的软件技术结合在一起，以准确识别出车牌牌照的字符为目的，将识别出的数据传送至交通实时管理系统，最终实现交通监管的功能。在车牌自动识别系统中，从汽车图像的获取到车牌字符处理是一个复杂的过程，主要分为四个阶段：图像获取、车牌定位、字符分割以及字符识别。

### 9.2.2 理论基础

车辆图像获取是车牌识别的第一步，如图 9.5 所示。车辆图像的好坏对后面的工作有很大的影响。如果车辆图像的质量太差，连人眼都没法分辨，那么机器视觉的识别也会比较困难。车辆图像来源于实际现场拍摄，由于实际环境情况比较复杂，并且图像受天气和光线等环境影响较大，在恶劣的工作条件下机器视觉系统的性能将显著下降。现有的车辆图像获取方式主要有两种：一种是由彩色摄像机和图像采集卡组成，其工作过程是当车辆检测器（如地感线圈、红外线等）检测到车辆进入拍摄范围时，向主机发送启动信号，主机通过采集卡采集一幅车辆图像。为了提高系统对天气、环境、光线等的适应性，摄像机一般采用自动对焦和自动光圈的一体化机，同时光照不足时还可以自动补光照明，保证拍摄图片的质量；另一种是由数码照相机构成，其工作过程是当车辆检测器检测到车辆进入拍摄范围时，直接给数码照相机发送一个信号，数码相机自动拍摄一幅车辆图像，再传到主机上，数码相机的一些技术参数可以通过与数码相机相连的主机进行设置，光照不足时也需要自动开启补光照明，保证拍摄图片的质量。

第二步是车牌定位，车牌定位的主要工作是从摄入的汽车图像中找到汽车牌照所在位置，并把车牌从该区域中准确地分割出来，供字符分割使用。因此，牌照区域的确定是影响系统性能的重要因素之一，牌照的定位准确与否直接影响到字符分割和字符识别的准确率。目前车牌定位的方法很多，但总的来说可以分为以下 4 类：①基于颜色的分割方法，这种方法主要利用颜色空间的信息，实现车牌分割，包括彩色边缘算法、颜色距离和相似度算法等；②基于纹理的分割方法，这种方法主要利用车牌区域水平方向的纹理特征进行分割，包括小波纹理、水平梯度差分纹理等；③基于边缘检测的分割方法；④基于数学形态法的分割方法。

图 9.5 车辆图像

第三步是车牌字符的分割，要识别车牌字符，前提是先进行车牌字符的正确分割与提取。字符分割的任务是把多列或多行字符图像中的每个字符从整个图像中切割出来成为单个字符。车牌字符的正确分割是字符识别的前提。传统的字符分割算法可以归纳为以下三类：直接分割法、基于识别基础的分割法、自适应分割线类聚法。直接分割法应用简单，但它的局限是分割点的确定需要较高的准确性；基于识别基础的分割法是把识别和分割结合起来，但是需要识别的高准确性，它根据分类和识别的耦合程度又有不同的划分；自适应分割线聚类法是要建立一个分类器，用它来判断图像的每一列是否是分割线，它是根据训练样本来进行自适应学习的神经网络分类器，但对于粘连字符的训练比较困难。也有直接把字符组成的单词当作一个整体来识别的，诸如运用马尔科夫数学模型等方法进行处理，这些算法主要应用于印刷体文本识别。

字符识别是车牌识别的最后一步，也是决定车牌识别成功与否的关键步骤。采用支持向量机（SVM）方法进行字符识别，完成车牌识别过程。

### 9.2.3 程序实现

（1）灰度化

灰度化的概念就是将一张三通道 RGB 颜色的图像变成单通道灰度图（图 9.6），为接下来的图像处理做准备。程序如下：

```
# 灰度化
img = cv2.imread(r'E:\PycharmProjects\Car\image\002.png')
img_gray = cv2.cvtColor(img,cv2.COLOR_BGR2GRAY)
cv2.imshow('gray',img_gray)
```

（2）边缘检测

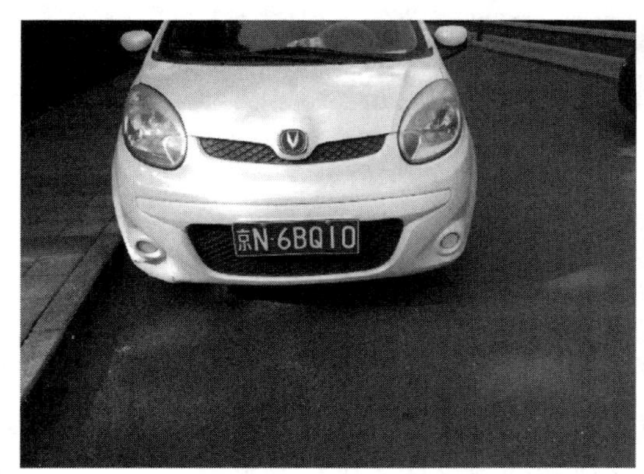

图 9.6 灰度化效果图

Canny 边缘检测算子的方向性质保证了很好的边缘强度估计，而且能同时产生边缘梯度方向和强度两个信息，既能在一定程度上抗噪声又能保持弱边缘，因此采用以 Canny 算子做边缘检测。

Canny 算法步骤：

① 去噪。任何边缘检测算法都不可能很好地处理原始数据，所以第一步是对原始数据与高斯掩模作卷积，得到的图像与原始图像相比有些轻微的模糊（blurred）。这样，单独的一个像素噪声在经过高斯平滑的图像上变得几乎没有影响。

② 用一阶偏导的有限差分来计算梯度的幅值和方向。

③ 对梯度幅值进行非极大值抑制。

车牌细定位是为下一步字符的分割做准备，就是要进一步去掉车牌冗余的部分。在一幅经过适当二值化处理的含有车牌的图像中，车牌区域具有以下三个基本特征：

a. 在一个不大的区域内密集包含有多个字符；

b. 车牌字符与车牌底色形成强烈对比；

c. 车牌区域大小相对固定，区域长度和宽度成固定比例。

边缘检测程序如下，效果见图 9.7。

```
# canny边缘检测
gauss = cv2.GaussianBlur(img_gray,(3,3),0,0)# 高斯模糊
canny_img = cv2.Canny(gauss,390,300,3)
```

（3）膨胀与腐蚀处理

膨胀与腐蚀的处理效果就如其名字一样，可以通过膨胀连接相近的图像区域，并通过腐蚀去除孤立细小的色块。通过这一步，人们希望将所有的车牌号字符连通起来，为接下来通过轮廓识别来选取车牌区域做准备。由于字符都是横向排列的，因此要连通这些字符只需进行横向的膨胀即可。

进行膨胀与腐蚀操作需要注意的是两者要一次到位，如果一次膨胀没有连通到位，那么再次腐蚀将会将图像恢复原状，因此首先做 2 次迭代膨胀，保证数字区域能连通起来，再进行 4 次迭代腐蚀，尽可能多地去除小块碎片，随后做 2 次迭代膨胀，保证膨胀次数与腐蚀次数相同，以恢复连通区域形态大小。

图 9.7　边缘检测效果图

图 9.8　形态学处理效果图

矩形轮廓查找与筛选：经过上一步操作，理论上来说车牌上的字符会连通成一个矩形区域，通过轮廓查找可以定位该区域。当然，更为准确地说，经过上面的操作，可以将原始图片中在 $X$ 方向排列紧密的纵向边缘区域连通成一个矩形区域。除了车牌符合这个特点外，其他一些部分如路间栏杆、车头的纹理等同样符合，因此会找到很多这样的区域，这就需要进一步根据一些关于车牌特点的先验知识对这些矩形进行进一步筛选，最终定位车牌所在的矩形区。下面是形态学（膨胀腐蚀）处理的代码实现，效果图见图 9.8。

```
# 形态学处理
# 图片膨胀及腐蚀处理
# 自定义核进行 X、Y 方向的膨胀及腐蚀
elementX = cv2.getStructuringElement(cv2.MORPH_RECT,(25,1))
elementY = cv2.getStructuringElement(cv2.MORPH_RECT,(1,20))
dilate_img = cv2.dilate(canny_img,elementX,iterations = 3)
erode_img = cv2.erode(dilate_img,elementX,iterations = 5)
dilate_img = cv2.dilate(erode_img,elementX,iterations = 2)
erode_img = cv2.erode(dilate_img,elementY,iterations = 1)
dilate_img = cv2.dilate(erode_img,elementY,iterations = 3)
# 噪声处理
# 平滑处理、中值滤波
mblur_img = cv2.medianBlur(dilate_img,15)
mblur_img = cv2.medianBlur(mblur_img,15)
cv2.imshow('mblur',mblur_img)
```

（4）边缘提取

下面为图像边缘处理与提取的代码实现，得到图 9.9 所示图。

```
# 深复制  查找轮廓会改变源图像信息,需要重新复制图像
contour_img = copy.deepcopy(mblur_img)
contours,hierarchy = cv2.findContours(contour_img,cv2.RETR_EXTERNAL,cv2.CHAIN_APPROX_SIM-
PLE)
# 画出轮廓
cv2.drawContours(contour_img,contours,-1,(0,255,255),3)

# 轮廓表示为一个矩形;车牌提取
for i in contours:
    rec = cv2.boundingRect(i)
    x,y,w,h = cv2.boundingRect(i)
    if 2.2 <= w / h <= 3.6:
    cv2.rectangle(img,rec,(0,0,255),2)
    roi_img = img[y:y+h,x:x+w]
cv2.imshow('out',roi_img)
```

图 9.9 边缘提取效果图

图 9.10 二值化处理

（5）二值化处理

二值化的处理强化了锐利的边缘，进一步去除图像中无用的信息，使用过程中主要注意阈值的选取，这里使用了 OpenCV 自带的自适应的二值化处理，缺点是无用信息有点多，但车牌数字信息也会更为凸显，如图 9.10，代码如下。

```
# 灰度化
roi_gray_img = cv2.cvtColor(roi_img,cv2.COLOR_BGR2GRAY)
roi_blur_img = cv2.GaussianBlur(roi_gray_img,(3,3),0,0)
# 高斯
# 二值化处理
thresh,roi_thre_img = cv2.threshold(roi_blur_img,100,255,cv2.THRESH_BINARY)

cv2.imshow('out2',roi_thre_img)
```

（6）字符提取分割

下一步进行字符提取分割。车牌的上下边界通常都是不规范的，其中拉铆螺母的位置也会干扰字符分割，需要去除边缘没用的部分。根据设定的阈值和图片直方图找出波峰，用于分隔字符。效果如图 9.11 所示，代码如下。

```
def find_waves(threshold,histogram):
    """ 根据设定的阈值和图片直方图找出波峰,用于分隔字符 """
    up_point = -1  # 上升点
    is_peak = False
    if histogram[0]> threshold:
```

```
        up_point = 0
        is_peak = True
    wave_peaks = []
    for i,x in enumerate(histogram):
        if is_peak and x < threshold:
            if i-up_point > 2:
                is_peak = False
                wave_peaks.append((up_point,i))
        elif not is_peak and x >= threshold:
                is_peak = True
                up_point = i
    if is_peak and up_point != -1 and i-up_point > 4:
        wave_peaks.append((up_point,i))
    return wave_peaks


def remove_upanddown_border(img):
    """ 去除车牌上下无用的边缘部分,确定上下边界 """
    row_histogram = np.sum(img,axis=1)# 数组的每一行求和
    row_min = np.min(row_histogram)
    row_average = np.sum(row_histogram)/ img.shape[0]
    row_threshold = (row_min + row_average)/ 2
    wave_peaks = find_waves(row_threshold,row_histogram)
    # 挑选跨度最大的波峰
    wave_span = 0.0
    selected_wave = []
    for wave_peak in wave_peaks:
        span = wave_peak[1]-wave_peak[0]
        if span > wave_span:
        wave_span = span
        selected_wave = wave_peak
    plate_binary_img = img[selected_wave[0]:selected_wave[1],:]
    return plate_binary_img
```

接下来是分割字符的代码实现:

```
def char_segmentation(thresh):
    """ 分割字符 """
    white,black = [],[]# list记录每一列的黑/白色像素总和
    height,width = thresh.shape
    white_max = 0  # 仅保存每列,取列中白色最多的像素总数
    black_max = 0  # 仅保存每列,取列中黑色最多的像素总数
    # 计算每一列的黑白像素总和
    for i in range(width):
        line_white = 0  # 这一列白色像素总数
        line_black = 0  # 这一列黑色像素总数
        for j in range(height):
```

```
            if thresh[j][i] = = 255:
                line_white + = 1
            if thresh[j][i] = = 0:
                line_black + = 1
        white_max = max(white_max,line_white)
        black_max = max(black_max,line_black)
        white.append(line_white)
        black.append(line_black)
    # arg为True表示黑底白字,False表示白底黑字
    arg = True
    if black_max < white_max:
        arg = False

    # 分割车牌字符
    n = 1
    while n < width-2:
        n + = 1
            # 0.05参数对应上面的0.95可作调整
            if(white[n]if arg else black[n])> (0.05 * white_max if arg else 0.05 * black_max):
                # 判断是白底黑字还是黑底白字
                start = n
                end = find_end(start,arg,black,white,width,black_max,white_max)
                n = end
                if end-start > 5 or end > (width * 3 / 2):
                    cropImg = thresh[0:height,start - 1:end + 1]
                    cv2.imshow('Char_{}'.format(n),cropImg)
```

图 9.11　字符分割结果

(7) 字符识别

接下来是字符识别，现在已经有单个字符的二值图了，接下来的任务是要让机器能够表达这些字符是什么。这里采用支持向量机的方法去识别字符，选择调用现成的程序的方法。在这里介绍一个强大的机器学习库——scikit-learn。

Python 库的 scikit-learn 整合了多种机器学习算法，2007 年，Cournapeu 开始开发这个库，但直到 2010 年才发布它的第一个版本，这个库是 Scipy 工具集的一部分，该工具集包含多个为科学计算尤其是数据分析而开发的库，其中不少库被称作“SciKits”，库名 scikit-learn 的前半部分正是来源于此，而后半部分则是来自该库所面向的应用领域——机器学习（machine learning）。

为了训练支持向量机，需要多收集一些数字和字母的字符二值图。这里收集了 13156 个字母和数字二值图。部分数字二值图展示如图 9.12。

4-3.jpg 9-2.jpg 12-1.jpg 15-3.jpg 15-5.jpg 17-3.jpg 18-3.jpg 20-2.jpg

21-6.jpg 22-5.jpg 25-4.jpg 27-4.jpg 28-2.jpg 34-4.jpg 42-2.jpg 46-4.jpg

49-3.jpg 50-4.jpg 51-0.jpg 52-4.jpg 65-3.jpg 67-1.jpg 67-2.jpg 73-4.jpg

75-3.jpg 75-7.jpg 76-0.jpg 81-1.jpg 86-3.jpg 90-3.jpg 92-3.jpg 97-2.jpg

图 9.12　数字二值图

下面需要按以下步骤完成字母及数字识别：

① 依次读取每张字符二值图，得到它的数字矩阵（20 行×20 列的数组），然后转化为一个 1×400 的数组（即 400 列，每一列代表一个特征）。

② 遍历每一个字符照片，得到 13156 个 1×400 的一维数组，把它们合并成为一个 13156×400（即 13156 行 400 列）的数据集。

③ A 用 10 表示，Z 用 34 表示，将数据集中每一行所对应的真实值作为类别标签，得到 1×13156 的类别数组。

④ 导入机器学习模型当中进行训练，最后导出预测数据。

每一个 TXT 文件里面都存放了该文件夹下的所有照片名，以便于编写程序逐行读取。这里不考虑省份的简称所对应的汉字数据，只训练了数字和字母。程序如下：

```
# 机器学习识别字符
# 这部分是支持向量机的代码
import numpy as np
import cv2
import sklearn


def load_data(filename_1):
    """
    这个函数用来加载数据集，其中 filename_1 是一个文件的绝对地址
    """
    with open(filename_1,'r')as fr_1:
        temp_address = [row.strip()for row in fr_1.readlines()]
        # print(temp_address)
        # print(len(temp_address))
    middle_route = ['0','1','2','3','4','5','6','7','8','9','A','B','C','D','E','F','G','H','J','K',
                    'L','M','N','P','Q','R','S','T','U','V','W','X','Y','Z']
    sample_number = 0  # 用来计算总的样本数
    dataArr = np.zeros((13156,400))
    label_list = []
```

```
    for i in range(len(temp_address)):
        with open(r'C:\Users\Administrator\Desktop\python code\OpenCV\121\' + temp_address
[i],'r')as fr_2:
            temp_address_2 = [row_1.strip()for row_1 in fr_2.readlines()]
        # print(temp_address_2)
        # sample_number + = len(temp_address_2)
        for j in range(len(temp_address_2)):
            sample_number + = 1
            # print(middle_route[i])
            # print(temp_address_2[j])
            temp_img = cv2.imread('C:\Users\Administrator\Desktop\python code\OpenCV\plate
recognition\train\chars2\chars2\' +
                middle_route[i] + '\' + temp_address_2[j],cv2.COLOR_BGR2GRAY)

            temp_img = temp_img.reshape(1,400)
            dataArr[sample_number - 1,:] = temp_img
        label_list.extend([i] * len(temp_address_2))

    return dataArr,np.array(label_list)

def SVM_rocognition(dataArr,label_list):
    from sklearn.decomposition import PCA  # 从 sklearn.decomposition 导入 PCA
    estimator = PCA(n_components = 20)# 初始化一个可以将高维度特征向量(400 维度)压缩至 20 维度的 PCA

    new_dataArr = estimator.fit_transform(dataArr)
    new_testArr = estimator.fit_transform(testArr)

    import sklearn.svm
    svc = sklearn.svm.SVC()
    svc.fit(dataArr,label_list)# 使用默认配置初始化 SVM,对原始 400 维度像素特征的训练数据进行建
模,并在测试集上做出预测
    from sklearn.externals import joblib  # 通过 joblib 库的 dump 函数可以将模型保存到本地
    joblib.dump(svc,"based_SVM_character_train_model.m") # 保存训练好的模型,通过 svc =
joblib.load("based_SVM_character_train_model.m")调用


def SVM_rocognition_character(character_list ):
    character_Arr = np.zeros((len(character_list),400))
    #print(len(character_list))
    for i in range(len(character_list)):
        character_ = cv2.resize(character_list[i],(20,20),interpolation = cv2.INTER_LINEAR)
        new_character_ = character_.reshape((1,400))[0]
        character_Arr[i,:] = new_character_
```

```
from sklearn.decomposition import PCA   # 从 sklearn.decomposition 导入 PCA
estimator = PCA(n_components=20)# 初始化一个可以将高维度特征向量(400 维度)压缩至 20 维度的 PCA

character_Arr = estimator.fit_transform(character_Arr)

filename_1 = r'C:\Users\Administrator\Desktop\python code\OpenCV\dizhi.txt'
dataArr,label_list = load_data(filename_1)
SVM_rocognition(dataArr,label_list)

from sklearn.externals import joblib
clf = joblib.load("based_SVM_character_train_model.m")
predict_result = clf.predict(character_Arr)
middle_route =['0','1','2','3','4','5','6','7','8','9','A','B','C','D','E','F',\
               'G','H','J','K','L','M','N','P','Q','R','S','T','U','V','W','X','Y','Z']
print(predict_result.tolist())
for k in range(len(predict_result.tolist())):
    print('%c'%middle_route[predict_result.tolist()[k]])
```

车牌数据会保存在对应数组里供后续使用。至此，车牌识别的基本流程基本实现。

## 9.3 基于 YOLOv5 的图像处理实战

### 9.3.1 案例背景

上一章介绍了基于 YOLOv5 的神经网络图像识别理论基础和环境搭建方法，本节将在此环境完成 YOLOv5 从样本制作到训练再到识别分类的过程。本节将以 Pytorch 神经网络为基础，搭建一个佩戴口罩检测系统，预期效果如图 9.13 所示。

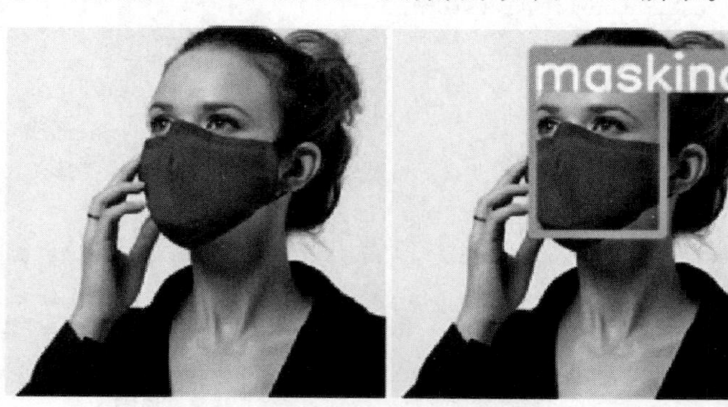


图 9.13　佩戴口罩检测

### 9.3.2 数据集分析

在训练模型之前，必须要针对自己待解决的问题来制作一个图片数据集。图片数据集制作的好坏直接影响模型训练的效果。在图片数据集制作的过程中，其实也有许多方法和技巧。下面就以本项目待解决的问题为例，来制作一个图片数据集。

第一步，明确模型训练的目的。以本项目为例，本项目要解决的是一个口罩识别的问题，那么就要收集一些戴口罩的图片来组成的数据集。

第二步，在网上或常见的资源网站上搜索是否已经有一些专家学者制作好了类似的开源数据集。想要制作好一个目标检测的数据集所需要耗费的人力还是很大的，所以如果能够找到现成的数据集来解决的问题是再好不过的。但遗憾的是，很多时候要解决的是一个个性化的问题，往往找不到现成的数据集，这时候就需要自己动手制作数据集。

第三步，当确定要自己制作一个数据集的时候，就要在网上搜索和下载大量的开源图片数据。因为深度学习的模型可以理解为算法不断地从图片中学习待检测目标的信息，所以数据集中的图片越多，算法能够在其中学习到的知识也就越多，从而使模型的性能更加优良。正因为如此，所收集到的图片应该尽可能多样丰富，并且图片的数量也要足够大。把这些收集好的图片放在一个特定的文件夹中，供后续处理和标注。

第四步，对收集好的图片进行一个简单的预处理，不是所有的图片都适合作为模型训练的样本，要剔除掉一些不适合的样本图片。有些图片样本中，占比太大、太小或者是图片模糊不清的图片不适合作为训练的样本，在训练之前应该把这类样本剔除，留下大小适中、清晰明了的图片用于训练。

第五步，对收集到的这些图片进行标注，因为目标检测问题是一个有监督学习问题，要标注好待测目标输入到模型中进行训练。专门用于目标检测的标注工具有很多，这里推荐 Labelme 和 Make sense 标注工具，这也是官方所推荐的标准工具。只需要登录 Make sense 的官方网站就可以进行图片的标注。在标注之前，要把需要标注的图片按顺序标好序号，标注之后，软件就会自动生成与图片序号对应的标签文件。关于 Make sense 的具体使用方法，可以在网络上查找相应的资料。

### 9.3.3 程序实现

本书 8.3 节介绍了基于神经网络的图像识别的原理，8.5 节介绍了 YOLO 图像识别的理论基础。本节以实现口罩检测为目标，简要介绍完成口罩检测的基本流程。

（1）完成 Pytorch 神经网络框架的搭建

当前最流行的高效的神经网络框架来源于 Facebook 公司的 Pytorch 框架。Pytorch 和 YOLOv5 的搭建在 8.5 节有详细介绍，这里不再赘述。

（2）口罩检测模型的训练

完成训练步骤如下：

① 获得戴口罩的训练图片。

② 在 Python 环境安装 Labelme 软件（软件界面见图 9.14），进入该软件对批量图片进行打标操作，并存为 TXT 文件。

③ 把训练集的图片和标签分别放入训练环境的“images”和“labels”文件夹，配置

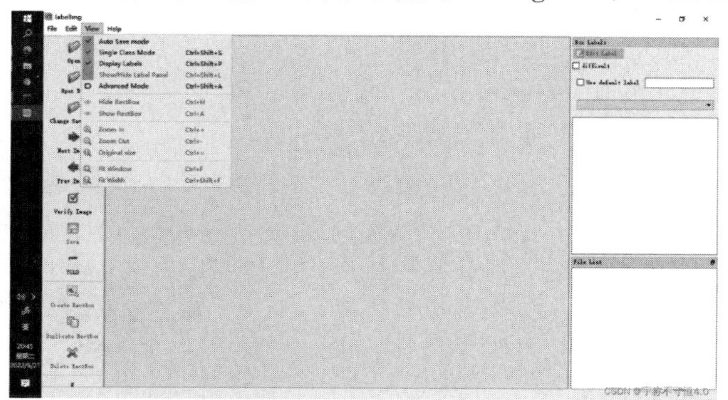

图 9.14 Labelme 软件界面

A. yaml 文件执行以下训练代码如下：

```
  # 按照下述格式训练数据 1)directory:path/images/,2)file:path/images.txt,or 3)list:[path1/images/,path2/images/]
  train:runs/traindata/images/
  val:runs/traindata/images/
  #类数目
  nc:1
  #类名
  names:['口罩']
```

④ 利用上一步配置的 A. yaml 文件执行 YOLOv5 训练环境。代码如下：

```
python train.py--img 640--batch 50--epochs 100--data A.yaml--weights yolov5s.pt--nosave--cache
```

训练后会生成新的 last. pt 和 best. pt 权重模型。

⑤ 训练结束后，会在“runs/”目录下建立一个“train”的文件夹保存权重文件。可以使用新权重文件进行图片检测，执行以下代码可以实现口罩检测。

```
python detect.py--weights runs/train/exp/weights/best.pt--source data/images/zidane.jpg
```

检测的结果如图 9.15 所示：

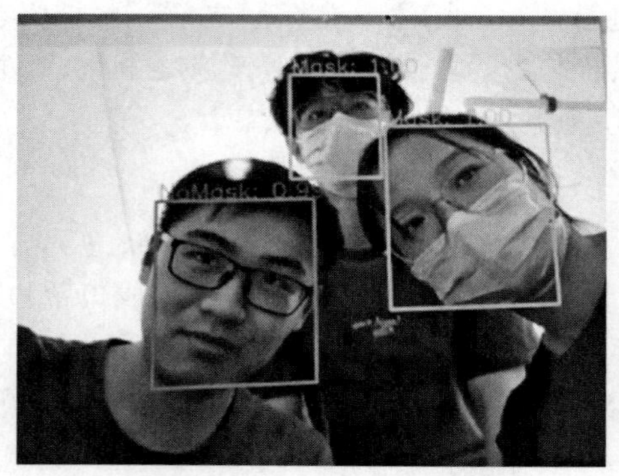

图 9.15　口罩识别效果

## 9.4　嵌入式机器视觉系统应用

### 9.4.1　嵌入式机器视觉系统简介

在嵌入式图像处理及机器视觉系统方面，备选的设备很多。树莓派和 Jetson Nano 主板功能类似，是嵌入式机器视觉系统的常用解决方案。二者功能特点相似，Jeston Nano 的主板上多了一个专用的 GPU。下面对两款嵌入式产品做简要介绍。

图 9.16　树莓派单板机

(1) 树莓派嵌入式硬件

树莓派（Raspberry Pi）是一种只有信用卡大小的单板机电脑，其优秀的扩展性和易于开发的特性，使其不仅仅可以用于教育教学，更是成为了工程应用的常用载体，如图 9.16 所示。同时它提供了很多可编程的 GPIO（通用输入输出接口）用于扩展硬件，可以用于机器视觉系统搭建。

目前树莓派最新版本是第 4 代 B 型，3B+和 4B 型号树莓派的基本参数与功能分布图如图 9.17 所示。

| 参数 | 名称 | |
|---|---|---|
| | Raspberry Pi 3B+ | Raspberry Pi 4B |
| 芯片 | Broadcom BCM2837B0 | Broadcom BCM2711 |
| CPU | 64-位1.4GHz四核（40nm工艺） | 64-位 1.5GHz四核（28nm工艺） |
| GPU | Broadcom VideoCore IV@400MHz | Broadcom VideoCore VI@500MHz |
| 蓝牙 | 蓝牙4.2 | 蓝牙5.0 |
| USB接口 | 4个USB 2.0接口 | 2个USB 2.0/2个USB 3.0接口 |
| HDMI | 1个标准HDMI接口 | 2个Micro HDMI接口，支持4K60 |
| 供电接口 | Micro USB (5V 2.5A) | Type-C(5V 3A) |
| WiFi网络 | 802.11AC无线<br>2.4GHz/5GHz双频WiFi | 802.11AC无线<br>2.4GHz/5GHz双频WiFi |
| 有线网络 | USB 2.0千兆以太网（300Mb/s） | 真千兆以太网（网口可达） |
| 以太网供电(PoE) | 通过额外的HAT（硬件板卡）以太网供电 | 通过额外的HAT以太网供电 |

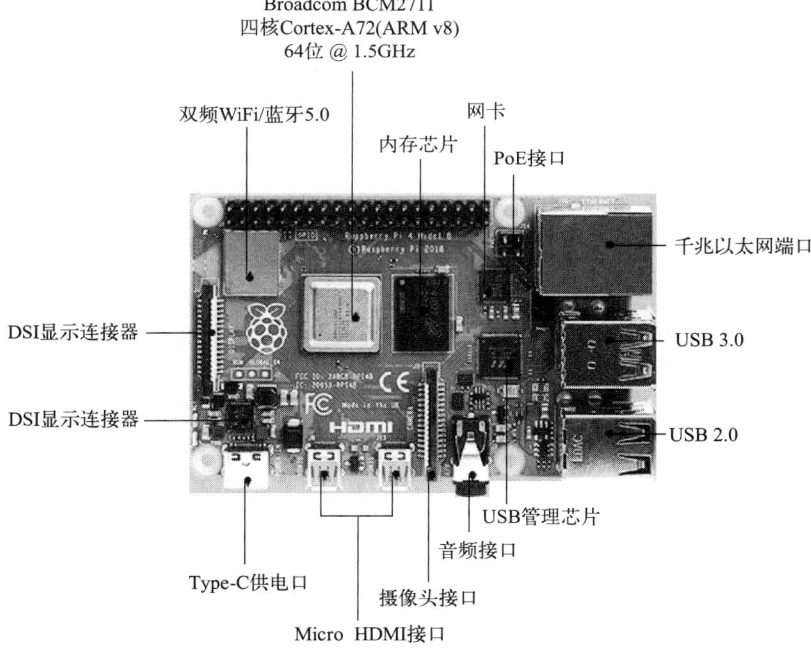


图 9.17　树莓派 4B 基本参数及功能分布图

(2) Jetson Nano 嵌入式硬件

Jetson Nano 是 NVIDIA（英伟达）公司发布的一款小型人工智能（AI）计算主板，带有嵌入式领域相对高端的 GPU 芯片，并且提供 AI 和计算机视觉（computer vision）的应用程序接口（API），可以直接用于注重低功耗的 AI 应用场景，如图 9.18 所示。

① Micro SD卡卡槽
最少16GB及以上的TF卡，烧写系统镜像

② 40PIN GPIO扩展接口

③ Micro USB接口
可用于5V电源输入或USB数据传输

④ 千兆以太网接口
10/100/1000BASE-T自适应以太网端口

⑤ UBS 3.0接口(4个)

⑥ HDMI高清接口

⑦ DisplayPort(显示)接口

⑧ DC电源接口
用于5V电源输入

⑨ 电源选择接口

⑩ MIPI CSI摄像头接口（2个）

图 9.18　Jetson Nano 功能分布图

Jetson Nano 作为一种人工智能和机器学习嵌入式板卡，可为企业和学术市场的“大数据”提供解决方案，由于集成显卡芯片，设备的定价较高。现阶段，Jetson Nano、树莓派等嵌入式板卡已经逐渐成为人工智能及边缘计算领域功能实现的首选方案。

### 9.4.2　树莓派嵌入式机器视觉系统搭建

下面通过一个实例来介绍树莓派安装 OpenCV-Python 和 Pytorch 实现机器视觉的过程。

（1）问题分析

通过假设在农用车上的机器视觉系统，分析植物叶幕分布密度变化情况如图 9.19 所示。

图 9.19　叶幕照片

（2）Linux 系统的下载和安装

树莓派安装官方系统非常简单，可以使用树莓派自带的安装软件进行镜像安装，进入树莓派官网的软件下载界面，选择“Dowload for Windows”，下载 SD 卡镜像安装软件，如图 9.20 所示。

**Install Raspberry Pi OS using Raspberry Pi Imager**

Raspberry Pi Imager is the quick and easy way to install Raspberry Pi OS and other operating systems to a microSD card, ready to use with your Raspberry Pi. Watch our 45-second video to learn how to install an operating system using Raspberry Pi Imager.

Download and install Raspberry Pi Imager to a computer with an SD card reader. Put the SD card you'll use with your Raspberry Pi into the reader and run Raspberry Pi Imager.

Download for Windows

Download for macOS

Download for Ubuntu for x86

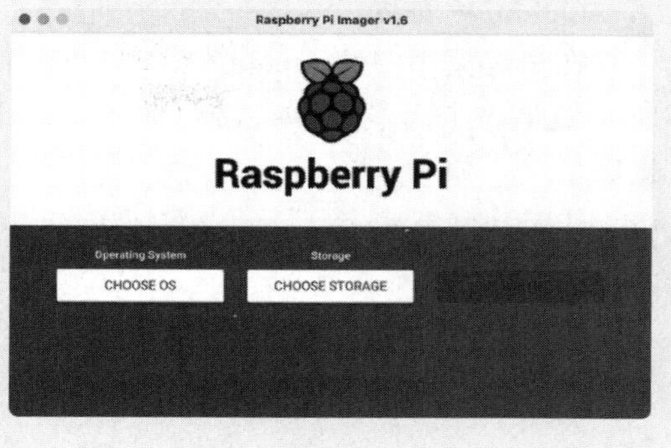


图 9.20　树莓派系统安装程序

由于后期的 Python 环境也要放在 SD 卡中，所以 SD 卡最好选用 32G 以上，选择操作系统，通过读卡器烧录到 SD 卡上，之后将 SD 卡放入树莓派就可以启动 Linux 系统了。

(3) 机器视觉系统搭建

一般机器视觉系统主要包括图像获取、图像处理与分析、判决执行等模块。

本次实例的图像（图 9.21）采集通过使用两个 USB 摄像头模组来实现。假设两个摄像头模组安装在农用车两侧，分别采集其单侧的图像。

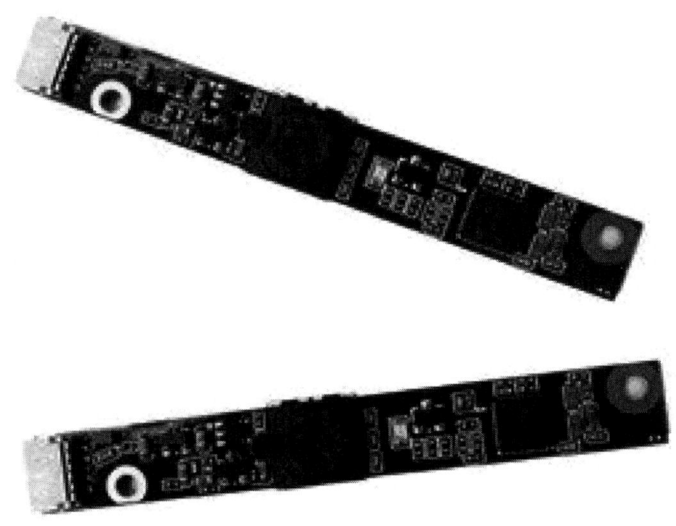

图 9.21　USB 摄像头模组

使用树莓派作为工控主机，安装 OpenCV-Python 对获取到的图像进行分析处理，根据处理后的结果，控制树莓派的 GPIO 执行输出。

（4）OpenCV 安装及编程实现

OpenCV 安装：

在树莓派中安装 OpenCV，可以选用清华或阿里的镜像站点来更快速地下载和安装。

① 首先打开树莓派终端，输入“python-V”，可获取当前系统中的 python 版本。根据版本输入命令，“sudo apt-get install python-opencv”命令对应 python2，“sudo apt-get install python3-opencv”命令对应 python3，执行命令的时间与网速有关，耐心等待安装完成。

② 安装完成后，输入“python”进入 python 环境，然后输入“import cv2”等待片刻。如果出现图 9.22 的结果，说明 Python3 环境下的 OpenCV 安装成功。

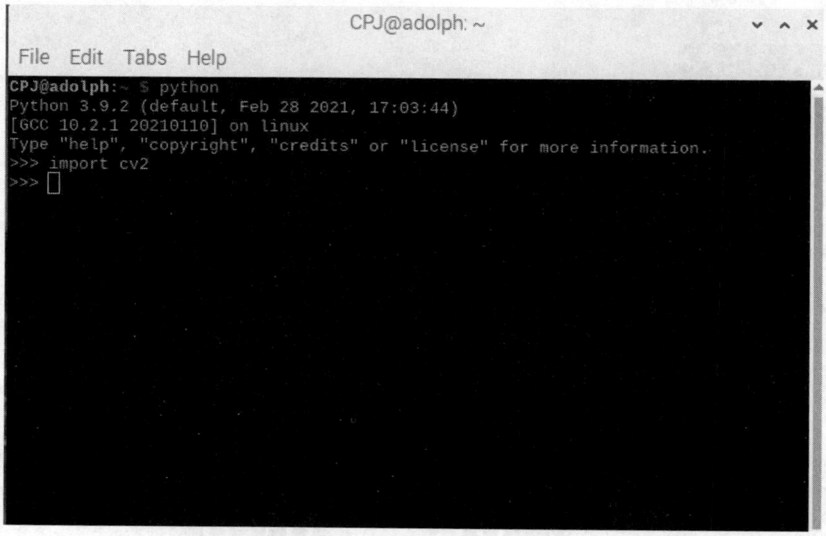

```
CPJ@adolph: ~
File  Edit  Tabs  Help
CPJ@adolph:~ $ python
Python 3.9.2 (default, Feb 28 2021, 17:03:44)
[GCC 10.2.1 20210110] on linux
Type "help", "copyright", "credits" or "license" for more information.
>>> import cv2
>>> 
```

图 9.22　安装 OpenCV

编程实现：

首先是对图像的植被覆盖度进行处理计算。

① 导入所需的 OpenCV 和 NumPy

```
import cv2
import numpy as np
```

② 将图像转为 HSV 图像，划定绿色的颜色分量范围，将超出绿色范围的图像变为黑色，并对绿色范围内的图像做开运算处理。处理结果如图 9.23。

```
hsv = cv2.cvtColor(img,cv2.COLOR_BGR2HSV)
minGreen = np.array([30,43,46])
maxGreen = np.array([97,255,255])
mask = cv2.inRange(hsv,minGreen,maxGreen)
k = np.ones((4,4),np.uint8)
mask1 = cv2.morphologyEx(mask,cv2.MORPH_OPEN,k)
k2 = np.ones((10,10),np.uint8)
mask2 = cv2.dilate(mask1,k2)
green = cv2.bitwise_and(img,img,mask = mask2)
```

③ 将图像背景与目标部分分离，对其灰度图像做阈值分割处理，处理结果如图 9.24。

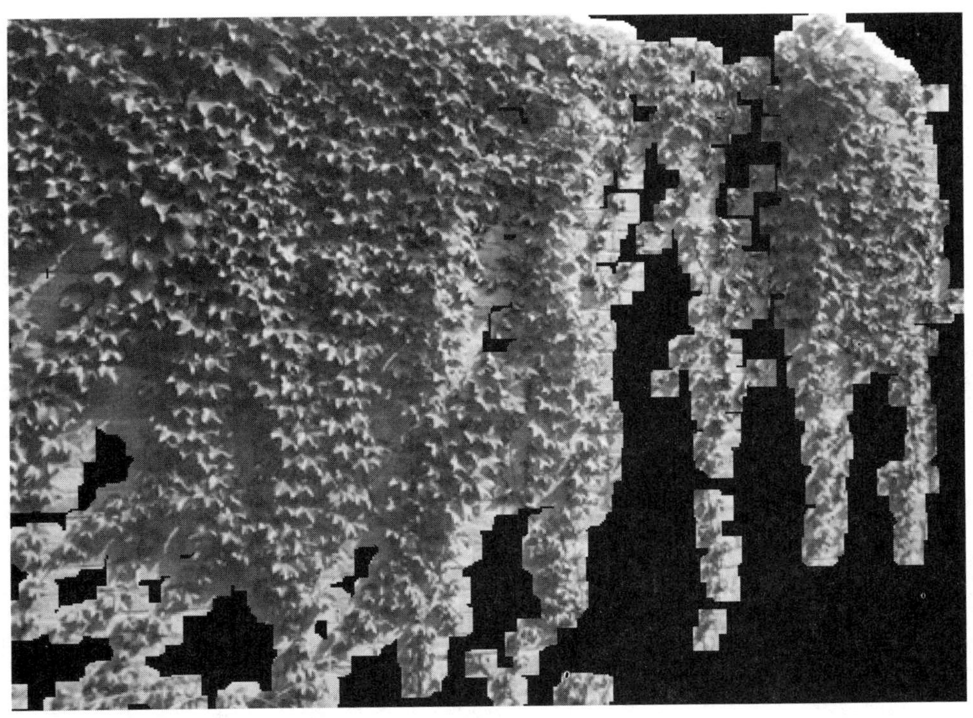

图 9.23　彩色通道分割图像

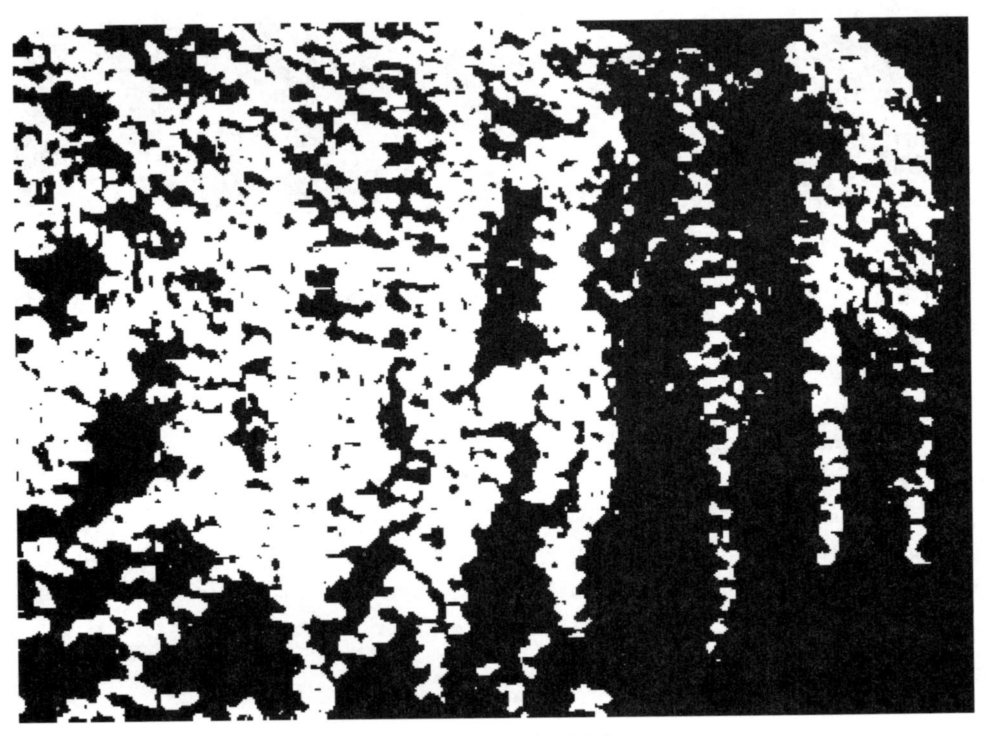

图 9.24　阈值分割图像

```
fsrc = np.array(green,dtype = np.float32)/ 255.0
(b,g,r) = cv2.split(fsrc)
gray = 2 * g-b - r
(minVal,maxVal,minLoc,maxLoc) = cv2.minMaxLoc(gray)
gray_u8 = np.array((gray-minVal)/(maxVal-minVal) * 255,dtype = np.uint8)
(thresh,bin_img) = cv2.threshold(gray_u8, - 1.0,255,cv2.THRESH_OTSU)
```

④ 将原来的彩色图像与分割处理后的结果进行合并，查看其效果如图 9.25。

```
(b8,g8,r8) = cv2.split(green)
color_img = cv2.merge([b8 & bin_img,g8 & bin_img,r8 & bin_img])
```

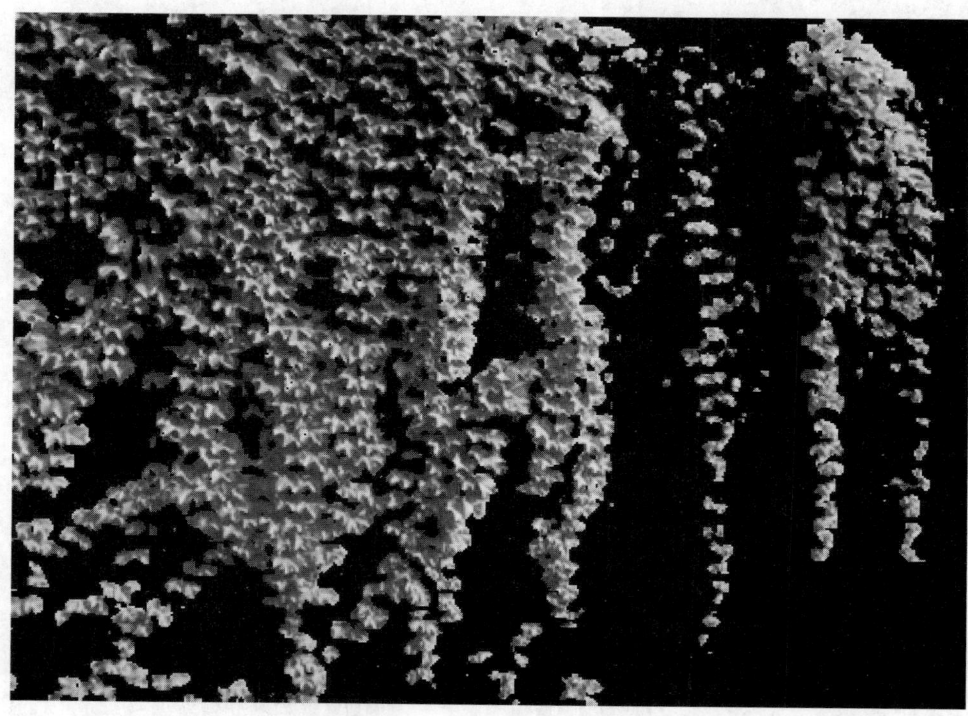

图 9.25　通道合并后图像

⑤ 计算图像中的绿色像素点个数，并在图像上显示绿色像素点所占总数比例（图 9.26）。

```
color_green = np.sum(bin_img = = 255)
total = np.int32(img.shape[0] * img.shape[1])
rate = round((color_green / total) * 100,2)
cv2.putText(img,'Green:'+ str(rate) + '%',(10,90),cv2.FONT_HERSHEY_TRIPLEX,2,(0,0,255),2)
```

⑥ 新建 py 文件，将含有图像处理的程序的 picture.py 导入，导入多进程模块来处理双摄像头同时运行的情况，导入树莓派的 GPIO 模块来控制 GPIO 引脚的输出。

```
import cv2
import multiprocessing
import picture
import RPi.GPIO as GPIO
```

⑦ 编写 openCameraLeft 函数，以一侧摄像头的函数为例，右侧同理。首先初始化摄像头的数据输入和 GPIO 引脚的模式。

图 9.26 显示覆盖率

```
cap = cv2.VideoCapture(0)
cap.set(cv2.CAP_PROP_FOURCC,cv2.VideoWriter.fourcc('M','J','P','G'))
cap.set(cv2.CAP_PROP_FRAME_WIDTH,640)
cap.set(cv2.CAP_PROP_FRAME_HEIGHT,480)
width = cap.get(3)
height = cap.get(4)
print(width,height,cap.get(5))
GPIO.setmode(GPIO.BOARD)
GPIO.setup(12,GPIO.OUT)
```

⑧ 对摄像头采集到的图像进行处理分析，得到叶幕密度后，依据密度大小控制 GPIO 输出，当叶幕密度大于 50%时，GPIO 引脚产生输出。

```
while True:
    ret,frame = cap.read()
    if not ret:
      print("get camera left frame is empty")
      break
    title = "image left"
    img = picture.green(frame)[0]
    if rate >= 50:
      GPIO.output(12,1)
    else:
      GPIO.output(12,0)
```

```
    cv2.imshow(title,img)
    key = cv2.waitKey(1)& 0xff
    if key = = ord('q'):
      GPIO.cleanup()
      Break
```

⑨ 最后多进程运行函数，实现两个摄像头同时运行工作。

```
if__name__ = = '__main__':
  cam1 = multiprocessing.Process(target = openCameraLeft)
  cam1.start()

  cam2 = multiprocessing.Process(target = openCameraRight)
  cam2.start()
```

(5) 机器视觉系统实验验证

对系统进行实验验证，实验效果如图 9.27 所示。

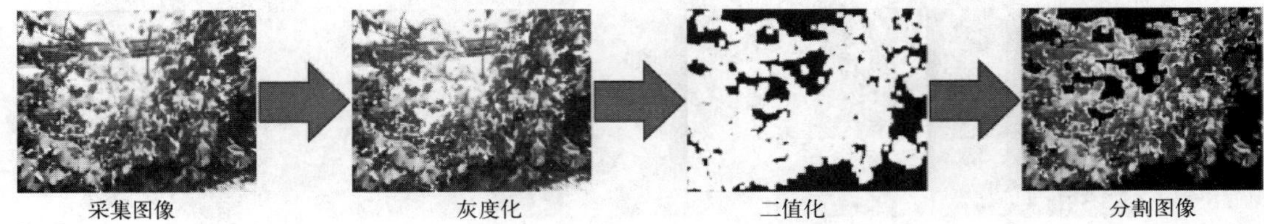


图 9.27　验证效果图

采用嵌入式机器视觉系统具有结构紧凑、实时性强的特点，是现阶段大数据时代图像处理的主要发展方向。

# 参 考 文 献


［1］ Castleman K R. 数字图象处理［M］. 北京：清华大学出版社，1998.

［2］ Castleman K R. 数字图像处理［M］. 朱志刚，林学訚，石定机，等译. 北京：电子工业出版社，1999.

［3］ Gonzalez R C，Woods R E. 数字图像处理［M］. 3 版. 阮秋琦，阮宇智，等译. 北京：电子工业出版社，2011.

［4］ 王耀南，李树涛，毛建旭. 计算机图像处理与识别技术［M］. 北京：高等教育出版社，2001.

［5］ 沈庭芝，方子文. 数字图像处理及模式识别［M］. 北京：北京理工大学出版社，1998.

［6］ 夏德深，傅德胜. 现代图像处理技术与应用［M］. 南京：东南大学出版社，1997.

［7］ 章毓晋. 图象处理和分析［M］. 北京：清华大学出版社，1999.

［8］ 刘榴娣，刘明奇，党长民. 实用数字图像处理［M］. 北京：北京理工大学出版社，2001.

［9］ 朱秀昌，刘峰，胡栋. 数字图像处理与图像通信［M］. 北京：北京邮电大学出版社，2002.

［10］ 谷口庆治. 数字图像处理——基础篇［M］. 朱虹，廖学成，乐静，译. 北京：科学出版社，2002.

［11］ 王汇源. 数字图像通信原理与技术［M］. 北京：国防工业出版社，2000.

［12］ 陆系群，陈纯. 图像处理原理、技术与算法［M］. 杭州：浙江大学出版社，2001.

［13］ 余松煜，周源华，张瑞. 数字图像处理［M］. 上海：上海交通大学出版社，2007.

［14］ 夏良正. 数字图像处理［M］. 修订版. 南京：东南大学出版社，1999.

［15］ 阮秋琦. 数字图像处理学［M］. 北京：电子工业出版社，2001.

［16］ 容观澳. 计算机图象处理［M］. 北京：清华大学出版社，2000.

［17］ 田捷，沙飞，张新生. 实用图象分析与处理技术［M］. 北京：电子工业出版社，1995.

［18］ 孙即祥. 数字图象处理［M］. 石家庄：河北教育出版社，1993.

［19］ 沈兰荪. 图像编码与异步传输［M］. 北京：人民邮电出版社，1998.

［20］ 钟玉琢，沈洪，冼伟铨，等. 多媒体技术基础及应用［M］. 2 版. 北京：清华大学出版社，2000.

［21］ 林福宗. 多媒体技术基础［M］. 2 版. 北京：清华大学出版社，2002.

［22］ 李朝晖，张弘. 数字图像处理及应用［M］. 北京：机械工业出版社，2004.

［23］ 龚声蓉，刘春平，王强，等. 数字图像处理与分析［M］. 北京：清华大学出版社，2006.

［24］ 张弘. 数字图像处理与分析［M］. 2 版. 北京：机械工业出版社，2013.

［25］ 孙延奎. 小波分析及其应用［M］. 北京：机械工业出版社，2005.

［26］ 沈燕飞，李锦涛，朱珍民，等. 高效视频编码［J］. 计算机学报，2013，36（11）：2340-2355.

［27］ 王春瑶，陈俊周，李炜. 超像素分割算法研究综述［J］. 计算机应用研究，2014，31（1）：6-12.

［28］ 宋熙煜，周利莉，李中国，等. 图像分割中的超像素方法研究综述［J］. 中国图象图形学报，2015，20（5）：599-608.

［29］ Lee J S. Digital Image Enhancement and Noise Filtering by Use of Local Statistics［J］. IEEE Transactions on Pattern Analysis and Machine Intelligence，1980，2（2）：165-168.

［30］ Kuan D T，Sawchuk A A，Strand T C，et al. Adaptive Noise Smoothing Flier for Images with Signal-Dependent Noise［J］. IEEE Transactions on Pattern Analysis and Machine Intelligence，1985，7（2）：165-177.

［31］ 田丹. 数字图像处理与 MATLAB 实现［M］. 北京：电子工业出版社，2022.

［32］ 岳亚伟. 数字图像处理与 Python 实现［M］. 北京：人民邮电出版社，2020.

［33］ 何斌，马天予，王运坚，等. Visual C＋＋数字图像处理［M］. 北京：人民邮电出版社，2001.

［34］ 郭显久. 数字图像的变换处理与实现［M］. 大连：辽宁师范大学出版社，2021.

[35] 李印，左志超，金观桥，等．基于小波变换的PET/CT图像融合算法研究进展［J］．中国医学影像技术，2018，34（8）：1267-1270.
[36] Do M N，Vetterli M. The Contourlet Transform：An Efficient Directional Multiresolution Image Representation［J］. IEEE Transactions on Image Processing，2005，14（12）：2091-2106.
[37] 周先春，吴婷，石兰芳，等．一种基于曲率变分正则化的小波变换图像去噪方法［J］．电子学报，2018，46（3）：621-628.
[38] Yamauchi H，Ozaki K，Sato Y，et al. Projection-transformation Method with Considering Energy Conservation［J］. IEEJ Transactions on Electrical and Electronic Engineering，2019，14（12）：1805-1814.
[39] 王浩，张叶，沈宏海，等．图像增强算法综述［J］．中国光学，2017，10（4）：438-448.
[40] 张铮，徐超，任淑霞，等．数字图像处理与机器视觉——Visual C＋＋与Matlab实现［M］．北京：人民邮电出版社，2014.
[41] 卢允伟，陈友荣．基于拉普拉斯算法的图像锐化算法研究和实现［J］．电脑知识与技术，2009，5（6）：1513-1515.
[42] Kim E S，Jeon J J，Eom I K. Image Contrast Enhancement Using Entropy Scaling in Wavelet Domain［J］. Signal Processing，2016，127：1-11.
[43] 林喜荣，庄波，苏晓生，等．人体手背血管图像的特征提取及匹配［J］．清华大学学报（自然科学版），2003（2）：164-167.
[44] 李少荣．基于改进直方图均衡化的红外图像增强技术的研究［J］．工业控制计算机，2022，35（12）：52-53，56.
[45] 黄鹏，郑淇，梁超．图像分割方法综述［J］．武汉大学学报（理学版），2020，66（6）：519-531.
[46] 李林国，李淑敬．基于智能优化的模糊阈值化图像分割算法研究［M］．成都：电子科技大学出版社，2019.
[47] 许晓丽．基于聚类分析的图像分割［M］．北京：北京大学出版社，2019.
[48] Ralte L，Saha G，Nunsanga M V L，et al. Synthetic Aperture Radar Image Segmentation Using Supervised Artificial Neural Network［J］. Multiagent and Grid Systems，2020，16（4）：397-408.
[49] Khan M B，Nisar H，Ng C A，et al. Segmentation Approach Towards Phase-Contrast Microscopic Images of Activated Sludge to Monitor the Wastewater Treatment［J］. Microscopy and Microanalysis，2017，23（6）：1130-1142.
[50] Sandeep R N. Image Segmentation by Using Linear Spectral Clustering［J］. Journal of Telecommunications System & Management，2016，5（3）：1-5.
[51] Rosado-Toro J A，Altbach M I，Rodriguez J J. Dynamic Programming Using Polar Variance for Image Segmentation［J］. IEEE Transactions on Image Processing，2016，25（12）：5857-5866.
[52] 易三莉，张桂芳，贺建峰，等．基于最大类间方差的最大熵图像分割［J］．计算机工程与科学，2018，40（10）：1874-1881.
[53] 申铉京，刘翔，陈海鹏．基于多阈值Otsu准则的阈值分割快速计算［J］．电子与信息学报，2017，39（1）：144-149.
[54] 张志林，李玉鑑，刘兆英，等．深度学习在细粒度图像识别中的应用综述［J］．北京工业大学学报，2021，47（8）：942-953.
[55] 王宸，王生怀．机器视觉与图像识别［M］．北京：北京理工大学出版社，2022.
[56] 庄建，张晶，许钰雯．深度学习图像识别技术［M］．北京：机械工业出版社，2020.
[57] Das D，Lee C S G. A Two-Stage Approach to Few-Shot Learning for Image Recognition［J］. IEEE Transactions on Image Processing，2020，29：3336-3350.
[58] Wang S，Wang Y X，Shan H L，et al. Multimodal Computer Image Recognition Based on Depth Neural Network［J］. Cluster Computing，2019，22（6）：14819-14825.